목수의 현장

연필에서 타카까지,
실내건축 인테리어 목수의 도구 이야기

목수의 연장

초판 1쇄 2026년 1월 30일 발행

지은이 류제형
펴낸이 김성실
책임편집 박성훈
교정교열 김하늬
디자인 석운디자인
제작 한영문화사

펴낸곳 시대의창 **등록** 제10 - 1756호(1999. 5. 11)
주소 03985 서울시 마포구 연희로 19 - 1
전화 02)335 - 6121 **팩스** 02)325 - 5607
전자우편 sidaebooks@daum.net
페이스북 www.facebook.com/sidaebooks
트위터 @sidaebooks

ISBN 978 - 89 - 5940 - 882 - 5 (03540)

이 도서는 2025년 문화체육관광부의
'중소출판사 도약부문 제작지원' 사업의 지원을 받아 제작되었습니다.

목수의 현장

연필에서 타카까지,
실내건축 인테리어 목수의
도구 이야기

류제형 지음

시대의창

※일러두기 실내건축 현장의 특수성을 고려하여 전문용어를 포함한 일부 어휘는 현장에서 사용하는 방식대로 표기하였습니다.

목수의 상징은?

목수 연장들 사이에서 어떤 것이 가장 대표적인지를 두고 논쟁이 벌어진다면, 아마도 이러지 않을까.

대패 드라마나 영화도 안 봤어? 등장인물이 목수라고 하면 꼭 대패질을 하고 있잖아. 그건 바로 대패가 목수의 상징이기 때문이지.

먹통 아이고, 하나만 알고 둘은 모르는 소리 하고 있네. 목수가 일하기 위해 맨 처음 하는 작업이 뭔 줄 알아? 먹통으로 먹줄을 치는 거라고, 그것도 모르면서!

톱 얼씨구, 사돈 남 말 하고 있네, 목수가 뭐 하는 사람이야, 나무를 다루는 거 아니냐고? 그럼 제일 필요한 게 뭐겠어. 당연히 톱이지, 까불고 있어.

곡척 어허, 모름지기 목수라 함은 각도를 정확히 해야 하는 거야! 곡척으로 직각을 바로잡아서 해야지 대충 하면 못쓰지, 기본을 모르는구먼.

자 무식한 것들 같으니, 목수 일이 그냥 되는 줄 알아? 바로 수를 바탕에 두고서 하는 거라고. 자 없이 어떻게 일을 해, 쯧쯧.

연필 너희들 내가 작다고 무시하는 거야, 목수들이 얼마나 나를 좋아하는데. 그러니까 몸에다가 항상 지니고 다니지, 심지어 귀에다 꽂고도 다닌다고, 부럽지?

망치 내 이런 말까진 하지 않으려 했는데, 우리 집안은 유구한 역사를 자랑하지. 혹시 돌망치라고 들어들 봤나? 알 턱이 없지, 너희 조상들은 태어나지도 않았을 때니까. 더 이상 긴말하고 싶지 않군, 어험.

못주머니 세상이 개명한 지가 언젠데 조상 타령이오. 목수들이 일하려면 나부터 찾지 않소. 내가 목수들을 먹여 살린다 이 말씀이야.

목수를 대표하는 연장이 무엇일까 궁리하다가 꾸며본 이야기다. 목수 연장이 참 많은데, 그중에서도 대표적인 여덟 가지만 추려서 이야기를 구성해 보았다. 연장마다 고유한 기능이 있어서 무엇을 선택해야 할지 고민스럽다. 여러분은 무엇이라 생각하는가?

목차

3. 절단용 연장

4. 마름질용 연장

5. 시공용 연장

6. 수리용 연장

7. 고소 장비

8. 기타 장비

1. 휴대용 연장

연필

후회막심

필기구의 한 종류이다. 가는 나무 막대 속에 흑심이 있고 한쪽 끝에 지우개가 달린 게 보통이다. 칼로 나무를 뾰족하게 깎아 흑심이 나오도록 해서 쓴다. 흑심은 약해서 세게 누르거나 떨어뜨리면 부러지기 쉬워 주의해야 한다. 흑심 말고 다른 색 심도 있는데 이런 것을 색연필이라 한다. 흑심과는 재질이나 쓰임이 달라서 구분 지어 부른다. 그러니까 흑심을 가진 것이 진짜 연필鉛筆인 셈이다.

연필을 가장 많이 사용하는 계층은 어린이다. 왜냐면 초등학생들은 연필을 쓰도록 하는 교육 방침이 있기 때문이다. 다른 필기구를 쓰면 글씨를 버린다고 못 쓰게 하는 것이다. 사실 연필은 필기감이 다소 뻑뻑해서 글씨를 익히기에 적합한 구석이 있기는 하다. 또 잘못 쓰면 '지우개로 깨끗이'

지울 수도 있으니까 그럴 것이다.

나도 '국민학교'에 입학해서 네모 칸이 크게 쳐진 공책에 자음과 모음을 그려가며 글씨를 익히던 기억이 아련히 떠오른다. 그때 또박또박 쓰지 못하고 자발스럽게 글씨를 익힌 탓으로 악필이 되어 고등학교 가서는 국어 선생님께 "너 왜 이렇게 글씨를 못 쓰니" 하고 꾸중을 들었던 적도 있다. 그 후로 글씨체를 고치기 위해 수십 년간 애를 썼지만 지금도 볼품없는 것을 보면 후회막심이다.

연필은 국민학교 저학년 때 잠깐 쓴 것 같고 그 후론 줄곧 샤프를 사용했다. 우리나라에 샤프가 처음 나온 것은 1972년으로 '한국파이로트PILOT 샤프'가 시초라고 한다. pluume(플륌)이라는 필기구 유명 블로그에서 본 얘기다. 내게는 누나가 셋이나 있는데 국민학교 입학 전까지 샤프라는 걸 본 적이 없었으니, 우리 시골에는 그때까지 유통되지 않았는지 아니면 집이 가난해서 부모님이 사주지를 않은 것인지 알 수 없는 노릇이다.

내가 다시 연필을 쓰기 시작한 것은 목수가 되고부터다. 목수가 되고서도 한 2년가량은 0.9mm 샤프와 2mm 홀더를 병용했다. 샤프를 쓰던 습관이 남아 있었기 때문이다. 목재에 표시할 땐 샤프를 쓰고 시멘트 면에는 홀더를 쓰는 식이었다. 그러다가 잃어버리기도 하고 고장이 나기도 해서 연필로 바꿨다.

목수가 연필을 쓰는 이유

목수가 사용하는 필기구에는 샤프, 연필, 홀더, 볼펜 등이 있다. 엇비슷한 필기구 속에 볼펜이 끼어 있는 점이 특이하다. 사실 볼펜은 목공에는 부적

나무에 연필로 선을 그리는 모습

합하다. 지울 수도 없고 거친 면에 쓰면 펜촉이 쉽사리 고장 나기 때문이다. 그래서 예외적으로 소목수(창틀, 마루, 가구 등 세부적인 목공을 하는 목수)들만 사용한다. 소목수들도 연필류를 쓰긴 하는데 어떤 금을 그을 땐 꼭 볼펜을 사용한다. 그 이유는 잘 모르겠다. 아무튼 흑심이 든 연필류가 대종을 이루는데 그 이유는 이렇다.

첫째, 지울 수 있다. 왜 있지 않던가. 1983년에 가수 전영록이 부른 〈사랑은 연필로 쓰세요〉란 노랫말이다. 그 노래는 이렇게 시작된다. "꿈으로 가득 차 설레이는 이 가슴에 사랑을 쓰려거든 연필로 쓰세요. 사랑을 쓰다가 쓰다가 틀리면 지우개로 깨끗이 지워야 하니까. 처음부터 너무 진한 잉크로 사랑을 쓴다면 지우기가 너무너무 어렵잖아요." 이 노랫말처럼 목수도 틀리면 지울 수 있어야 하니까 연필을 쓴다.

둘째, 아무것에나 표시가 잘 된다. 실목수(내장목수, 인테리어 목수)가 필기구를 쓰는 곳은 나무만이 아니다. 콘크리트 건물에서 일을 하다 보면 거친 시멘트 바닥에도 쓰게 된다. 이럴 때 망가지지 않고 선명하게 표시할 수 있는 필기구는 연필류만 한 게 없다. 심이 뭉그러져도 상관없고, 닳으면 새 심을 내어 쓰면 그만이니까 말이다.

셋째, 번짐이 없다. 표시한 것에 번짐이 생기면 정확한 위치를 구분하기가 어려워진다. 1~2mm까지 따지는 정밀한 목공 일에 그런 필기구를 쓸 수 없는 게 당연하다. 건축에서 필기구가 번지면 하자의 요인이 될 수 있으므로 유념해야 한다. 번짐의 주범은 수성 사인펜이다.

사인펜을 쓰는 일꾼으로는 설비공과 타일공이 있다. 이들이 사용하는 자재는 PVC 파이프, 아연관, 타일 같은 것인데 표면이 미끄러운 게 대부분이다. 그래서 미끄러운 곳에도 잘 써지는 사인펜을 쓴다. 유성 사인펜은 문제가 없는데 수성 사인펜은 번짐이 생겨 문제가 된다. 자재에 표시하는 것은 상관이 없는데 간혹 수평을 본다고 벽에다가도 표시를 해서 문제다. 마감재로 가려지는 곳이라면 괜찮지만 수성 도장이나 벽지 마감인 곳은 하자가 생기고 만다. 수성 사인펜 색깔이 마감재 밖으로 배어 나와 얼룩이 생기기 때문이다. 그나마 도장 마감인 곳은 보수라도 쉬워 다행이다. 그 부분만 유성 페인트를 칠하면 되니까 말이다. 하지만 도배 마감인 곳은 골치가 아파진다. 땜빵을 할 수가 없으므로 한 장을 뜯어내 다시 발라야 한다. 말이 쉽지 결코 간단한 일이 아니다.

벽에 수성 사인펜을 사용해선 안 된다는 것을 모르는 일꾼들이 의외로 많다. 나도 현장감독을 하면서 두어 차례 겪어본 적이 있다. 한번은 상암동에 있는 '경희웃음한의원'으로 보수 일을 갔다가 벽지에 올라온 얼룩을 목격한 적도 있다. 수성 도장은 금방 배어나 알 수 있는데 도배지는 한참 후에나 스며 나오는지 보수도 하지 않은 채 그대로 쓰고 있었다. 벽에 쓴 글씨가 그대로 번져 있었는데 크게도 써놔서 분간이 될 정도라 속으로 웃었던 기억이 있다.

시멘트 벽에 글씨를 쓸 때는 분필이 가장 좋다. 번짐도 없는 데다 선이 굵어 눈에 확 띄기 때문이다. 그래서 신축 아파트 감독관들은 수정할 곳이 있으면 벽에 지시 사항을 분필로 써놓는다. 현장이 워낙 넓어 일꾼들에게 일일이 말로 설명할 수 없으니까 그렇게 분필로 소통을 하는 것이리라. 아파트 보수를 하다 보면 벽에 써진 글자들을 보기도 하는데 당시의 상황을 엿볼 수 있어 재미있다.

연필 소지법

필기구는 모든 사회인의 필수품이라 항상 휴대하기 마련이다. 건축 일꾼들도 마찬가지다. 대개는 윗옷 주머니에 꽂고 다니고, 허리에 차는 것이 있으면 거기에 넣고 다니기도 한다. 목수들도 마찬가진데 그 소지법이 각양각색이다. 필기구 소지법을 보면 그 사람의 성정을 짐작할 수 있어 관찰하는 재미가 쏠쏠하다. 나름대로 궁리한 티가 느껴지기도 한다. 그동안 보았던 것들을 소개하자면 이렇다.

첫째, 귓등에 꽂기.

장점: 별다른 보조물이 필요 없고, 보지 않고 끼울 수도 있어 편리함.

단점: 빠지기 쉬워 분실 위험이 큼.

어려서 보던 귀에 연필을 꽂고 있는 목수 아저씨의 모습은 참 인상적이었다. 그 모습이 마치 목수의 상징 같아 보였다. 그런데 나중에 목수가 되고 보니 실제론 그렇지가 않았다. 연필을 귀에 꽂는 목수는 흔하지 않다. 그렇게 할 수 있는 사람이 많지 않다는 말이 옳을 것이다. 왜냐면 웬만한 사람들은 귀에 연필을 꽂아도 금방 빠져버리기 때문이다. 더구나 나처럼 안경을 썼다면 더욱 안 된다. 또 안전모를 쓰기라도 하면 그땐 정말 불가능해진다. 어떤 목수는 안전모 쓰기 싫은 핑계로 연필을 귀에 꽂을 수 없다는 이유를 대기도 한다.

둘째, 웃옷 앞주머니에 꽂기.

장점: 빠질 염려가 없음.

단점: 입는 옷에 제약이 따르고 주머니 주위가 더러워질 수 있음.

웃마다 앞주머니가 있는 건 아니라 이 소지법도 흔하진 않다. 어떤 목수는 트레이드마크처럼 꼭 앞주머니 달린 '남방'만 입고서 거기에 샤프와 홀더를 꽂고 다녔다. 복장도 그렇거니와 필기구 두 종이라니 정말 특이한 사례다. 여름이면 반팔 티셔츠 목깃에 연필을 끼워두는 목수들도 종종 볼 수 있다.

셋째, 끈에 매달기.

장점: 분실 위험이 적음.

단점: 제품 구입 비용 발생.

시중에 판매되는 기구를 이용하는 방법이다. 제품에 따라 차이가 있지만 대체로 필기구를 묶을 수 있는 끈과 옷에 물리는 집게로 구성되어 있다. 끈은 길이가 늘어나도록 플라스틱 용수철 모양인 것과 자동장치에 감겨 있는 것 두 가지가 있다.

넷째, 자석에 붙이기. 고강력 자석을 웃옷에 부착해서 거기에 샤프를 붙이는 방법이다. 딱 한 번 본 적이 있다. 기발하긴 해도 글쎄.

다섯째, 바지 주머니에 꽂기. 바지 주머니에 샤프를 꽂는 방법이다. 역시나 한 번밖에 보지 못했을 정도로 희귀한 사례다.

여섯째, 장갑 손목 부분에 꽂기. 이 방법도 희소하긴 마찬가지인데, 항상 꽂아두는 것 같지는 않고 매우 바쁠 때만 쓰는 것으로 보였다. 나도 몇 번 써본 방법인데 의외로 편리한 구석이 있다.

일곱째, 못주머니에 꽂기.

장점: 분실 위험이 적음.

단점: 손 바꿈에 불편이 따름.

못주머니에는 필기구를 꽂게 되어 있는 입구가 작고 긴 주머니가 있는데, 거기에 꽂는 방법이다. 가장 많이 쓰이는 소지법이다. 손 바꿈이 불편해지는 원인은 못주머니를 자기 쓰는 손과 반대쪽에 차기 때문이다. 오른손잡이라면 왼쪽에, 왼손잡이라면 오른쪽에 못주머니를 차야 쓰는 손에 못주머니가 걸리지 않는다. 따라서 필기구를 못주머니에 넣고 쓰려면 항상 다른 손을 거치게 된다. 오른손잡이라면 왼손으로 연필을 꺼내서 오른손에 건네주고 도로 넣을 때는 역순으로 한다. 나처럼 오른손잡이라도 왼손으로 연필을 꺼내 왼손으로 쓰면 손 바꿈을 줄일 수 있겠지만 말이다.

손 바꿈 좀 한다고 뭐가 문제냐 싶겠지만, 실목수처럼 하루에도 필기구를 수없이 사용해야 하는 입장에서는 그렇지가 않다. 거짓말 조금 보태면 필기구 넣고 빼기가 일과일 정도다. 거기에 손 바꿈까지 더해지면 얼마나 성가시겠는가. 그러다 보니 손 바꿈을 하지 않기 위해 각자 궁리를 하는 것이고, 이처럼 많은 사례도 생겨난 것이다. 아, 물론 그런 것 개의치 않는 무던한 목수들도 많다.

한옥 짓는 먹칼

우리는 불과 백여 년 전만 해도 붓을 쓰던 민족이지만 붓은 부드러워 목수들이 쓰기에는 부적합하다. 선이 굵은 데다 일정하지도 않다. 그래서 목수들은 대나무를 얇게 켜서 만든 먹칼이란 걸 사용했다.

먹칼은 펜을 잉크에 찍어서 쓰듯이 먹물을 찍어서 쓴다. 요즘 사람들이야 영화에서나 보았겠지만 '나 때는' 실제로 찍어 쓰는 펜이 유행한 적도 있었다. 펜촉을 사서 '모나미 153 볼펜'에 꽂아 쓰는 식이었다. 잉크통을 엎질러 잉크를 쏟는 일이 종종 있어 이를 방지하기 위해 잉크통에 솜을 넣어두기도 했다.

펜촉은 끝이 뾰족하지만 먹칼은 일一자형이다. 끌날처럼 한쪽으로 경사진 형태로 되어 있다. 그래서 칼이란 말이 붙은 모양이다. 따라서 선도 아주 가늘게 나온다.

펜을 쓰려면 잉크통이 필요하듯 먹칼도 먹물통이 필요하다. 목수들은 별도의 통을 두지 않고 먹통을 이용한다. 선 긋는 먹통 말이다. 먹통에 든 솜에 먹물을 축여 거기에 먹칼을 찍어서 쓴다.

먹칼은 한옥 짓는 대목수(집의 틀과 뼈대 등 큰 목재를 다루는 목수)들이 여전히 사용하고 있다. 도편수(대목장)로 '맹활약' 중인 이광복 대목의 말에 의하면 "먹칼이 없으면 한옥을 지을 수 없다"라고 한다. 그 이유가 굴곡진 곳에도 똑바로 선을 그을 수 있기 때문이란다. 먹칼은 한쪽 변이 一자라서 잣대가 닿지 않는 곳이라도 똑바로 선을 내려 그을 수 있다는 것이다. 다른 필기구는 끝이 대개 원뿔 모양이라 그렇게 할 수 없으니 틀린 말은 아닌 듯하다. 원시적으로 보이는 먹칼에 현대의 필기구를 능가하는 능력이 숨어 있다니 놀라운 일이다.

그무개칼이란 것도 있다. 소목수들이 주로 사용한다. 이건 진짜 칼로 나무에 금을 긋기 위한 기구다. 끌처럼 한쪽 면으로만 날이 세워져 있고 모양은 마름모꼴과 세모꼴이 있다. 마름모꼴은 한 방향으로밖에 쓰질 못하지만 세모꼴은 양방향 사용이 가능하다. 시중에 판매되는 제품도 있지만 소목수들은 직접 만들어 쓰는 편이다. 나도 그것을 본떠 하나 만들어둔 게 있다. 부러져 못쓰게 된 줄을 나무 자루에 박아 갈아 만든 것이다.

그무개칼은 소목수들이 창호 살에 간격을 표시할 때 주로 사용한다. 칸이 많은 창호 살은 간격이 조금만 어긋나도 맞춤이 안 되기 때문에 정밀하게 표시하기 위함이다. 이런 걸 '칼금'이라 한다. 이보다 가는 선은 세상에 다시없을 것이다.

목재에 칼금을 내면 흠집이 생겨 톱질을 하는 데도 이롭다. 금이 일종의 길이 되어주기 때문이다. 또한 무색이어서 다른 필기구들처럼 따로 지울 필요도 없다. 다만 눈이 어두우면 잘 보이지 않아 곤란한 점은 있다.

건축 현장에서는 그무개칼로 커터칼을 사용하면 된다. 커터칼은 늘 휴대하는 것이라 그무개로 써도 손색이 없다. 칼금이 필요한 정밀한 일을 할 때는 나도 이 방법을 종종 쓰곤 한다. 그건 금속공들도 마찬가지다. 창호틀로 많이 쓰이는 '스텐(스테인리스)' 각봉은 그라인더로 자르는데 칼금을 넣어 표시를 한다. '스텐'에는 칼이 잘 먹지 않지만 표면에 보양 비닐이 덧붙여져 있어 그걸 자르고 필요 없는 부분의 비닐만 벗겨내면 선이 저절로 생겨 가능한 일이다.

줄자

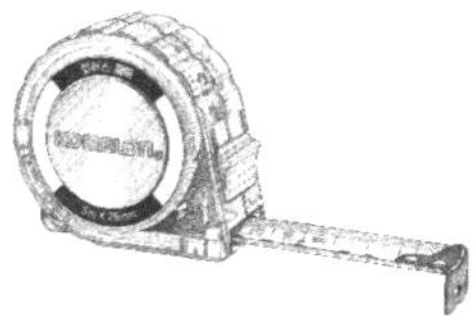

이종짓대

길이를 재는 물건이다. 줄처럼 가늘고 길쭉하게 생겨서 붙여진 명칭이다. 돌돌 감을 수 있어 휴대가 편리하다. 눈금은 한 단위로 표기된 게 보통이고 두 가지로 된 것도 있다. 가령 한 변엔 미터 단위가, 다른 변에는 척尺 단위가 표기되어 있는 식이다. 재질은 고무와 금속으로 된 두 가지가 있다. 전자는 의류 계통에, 후자는 건축 계통에 주로 사용된다.

줄자는 잣대와 비교된다. 길이를 재는 도구인 것은 같지만 쓰임이 다르다. 잣대는 길이가 짧은 편이며 재질이 빳빳하다. 대나무, 플라스틱, 철과 같이 재질이 단단한 것으로 만들어진다. 재질이 빳빳하다 보니 길게 만들면 간수하기가 곤란해져 짧게 만드는 게 보통이다. 학생들이나 사무원들이 쓰는 300mm 자부터 1200mm나 되는 긴 자도 있다. 긴 자는 서랍에

나무를 재단하기 위해 줄자로 치수를 재고 있는 모습

넣을 수 없으므로 일반인들보다는 기술자들이 주로 사용한다. 공장 같은 데서 벽에 걸어 두고 쓰는 식이다.

특정한 모양을 갖춘 잣대도 있다. 목수들이 쓰는 기역 자 모양의 직각자가 대표적이고, 제도할 때 쓰는 삼각형 모양의 삼각자, 자유곡선형의 운형자, 축척에 따라 각종 도형이 타공된 템플릿 등이다. 요즘이야 컴퓨터로 제도를 하니까 별 쓸모는 없어졌지만 말이다. 어쨌든 잣대에 대고 하면 똑같은 모양이 나오게 된다.

그래서 잣대는 판단의 기준이 된다. 같은 자를 쓰면 똑같은 결과물이 나오듯이 사리 판단도 똑같은 기준을 적용해야 한다는 말의 비유적 표현이다. 그렇지 않을 땐 '이중잣대'라는 말을 쓴다. 원칙 없는 언행을 꼬집을 때 쓰이곤 한다. 주로 정치인들이 많이 듣는 말일 것이다.

나라를 다스리는 근간

자와 얽힌 설화가 있는 곳이 있다. 전북 진안에 있는 마이산이다. 《섬진강변의 문화 回廊》이란 책에는 이렇게 적혀 있다.

> 마이산은 암수 마이산의 형상이 쫑긋한 말의 귀를 닮았다고 해서 영산이라 부르며 태조 이성계가 꿈에 쇠자를 얻었다는 개국설화 「몽금척夢金尺」으로 해서 회자되고, 도인 이갑룡 옹이 쌓은 탑으로 해서 세속적인 신비를 더하고 있어 이래저래 유명하다. 마이산 일원에는 탑사, 은수사, 금당사, 보흥사와 화암굴, 태자굴 그리고 영계서원, 영산서원 등이 있다. 유·불·선의 도량이 다함께 영산을 동경하고 있는 것이다. 은수사 법당에 신인이 이성계 장군에게 금척을 주는 장면을 그린 벽화가 있다. "이것으로 나라를 다스리시오" 하며 금자를 주었다. 얘기를 듣고 삼봉 정도전이 그 내용으로 악장을 꾸몄고 그 악장을 춤으로 아뢰게 한 것이 지금도 《악학궤범樂學軌範》에 전하고 있는 「몽금척」 바로 그 장면이라 한다.[1]

2016년 1월 6일 한겨레 조홍섭 환경전문기자가 쓴 기사에 나오는 내용을 보면, "마이산은 국내에서 보기 드물고 세계적인 규모의 역암산이라고 한다. …… 역암이란 잔돌과 자갈, 때론 큰 바위까지 홍수에 쓸려내려

1 신영훈, 《섬진강변의 문화 回廊》, 조선일보사, 1999.

쌓인 뒤 땅속 깊은 곳에서 굳어 만들어진 암석을 말한다."[2]라고 한다. 간혹 사람들은 이 산을 '콘크리트로 부어 만들었는지 내기'를 할 정도라니 정말 희한하게 생긴 산인가 보다.

나도 마이산을 본 적이 있다. 그때가 1999년 1월 1일이었다. 여행 수첩에는 이렇게 적혀 있다. "딴 세상이었다. 이 세상 것이 아닌 듯싶었다. 전혀 색다른 형태의 바위들이 거대한 덩어리로 자리를 차지하고 있었다." 하도 오래전이라 기억도 희미해졌지만 마이산이 얼마나 특이했으면 저렇게까지 과장된 표현을 썼을까 싶다. 콘크리트로 부어 만들었을 거라는 상상력에는 미치지 못했지만 말이다. 지금 생각하면 당시에 이런 사실들을 좀 알았더라면 멋진 여행이 됐을 텐데 하는 아쉬움이 남는다. 언제 기회가 된다면 다시 한번 가보고 싶어진다. 그때는 마이산이 새롭게 보일 것 같다.

조선의 척도

자는 '나라를 다스리는' 근간이 될 정도로 매우 중요한 도구이다. 인간이 만드는 세상의 모든 물건은 수를 바탕으로 하고 있기 때문이다.

신영훈 선생님은 '木壽의 營造法式'에서 '數理論'에 대해 이렇게 말하고 있다.

> 집 짓는 일에 기준을 두려는 생각은 진작부터 있어왔다고 할 수 있고 그 기준

2 조홍섭, "돌과 모래 비벼 콘크리트 같은…세월이 뚫은 구멍 숭숭", 한겨레, 2016. 1. 6.

으로 數를 선택하였다. 수는 매우 논리적이며 철학적인 내용이어서 선택한 수를 응용하고 적용함에 따라 집은 의미심장하게 조성되게 성과를 얻곤 하였다.

數理는 오랜 세월을 두고 축적된 방대한 이론이어서 그것을 충분히 파악하는 일은 쉽지 않다.

우리가 영조법식에서 살피려는 法式과 비례의 논리도 수리에 기반을 두고 있다. 이는 매우 심중한 내용이고 인체를 기본으로 하고 형성되는 공간을 대상으로 삼고 있으므로 단순하게 거쳐 지나가기보다는 각 항목에서 그에 해당하는 내용을 살펴보기로 하겠다.

먼저 수에 따라 尺度를 마련하여 규격을 일정하게 하였던 기준을 點考하겠다. 척도는 시대에 따라 규격을 달리하고, 용도에 따라 여러 가지로 설정하여 합리적인 운영을 하려 하였다. 예컨대 조선조에서는 토지 측량의 척도로 量地尺을, 토목에서는 周尺을, 건축에서는 營造尺을 사용하는 일을 관행으로 삼았다.[3]

조선시대에는 척도가 다양했다니 현대인의 인식으로는 이상한 일이 아닐 수 없다. 기술자들이 사용하는 자의 눈금이 다 달랐다는 말이 아닌가. 그렇다면 자를 공유할 수 없었다는 얘긴데 불편하게 왜 그랬을까. 책에는 나오지 않아 그 이유까지는 알 수 없다. 다만 지금도 나라마다 다른 길이를 사용하는 것과 연관성이 있을 것 같다는 생각은 든다. 나라마다 선호하는 길이가 있듯이 조선시대 기술자 집단들도 각자 선호하는 길이가

3 한옥문화원 교재, 비매품.

있었던 모양이다.

우리나라에서는 1961년 5월에 〈계량에 관한 법률〉을 제정하여 오늘날까지 국제단위계를 채택하고 있다. 1902년 일인들이 들여온 미터법이 비로소 한국의 척도로 제정된 것이다. 하지만 수백 년을 이어온 관습이 쉽게 사라지는 건 아니어서 지금도 척관법은 인구에 회자되고 있다. 가령 집의 넓이를 말할 때 몇 평이라고 하지 몇 제곱미터㎡라고 하는 사람은 별로 없으니까 말이다. 이렇듯 일부에서는 아직 척관법이 통용되고 있지만 우리의 눈은 미터 단위에 익숙해진 지 오래다. 척관법은 말에나 남아 있는 단위이지 실제로 그 크기를 감지할 수 있는 사람들은 아마도 극소수일 것이다. 한옥 건축을 공부한 나마저도 자 단위는 대충 짐작이 되지만 푼分이나 치寸 단위까지는 감이 서질 않는다. 하물며 일반인들이야 말해 무엇하겠는가.

'쇠자'가 조선을 세우는 근간이 되었다면 줄자는 실목수 일의 근간이라 할 수 있다. 그만큼 줄자를 많이 쓴다는 말이다. 실제로 일하는 모습을 보면 줄자를 수시로 '넣었다 뺐다'를 반복하고 있다. 팔이 아파 보일 지경이다. 왜 그런가 하면, 실목수의 일은 어디서 미리 짜온 것을 조립하는 방식이 아니라 현장에서 만들어 바로 시공하는 방식이기 때문이다. 그러자면 시공할 부위에 맞게 자재를 일일이 재단해야 해서 줄자를 자주 쓸 수밖에 없다. 가령 한 치수만 하더라도 시공할 부위에서 한 번, 자재에 표시하기 위해서 또 한 번, 그렇게 최소한 두 번은 자질을 해야 한다. 게다가 자질한 치수를 잊어먹기도 하고 잘못 잴 수도 있으니 이런 것까지 감안한다면 한 가지 일을 하기 위해 얼마나 많은 자질을 해야만 되는지 짐작이 가려나.

수시로 자질을 하다 보면 줄자는 얼마 못 가서 망가지고 만다. 다른 방면의 목수들이 거의 평생 쓸 만한 것을 (순전히 나의 짐작이지만) 실목수들은 불과 1~2년밖에 쓰질 못한다. 오래 쓰다 보면 눈금도 벗겨지고 결합도 헐거워져 작동이 원활하지 못해 바꾸기도 하고, 때론 자가 부러져 못 쓰게 되는 경우도 있다. 줄자는 얇은 강철로 돼 있어 잘못해서 꺾이면 부러지기도 한다. 줄자가 귀하던 시절엔 부러진 자리를 붙여서 다시 썼다고 하는데, 요즘은 그냥 버리는 게 보통이다. 수선 방법도 모르거니와 돈 만 원 정도면 살 수 있어 부담이 되지 않기 때문이다.

줄자의 종류는 다양하다. 열쇠고리에 달고 다닐 수 있는 아주 작은 것도 있고, '측량자'라고 해서 100m나 되는 긴 것도 있다. 그중에서 목수들이나 건축하는 일꾼들이 선호하는 것은 한 손에 쥐어지는 크기인 5.5m나 7.5m짜리 제품이다. 제품에 따라서는 국산과 외국산이 모두 있다.

목수마다 선호하는 줄자가 있는데 보통은 한 가지 제품만을 고집하는 경향이 있다. 많은 목수들이 일본산 타지마 제품을 선호하지만 나는 국산 제품인 코메론 5.5m짜리 누드 줄자를 애용한다. 가격도 저렴하고 성능도 나쁘지 않다. 누구는 '잘 안 맞는다'라고 하기도 하는데 이유를 모르겠다. 설사 자가 틀렸더라도 그 자로 재서 그 자로 표시를 하는데 그게 틀릴 리가 있나. 남의 자와 다를지는 몰라도 자신의 것은 틀릴 수 없다는 말이다.

줄자도 필기구와 마찬가지로 항상 몸에 지녀야 한다. 필기구 소지법이 목수마다 다르듯이 줄자도 그렇다. 필기구보다 자주 쓰게 되는 줄자는 그래서 더욱 그 사람의 성정을 잘 보여주는 것이라 할 수 있다. 줄자 소지법을 살펴보면 다음과 같다.

첫째, 못주머니에 담기.

장점: 떨어뜨릴 염려가 적음.

단점: 매번 쓸 때마다 손을 바꿔치기해야 한다.

가장 흔한 방법이다. 사실 실목수의 못주머니는 이름만 그럴 뿐 못이 없다. 대신 여러 가지 연장들이 담겨 있다. 줄자도 함께 말이다.

오른손잡이는 왼편에 못주머니를 차니까 줄자를 왼손으로 꺼내서 오른손으로 바꿔줘야 하고 왼손잡이는 그 반대가 된다. 다시 줄자를 넣을 때는 역순으로 똑같은 동작을 반복하게 된다. 그 동작을 가만히 옆에서 지켜보고 있으면 좀 우습기까지 하다. "팔 안 아프나?"

둘째, 혁대에 꽂기.

장점: 손을 바꾸지 않아도 된다.

단점: 가끔 빠져서 줄자 갈고리가 찌그러지는 불상사가 생기곤 한다.

나는 이 방법을 쓴다. 흔하진 않다.

또한 고소작업 시에는 부적합하다. 줄자를 떨어뜨리기라도 하면 주우러 바닥까지 내려가야 하기 때문이다. 이때는 나도 줄자를 못주머니에 담는다.

셋째, 혁대에 꿰기.

줄자에는 손목에 걸 수 있는 끈으로 된 고리가 있는데 이것을 혁대에 꿰어놓는 방법이다. 딱 한 번 본 적이 있다. 자질을 할 땐 자만 길게 잡아 빼서 사용하고 다 썼으면 따로 소지 동작을 취할 필요 없이 그냥 손만 놓으면 줄자가 스스로 되감겨 제집으로 들어간다. 그 점만은 편리해 보이는

데 글쎄, 좀 거시기하다.

줄자 쓰는 모습을 보면 재밌는 현상을 발견하게 된다. 줄자를 잡고 치수를 표시하기 위해 손을 바꾸는 동작이 그것이다. 이 손 바꿈 동작은 한쪽 손만 쓰는 사람의 습성에서 비롯된다. 오른손잡이라면 오른손으로 줄자를 잡고 치수를 표시하는 것도 오른손으로 한다는 말이다. 왼손잡이라면 당연히 그 반대가 된다. 그러자면 줄자를 잡았던 손을 다른 손으로 바꿔 잡고 처음 손은 다시 필기구를 잡아 표시를 하게 된다. 그리고 다시 역순으로 도구를 갈무리한다. 이런 손 바꿈 동작은 거의 대부분의 목수들에게서 발견된다. 그냥 줄자를 잡은 손은 그대로 두고 다른 손으로 필기구를 들어 표시를 하면 편할 것 같은데 그렇지가 않은 것이다. 양손을 쓰면 손을 바꿔야 하는 번거로움이 없어질 텐데 그 생각을 못 하고 한쪽 손만 쓰려는 습성에 사로잡혀 있는 것이다. 치수의 표시는 '꺾자 v'로 하는 것이라 글씨를 쓰는 것처럼 어렵지도 않은데 말이다. 하지만 그런 습성을 깨고 양손을 쓰는 목수는 아주 극소수에 불과하다. 일에서도 혁신이 필요한 법인데 그렇지 못한 것이 못내 아쉽기만 하다. 양손을 써보라고 권하고 싶다. 처음엔 낯설지 몰라도 익숙해지면 여러모로 편리하다. 쓰는 손을 다쳤다면 다른 손을 쓰면 그만이니까 좋고, 너무 한쪽 손만 쓰다 보면 몸에 균형이 깨질 수 있다는 점에서도 더욱 그렇다.

줄자 활용법

줄자에는 일반인들이 알기 어려운 몇 가지 기능이 숨어 있다.

첫째는 잣대 기능, 선을 긋는 잣대로 쓴다는 말이다. 이것은 아무 줄자나 되는 게 아니고 위쪽이 초승달 모양으로 살짝 휘어진 줄자라야 가능하다. 목수들이 쓰는 줄자 말이다. 이런 줄자는 자를 잡아 빼면 빳빳이 서게 된다. 윗면이 초승달 모양으로 휘어 있어 힘을 받기 때문인데 2m 정도는 허공으로 너끈히 보낼 수 있다. 이 점을 이용하면 된다. 긴 선은 어렵고 짧은 선이라면 가능하다. 현장에서는 일꾼들이 뭔가를 자르려면 줄자를 걸어 양쪽에 길이를 표시하고 두 지점을 잇는 선을 긋기 위해 주위에 있는 반듯한 것을 주워다 쓰는 경우가 많은데 예외적으로 이 방법을 쓰기도 한다. 나도 가끔 쓰곤 하는데 바로 선을 그을 수 있어 편리하다.

둘째는 조기대 기능, 아까 것은 줄자의 옆면을 이용했지만 이번 것은 줄자의 끝을 이용하는 방법이다. 유리 자를 때 주로 사용되는 방법이다. 왼손엔 줄자를 들고 오른손엔 유리칼을 들고, 오른손으로 자를 뽑아 재단 치수에 맞는 눈금을 왼손의 엄지와 검지로 잡아 유리 옆면에 검지를 대고, 오른손에 든 유리칼을 줄자 끝에 있는 갈고리에 댄 채 유리 옆면을 따라 두 손을 동시에 천천히 끌어당긴다. 이때 두 손은 평행을 유지해야 한다. 그렇지 않으면 선이 틀어진다. 유리칼은 찌이익 소리를 내며 유리에 흠집을 남기는데 이 부분을 꺾어야 비로소 유리가 절단된다. 말이 쉽지 실제로 해보면 잘 안된다. 유리에 흠집이 났더라도 막상 꺾어보면 엉뚱한 방향으로 쪼개지기 일쑤이다. 유리공들은 8mm짜리 유리도 한 번에 자르던데 신기한 노릇이다. 그래서 기술자겠지. 이 기법은 목수들도 종종 사용한다. 연필을 대고 선을 긋기도 하고 커터칼을 대고 석고보드를 자르기도 한다. 치수가 좀 틀려도 상관없을 때 쓰면 편리하다.

망치

망치의 쓰임

뭔가를 때리는 데 쓰인다. 때려서 물건을 만들기도 하고 부수기도 하는 등 거의 모든 작업에 사용된다. 머리 모양에 따라 여러 가지가 있다. 양쪽 모두 평평한 것도 있지만 앞쪽은 평평하고 뒤쪽은 다른 모양인 게 보통이다. 그에 따라 용도와 명칭이 달라진다.

망치의 종류를 보면 뾰족한 뿔망치, 이보다 덜 뾰족한 딱달망치, 못 뽑는 장도리(빠루망치), 나무 깎는 자귀망치(짜구), 벽돌 깨는 벽돌망치(냉가망치), 돌 깨는 돌망치(중함마), 말뚝 박는 메(오함마) 등이 있다. 괄호 안에 있는 건 일꾼들의 말이다. 이 외에 자동차 찌그러진 데를 펴는 판금망치, 고기 다지는 고기망치, 의사들이 쓰는 뼈망치, 의원들이 쓰는 의사봉, 타악기에 쓰는 연주용 망치, 장난감으로 쓰는 뿅망치 등도 있다. 더 있겠지만

이 정도만 해도 망치가 얼마나 많은 분야에 쓰이는지 짐작될 것이다.

망치는 무기로도 사용된다. 박찬욱 감독의 〈올드보이〉를 보면 망치가 얼마나 살벌한 살상 무기가 될 수 있는지를 여실히 보여준다. 주인공이 빠루망치를 들고 수십 명과 격투를 벌이는 장면은 인상적이었다. 빠루로 못만 뽑는 줄 알았는데 이빨도 뽑을 수 있다는 사실을 그때 처음 알았다. 미국영화에서는 '슈퍼히어로'마저 망치를 무기로 쓴다. 말뚝 박을 때나 쓸 법한 그 망치 말이다. 물론 다른 연장들도 다 무기가 될 수 있겠지만 망치만큼 영화에 자주 등장하는 것은 흔치 않다.

망치는 노동의 상징물이 되기도 한다. 흥국생명 본사 앞에는 〈해머링맨〉이라는 키가 22m나 되는 거대한 조형물이 서 있다. 오른손은 망치를 들고 왼손은 뭔가를 잡고 있는 모습이다. 일하는 사람을 표현한 것이라 한다. 이 거인은 실제로 팔이 오르락내리락하면서 망치질을 하는데 그 모습이 재미있다. 망치는 뒤가 짧고 앞이 긴 형태인데 어떤 망치를 표현한 것인지 구분하긴 어렵다. 그나마 앞쪽이 다소 뾰족한 게 벽돌망치 비슷하긴 하다. 미국의 조각가 조너선 보로프스키의 작품이라 한다.

망치는 작문에도 사용된다. '못 박다'라는 표현이 그것인데 특이하게도 이 말은 신문기자들이 즐겨 쓰는 표현이다.

'1가구1주택' 法으로 못 박겠다는 여당, 사유재산 침해 논란.

헌재, '檢 영장청구권, 헌법상 수사권 아니다' 못 박아.

대머리 가슴에 못 박은 사기꾼 한둘이 아니다.

한은, 연내 기준금리 인상 못 박아. 코스피는 다시 사상 최고.

마음을 아프게 한다거나 결정 난 사항을 못 박는 행위에 비유하는 것이다. 그래야 '구독'에 더 효과적이라고 생각하는 모양이다. 하기야 '대머리 가슴을 아프게 한 사기꾼'이라거나 '연내 기준금리 인상 결정'하는 것보다는 좀 더 문장에 힘이 있어 보이기는 한다. 나 같은 목수들이 좋아할 만한 일이다.

망치를 쓰려면 힘이 있어야 한다. 여성들이 잘 못하는 이유다. 남자라고 다 잘하는 건 아니다. 망치는 잘 휘둘러야 하지만 정확히 맞출 줄도 알아야 하기 때문이다. 망치질이 얼마나 힘든지 나는 잘 알고 있다. 초짜 때 일을 갔다가 하루 종일 망치질만 하는 통에 학을 뗀 적이 있었기 때문이다.

2002년 봄의 일이다. 분당으로 일을 갔었는데 사우나 공사를 하는 곳이었다. 하루는 마루 조성 작업을 하게 되었다. 당시엔 마루를 깔 때 멍에 위에 얹는 장선으로 '투바이'라고 부르는 각재를 사용했고 길이 65mm 중못을 박아 고정했다. 투바이는 춤이 밑변의 2배인 각재인데 장선으로 쓸 땐 세우기 때문에 중못은 길이가 짧아 옆구리에 박는 방법을 쓴다. 멍에자리마다 투바이 양편에 못을 하나씩 박는 것이다. 당시에 멍에를 600mm 간격으로 걸었으니 장선 하나당 14개의 못을 박은 셈이 된다. 시작하고 처음 한두 시간은 그럭저럭 할 만했는데 점점 힘이 부치기 시작했다. 망치질하는 팔도 그렇거니와 허리를 숙이고 하는 일이다 보니 허리도 끊어질 듯 아파왔다. 50대로 보이는 목수 두 분과 함께 일을 했는데 그분들은 힘들다고 잠깐 쉬고 나면 아무렇지 않게, 마치 기계처럼 망치질을 했지만 나는 시간이 갈수록 망치질이 빗나갔고 자루는 쥐기조차 힘들어졌다. 하다 못해 자루 끝에 전기테이프를 감아 턱을 만들어보았지만 소용이 없었다.

오후가 되자 더 이상 망치질을 할 수 없을 정도로 팔이 저려왔다. 왼손으로 바꿔보기도 하고 고통을 참아가며 간신히 일을 마쳤다. 하루로 끝났기에 망정이지 차마 다음 날까지 더 할 수는 없었을 것이다.

목수들 중에는 팔꿈치 통증을 호소하는 이들이 많다. 이를 '엘보 통증'이라 한다는데 몹시 고통스럽다. 예전처럼 망치질을 많이 하지 않더라도 수시로 온갖 자재들을 들었다 놓았다 하는 목수들은 엘보 통증이 잦은 편이다. 이런 통증은 '근육 긴장' 때문에 생긴다고 한다. 힘을 쓰고 나면 근육이 펴져야 하는데 접힌 상태로 있으면서 굳어지기 때문에 아프다는 것이다. 아픈 근처를 누르다 보면 저절로 비명을 지르게 되는 부위가 있는데 그곳이 근육이 뭉친 자리다. 한번 뭉치기 시작한 근육은 웬만해선 잘 풀리지 않는다. 일을 하면 계속 같은 근육을 써야 하기 때문이다. 나도 최근까지 엘보 통증으로 고생을 했다. 목수가 근육통으로 고생하는 곳이 어디 팔뿐이겠는가. 어깨, 등, 허리, 종아리 등등 정말 안 아파본 곳이 없을 정도였다. 몰랐을 땐 병원에 가서 물리치료를 받아 해결하곤 했었다. 그러다가 황윤권 정형외과 전문의가 쓴 《디스크 권하는 사회》를 읽고서 스스로 치료하는 법을 알게 되었다. 그 방법은 통증 부위를 눌러주는 것이다. 근육통이 심한 곳은 누르면 정말 눈물이 날 정도로 아프지만 참고서 계속해야 풀어진다. 팔꿈치는 오랜 시간 굳어서 잘 풀리지도 않는다. 평소엔 아프지 않다가도 일을 좀 많이 했다 싶으면 재발하는 곳이다. 이 통증을 없애는 데 거의 1년이 걸린 듯하다. 그런데도 세게 눌러보면 지금도 약간의 통증이 남아 있다.

건축하는 목수들은 장도리를 주로 쓴다. 앞머리는 평평하고 뒤통수는 약간 구부러진 채 두 갈래로 갈라져 있는 망치다. 이 뒤통수를 우리말로 노루발, 일본말로 빠루라 한다. 그래서 보통은 빠루망치라 부른다. 앞머리로는 못을 박고 뒤통수로는 못을 뽑는다. e뮤지엄을 검색해 보면 울산박물관에 보관 중인 조선시대 장도리 한 점을 볼 수 있다. 망치머리는 예의 그 모양이고 자루는 철제이고 자루 끝에 노루발이 형성되어 있고 길이는 225mm이다. 이와 같은 것은 일제강점기 이후에도 몇 점이 더 보인다. 사실은 이것이 우리가 쓰던 장도리라 한다. 지금처럼 나무 자루로 된 빠루망치는 일제강점기에 일본에서 건너온 것이다. 하지만 우리 것은 일본 망치에 밀려 사라졌고 박물관에 유물로 남는 신세가 되고 말았다.

빠루망치가 본격적으로 목수의 주된 연장이 된 시기는 광복 이후로 생각된다. 당시에 미군이 들어오면서 '2×4(투바이포) 공법'이라는 새로운 목조 기법이 도입되었기 때문이다. 투바이포 공법이란 장부맞춤 없이 못으로만 구조하는 기법을 말한다. 적은 비용으로 빨리 지을 수 있는 장점을 지닌 기법이다. 대신 투바이포 공법에 소용되는 각종 건축자재들을 생산할 수 있는 시설을 갖춘 공장이 있어야 된다. 공장에서 목수들이 하는 치목을 대신해서 목재를 가공하기 위함이다. 말하자면 목수는 못질만 하면 되는 공법인 셈이다.

미군들은 특이해서 주둔 국가의 건축양식에 따라 건물을 짓기도 하지만 꼭 자기네 건축 방식을 고집하는 경향도 있다. 한번은 평택 미군 관사를 짓던 현장에 일을 간 적이 있다. 당시 미군 관사는 골조는 완성된 상태

크기가 다른 빠루망치 세 개

였고 지붕공사가 한창이었다. 특이한 점은 골조는 철근콘크리트조인데 지붕만은 목조로 하고 있다는 것이었다. 전체를 목조로 하기엔 비용이 너무 많이 드니까 그건 양보하고 지붕만은 자기네 집처럼 꾸미는 것으로 생각되었다. 또 기지 정문을 기와 얹은 한옥식으로 꾸민 걸 송탄에 일하러 가서 본 적도 있다. 국방부도 하지 않는 일을 그들이 한 것을 보고 깜짝 놀랐던 기억이 떠오른다. 꽤 그럴싸해 보였기 때문이다. 왜 우리는 그런 생각을 하지 않는 걸까?

또 미군과 함께 들어온 것이 시멘트블록이다. 시멘트블록은 '야전용으로 개발되고 발전되어 온 근대 산업제품'으로 '악조건의 대지에서도 막사를 지을 수 있는 길을 터주었다'고 한다. 벽체는 시멘트블록조로 하고 지붕은 목조로 하는 식으로 막사를 짓는 것이다. 이 방식은 우리나라 살림집에도 적용되어 한동안 크게 유행했다. 1970~80년대에 집장수들이 주도했는데 지금도 솔찬히 남아 있다. 집수리를 하면서 알게 된 사실이다.

1950년대에 각광받은 사업 중 하나는 제재소였다. 6·25전쟁 후라 건축 경기가 호황을 맞고 있었기 때문이다. 당시에 투바이포 공법을 위해 목재를 수입해서 쓰지는 않았을 것이다. 나라가 최빈국으로 전락한 상황이었으니 당연히 그랬을 것이다. 원래 투바이포 공법에 쓰이는 각재는 2in(인치)가 기본이다. cm로 환산하면 5.08cm(50.8mm)가 된다. 하지만 우리나라 각재는 45mm가 기본이다. 시멘트블록집 지붕재를 보아도 그렇고 지금도 목재소에서는 '정다루끼'라고 해서 27×27mm인 다루끼와(2023년 기준) 구별해서 판매하고 있다. 왜 45mm가 기본이 됐는지는 잘 모르겠다. 어쨌든 우리나라의 투바이포 공법은 미국과는 달랐다는 얘기다.

해방목수에서 시작된 망치로 하는 목공사는 1970~80년대 건설 붐이 일면서 절정기를 맞이했다가 1990년대 이후 쇠퇴기하기 시작해 2000년대 중반이 되면 아주 없어지다시피 된다. 건축 현장에서 일반못이 거의 사라졌기 때문이다. 실내건축에서는 아예 사라져버렸고 신축에서만 어느 정도 사용되고 있는 수준이다. 그것도 소규모 신축 현장에서나 사용된다는 말이다. 나 어렸을 때는 못 치기를 하면서 놀 정도로 일반못이 흔했는데 이제는 구경조차 하기 힘들어졌다. 나도 늙은 것이다.

못 뽑는 방법

내가 20대이던 시절에는 못 뽑는 '알바' 일도 있었다. 일산과 분당에 신도시가 건설되던 1990년대 초, 서울 근교엔 건축자재를 임대해주는 사업체들이 많이들 입주해 있었다. 당시엔 건축자재가 모듈화돼 있지 않았고, 반네루라고 하는 거푸집과 오비끼라고 하는 각목을 사용해 집을 지었다. 이런 자재들은 대못을 박아 이어 붙여 형틀을 조성하고 그 속에 철근을 심고 콘크리트를 부어 골조를 완성했다. 건물이 완공되면 형틀은 철거되고 그 자재들은 차곡차곡 트럭에 쌓여 임대업체로 반환되었다. 그러면 박혔던 못을 빼내야 다시 쓸 수 있었으므로 그곳에선 인력사무소에 연락해 일꾼을 받아 썼다. 못 뽑기 알바 일은 나도 두어 차례 해본 적이 있다. 인력사무소의 소개를 받아 그곳에 가면 큰 빠루망치와 중빠루를 하나씩 주면서 일을 시켰다. 못 뽑기에 중빠루를 주로 쓸 것 같지만 실제론 빠루망치를 더 많이 쓴다. 건축자재에 쓰인 못들은 대부분 못줄기만 튀어나온 채 구부러져 있는 게 보통이다. 철거되면서 박혀 있던 부분이 드러나게 되고 운반 중에 뭔가에 눌려 구부러지기도 해서 그런 것이다. 이런 못을 뽑으려면 먼저 구부러진 못줄기를 똑바로 펴야 한다. 그런 다음 못뿌리를 때려 못대가리가 솟아나도록 해서 뽑으면 된다. 그래서 망치를 더 많이 사용하게 되는 것이다. 빠루망치로는 도저히 뽑을 수 없을 때나 중빠루를 사용하는 식이다.

못 뽑기에도 기술이 있다. 나는 그것을 당시에 함께 일하던 어떤 사람에게서 전수받아(?) 알게 되었다. 초면이었는데 고마운 사람이었다.

첫째는 다들 아는 것처럼 못대가리를 걸어 빠루망치를 똑바로 잡아당기는 것이다. 대부분 이런 식으로 못을 뽑는다.

둘째는 빠루망치를 옆으로 젖히는 방식이다. 똑바로 잡아당겼을 때 못이 꿈쩍도 하지 않거나 못대가리가 없을 때 이 방식을 사용한다. 이 방식은 노루발을 못대가리에 거는 게 아니고 못줄기에 끼우는 식으로 한다. 못줄기에 노루발을 끼운 채 옆으로 젖히면 못이 구부러지면서 그만큼 솟아

오른다. 그러면 다시 반대로 넘긴다. 이런 식으로 좌우로 몇 번 기울이다 보면 못이 뽑히게 된다. 이 방식은 밴딩을 끊을 때도 사용된다. 철이나 플라스틱으로 된 밴딩은 많은 자재를 한꺼번에 묶기 위해 사용되는데 가끔 이런 식으로 포장된 자재가 현장에 들어오면 커터기가 없어도 이런 식으로 끊을 수 있다. 못은 구부러지면서 뽑히고 밴딩은 구부러지다 못해 끊기는 셈이다.

셋째는 내려치는 방식이다. 이 기술은 목수들도 잘 모른다. 못대가리를 겨냥해서 노루발 틈새에 걸리게 내려치는 것이다. 일격에 뽑기는 어렵고 거듭 치다 보면 못이 빠지게 된다. 못대가리가 기다랗게 나와 있거나 헐거운 못은 이렇게 하면 훨씬 일이 빠르다. 뭐 하러 빨리하냐고? 목표량이 달성되면 집에 빨리 갈 수 있기 때문이다. 이를 우리들은 '야리끼리'라 불렀다.

나의 망치

내겐 특별한 망치 하나가 있다. 22년 된 망치다. 나무 자루로 된 국산 제품으로 초짜 때 산 것을 여태껏 쓰고 있다. 이 망치에는 우여곡절이 많다. 사용한 지 1년쯤 됐을 때 못을 뽑다가 그만 자루가 부러져버렸다. 다행인 건 목 부위에서 부러져 망치 구실을 하지 못할 정도는 아니었다. 하지만 2000년대 초반에는 못 박는 일도 종종 있었으므로 짧은 망치를 쓸 수는 없었다. 게다가 초짜가 짧은 망치를 찬다는 것은 선배들의 눈총을 받는 일이기도 해서 한동안은 사용하지를 못했다.

그러다가 2013년쯤인가 현역에 다시 복귀하게 되었는데, 그땐 이미 어엿한 목수가 되어 남의 눈치를 볼 필요가 없어진 데다 무엇보다 현장에서 일반못을 쓰지 않아 짧은 망치로도 충분했기 때문이다. 그래도 여전히 중망치를 쓰고 있었는데 한번은 남의 일을 가느라 짐을 줄이기 위해 저 망치를 들고 간 적이 있었다. 그런데 막상 써보니 너무 편한 게 아닌가.

첫째, 배낭에 담기 좋다. 목수에게 연장과 작업복은 필수품이다. 이게 꽤 짐이 된다. 그래서 목수들은 자가용을 선호한다. 하지만 서울은 자가용을 이용할 수 없는 현장도 많다. 주차장이 없는 곳도 있고 설사 있더라도 주차비를 받는 곳이 많기 때문이다. 이럴 땐 할 수 없이 대중교통을 이용하게 된다. 그러면 연장과 작업복은 가방에 넣어 짊어지고 가야 한다. 나는 배낭을 이용하는데 학생들이 쓰는 책가방만 하다. 그리 큰 편은 아니어서 연장을 최소한으로 줄여 담아야 한다. 못주머니, 망치, 소형대패, 끌, 줄자, 커터칼, 니빠(니퍼) 등이다. 이 중에서 문제가 되는 게 망치다. 중망치는 길이가 380mm쯤으로 배낭에 넣으면 삐쭉 솟아올라 짐 싸기가 불편하다. 하지만 저 망치 길이는 250mm라 짧아서 괜찮다.

둘째, 가벼워서 좋다. 목수들은 항상 못주머니를 차고 일을 한다. 못주머니엔 각종 도구들과 함께 타카핀들도 담아둬야 해서 그 무게가 솔찬히 나간다. 더구나 못주머니는 한편에 차는 것이 보통이라 반대편 옆구리에 무리가 가게 된다. 목수가 요통에 시달리는 이유이다. 망치가 좀 짧아졌다고 무슨 효과가 있겠냐 싶겠지만 그건 모르는 소리다. 하루에 여덟 시간씩 못주머니를 차고 있다고 생각해봐라. 아마 생각이 달라질 것이다.

셋째, 성가시지 않아 좋다. 망치를 소지하는 방법에는 못주머니에 담거나 망치걸이를 허리띠에 끼워 못주머니 반대편에 차는 두 가지 방식이 있다. 대부분 허리에 부담이 덜 가는 후자 방식을 이용한다. 하지만 이 방식엔 좀 성가신 점이 있다. 쭈그리고 앉으면 망치 자루가 땅에 닿아 솟아올라 팔에 걸린다는 점이다. 그래서 목수들이 쉴 때는 못주머니를 아예 벗어버리거나 그렇지 않으면 망치라도 빼고 앉는다. 그런 점에서 짧은 망치는 성가심이 줄어들어 좀 편하다.

현역에 복귀하게 된 망치는 1년쯤이 지난 2014년 10월에 우리은행 동대문 지점 공사를 하던 중에 잃어버리고 만다. 누군가 가져가버린 것이다. 그러다가 3년이 지난 2017년 6월에 농협 상왕십리 지점 공사를 하면서 다시 찾게 된다. 자주 보던 금속업체 사람이 쓰고 있는 것을 발견했기 때문이다. 보는 순간 하도 반가워 이것 내 것이라고 했더니 그러냐며 순순히 내주었다. 망치 자루에 이름까지 써놓았으니 자기네 것이라고 할 수도 없었을 것이다. 현장에서 많은 사람들이 뒤섞여 일하다 보면 모르고 남의 연장을 챙겨가는 수도 있는데 그런 경우 같았다. 다행히 원청이 같은 업체여서 현장을 돌다 보니 다시 만날 수 있어서 찾게 된 것이다. 그렇지 않았다면 영영 잃어버렸을 것이다. 참 묘한 일이었다. 망치는 그동안 금속공사에 쓰이느라 흉한 몰골로 변해 있었다. 용접할 때 튄 불똥이 군데군데 작은 혹을 이루고 있었다. 혹들을 그라인더로 갈아내긴 했지만 지금도 자국이 남아 있다. 그 후로 현장에서 계속 쓰고 있는데 머리 부위는 옷자락에 스쳐 은빛이 돌고 자루 부분은 나무뿐만 아니라 고무 손잡이까지 손때가 묻어 반질거리는 모습이 참 보기 좋다. 나이 먹은 물건이 주는 편안함이 느껴진다.

작업실에서 주로 쓰는 망치도 있다. 이놈은 언젠가 망치를 깜빡 잊고 챙겨 가지 않아 현장 근처에서 급하게 산 것인데 아 글쎄 얼마 쓰지도 않아서 허리가 그만 뚝 부러져버리는 게 아닌가. 재수 없는 놈이란 생각이 들었지만 버리지는 못하고 가지고 와서는 수리를 해서 작업실에 두고 쓰게 되었다. 쓰다 보니 또 편리한 구석이 있다. 다른 망치들은 길어서 벽에 걸어둬야 하는데 이놈은 길이가 한 뼘으로 짧아 다른 공구들과 함께 공구함에 담아두고 꺼내 쓰기가 편했다. 이젠 보이지 않으면 다른 망치를 쓰지 않고 일부러 찾아다닐 정도가 되었다.

자귀망치

자귀망치라는 게 있다. 자귀는 나무를 깎는 연장이다. 크기에 따라 대중소가 있는데 김홍도 선생의 〈기와이기〉에는 중짜가 보이고, 〈기산풍속도〉 '목공'에는 소짜가 보이고, 《송광사와 선암사》 책에는 대짜가 보인다. 종류별로 사용된 분야가 달랐을 정도로 옛날에 많이 쓰이던 연장이다. 실제로 1980년대까지 한옥 현장에서 사용되었고 전동 대패가 보편화되면서 사라진 것으로 보인다. 이제는 망치와 결합된 형태로 남아 있다. 이것이 자귀망치다.

자귀망치를 나 어렸을 땐 '짜구'라 불렀다. 시골에서나 보았던 짜구를 다시 만난 것은 2014년 10월 중화동에서 집수리 공사를 하면서이다.

집수리 공사에서 빠지지 않는 일이 창문 교체이다. 1990년대 이전에 지어진 집들은 내부엔 목창, 외부엔 알루미늄창에 3mm 유리를 끼운 게 보통이었다. 유리가 얇다 보니 보온성이 떨어졌다. 당시엔 그러려니 하고 살았지만 아파트가 보편화되면서 상황이 달라졌다. 아파트엔 보온성이 뛰어난 '하이샤시'란 창호가 설치되었기 때문이다. 2000년대를 넘기면서 노후한 집들은 재개발되거나 집장수에게 팔렸고, 그렇지 않은 집들은 수리를 하는 사례가 늘어갔다. 특히 2010년 겨울엔 거의 한 달가량 길바닥이 꽁꽁 얼어 있을 정도로 추웠는데 이듬해부터 집수리가 더욱 늘었던 것 같다. 혹독한 추위에 치를 떨었던 어르신들은 집수리를 단행했는데 그것은 창문 교체 공사라 할 만했다. 예외 없이 하이샤시로 창문을 교체했기 때문이다.

또 2021년엔 코로나19로 자영업자들의 생계가 어려워지자 정부에서 집주인들에게 창호 교체 비용을 지원해주는 사업을 벌이기도 했다. 그 바람에 내가 세 들어 사는 집의 출입문도 금속 방화문으로 바뀌고 말았다. '번호키'가 달려 좀 편해지긴 했지만 멍텅구리문이라 햇빛이 들지 않아 방안은 몹시 어두워졌다. 집주인에게 그런 염려를 공사 전에 미리 말했지만 지원금이 맞지 않는지 겨우 문인방 위에 쪽창을 다는 것으로 끝이 났다. 그거라도 어딘가 다른 집들은 방화문만 달렸으니 말이다.

그건 그렇고 중화동 현장에서도 예의 창문 교체가 이뤄지고 있었다. 창호공이 옛날 창문을 뺀 자리에 하이샤시 창틀을 끼우고 있었는데 옆에 짜구가 있는 것을 보게 되었다. 하도 오랜만에 보는 것이라 심지어 반갑기까지 했다. 시골에서 고춧대 깎을 때나 쓰던 것이 왜 저기 있나 궁금해서 봤더니 쐐기를 만드는 데 쓰고 있었다. 쐐기는 경사진 나무토막을 뜻한다. 채석장에서 돌을 쪼개거나, 건축 현장에서 뭔가를 임시로 고정하거나, 단단히 밀착시키기 위해 틈새에 때려 박는 식으로 사용된다. 쐐기는 금속이나 플라스틱으로 된 기성품도 있지만 일꾼들은 각목으로 만들어 쓰는 게 보통이다. 톱으로 각목을 사선으로 자르면 간단히 만들어진다. 하지만 창호공은 그렇게 하지 않고 짜구를 쓰고 있었다. 짜구에 있는 자귀로 각목을 툭툭 치니까 금방 쐐기가 만들어졌다. 이것을 창틀과 창구멍 사이에 넣고 이번엔 짜구에 있는 망치로 쐐기를 때려 박아 창틀을 고정하는 것이었다. 쐐기가 너무 두껍다 싶으면 다시 자귀로 쳐서 얇게 만들기도 했다. '거 참 편리하다'는 생각이 절로 드는 순간이었다.

못주머니

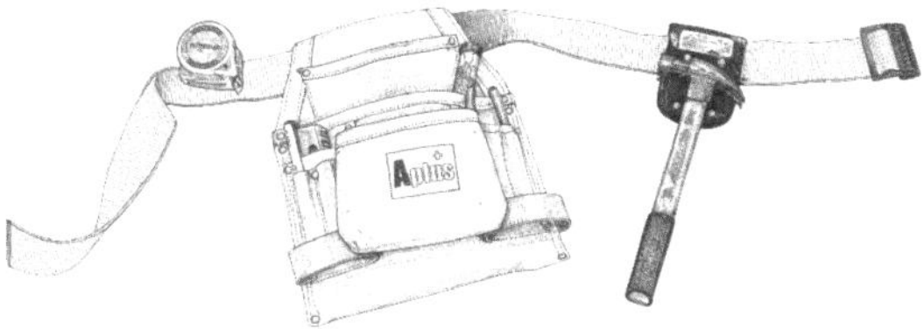

해방목수

못주머니는 못을 담는 물건이다. 예전에 못을 주로 담았기 때문에 붙여진 이름이다. 요즘엔 각종 소도구들도 함께 담을 수 있는 다용도 주머니가 되었지만 여전히 저렇게들 부른다. 다만 인터넷 상인들만이 '공구 가방, 공구집, 공구 주머니'라는 신조어를 만들어 광고에 활용하고 있을 뿐이다. 맥가이버 칼처럼 워낙 다양한 기능을 갖춘 제품들이 출시되다 보니 같은 이름으로 부르기엔 부족했던 모양이다. 물론 못주머니란 말도 광고에서 빠트리는 법은 없다.

못이 본격적으로 건축에 사용되기 시작한 지는 불과 백여 년밖에 되지 않는다. 그 시기는 광복 후가 될 것이다. 당시에 "망치 하나로 쉽게 목수 일을 하는 '해방목수'"가 등장하게 된다. 해방목수는 광복 후에 들어온 '미국식 2×4 공법'에 따라 작업을 하는 목수였다. 투바이포(2×4) 공법은 공장에서 생산된 재목을 사용해 못을 박아 구조하는 방식이다. 기존에 일일이 나무를 다듬어 장부를 만들고 홈을 파서 끼워 맞추던 목수의 일과는 완전히 다른 방식의 공법이었다. 그러니 망치질만 하는 목수가 이상해 보였을 것이고 기존 목수와 구별하기 위해 해방목수란 말이 생겨났던 것이리라. 망치 하나로 쉽게 목수 일을 했다면 당연히 못을 담는 도구도 필요했을 터이니 못주머니는 해방목수로부터 유래된 것으로 보는 게 타당할 것이다.[4]

예전에 쓰던 못주머니는 주머니만 하나 달랑 있는 형태였다. 1990년대 초반에 건축 현장에서 본 적이 있어 알게 된 사실이다. 재질은 검은색 천이었고 주머니 양편에는 막대가 대어져 있었다. 천이 약하니까 모양을 잡으려고 막대기를 대었던 모양이다. 하도 오래전 일이라 긴가민가한데 신영훈 선생님이 글을 쓰고 김대벽 선생님의 사진을 실어 만든 책《송광사와 선암사》에서 그 사실을 확인할 수 있었다.

이 책은 송광사 제8차 중창불사를 토대로 하고 있는데 72쪽을 보면, 목수들이 지붕에서 작업하는 사진이 나온다. 사진이 작긴 해도 앞에 앉은 목수가 차고 있는 못주머니 형상은 충분히 분간된다. 그것은 아까 말했던 못주머니 형상과 아주 똑같다.

마찬가지로 두 분이 공저한《우리가 정말 알아야 할 우리 한옥》에도 못

4 신영훈·이상해·김도경,《우리 건축 100년》, 현암사, 2005, 참고.

주머니가 담긴 사진이 여럿 등장한다. 이 책은 1992년에 프랑스 파리 근교, 센강이 내려다보이는 언덕 위에 '고암서방顧庵書房'이라는 그림 같은 한옥을 한 채 지었던 얘기를 토대로 하고 있다. 한옥의 시공 과정까지 상세히 다룬 책이라 목수들이 일하는 사진도 심심찮게 볼 수 있다.

317쪽 아래쪽 사진에는 지붕 바닥에 놓인 못주머니가 보인다. 책에는 "박공판 설치한 안쪽에서 바라보면 서까래 걸린 위와 박공판 사이 간격이 상당히 떨어져 있어 함정이 생긴 듯이 보인다"라고 설명되어 있지만 그보다 내게는 사진 속 못주머니에 더 눈길이 간다. 맨눈으로는 구분이 어려워 돋보기를 대고 들여다보니 역시나 막대가 대어져 있다. 못주머니 밑에 있는 물건은 먹통과 먹칼로 확인된다.

그런데 못주머니 옆구리에 이상한 검은색 물체가 보인다. 같은 책장 위쪽에는 엎드려서 일하는 목수가 등장하는 사진도 보인다. 톱은 보이지 않지만 일하는 자세로 보아 아마도 톱질을 하는 것 같다. 그와 동일인으로 보이는 인물이 찍힌 사진이 217쪽에 나온다. 사진 속의 인물은 충량 위에 못주머니를 차고서 똑바로 서 있는데 왼팔 근처에 끌의 대가리가 살짝 드러나 있다. 팔에 가려서 보이진 않지만 끌은 못주머니 옆구리에 꽂힌 게 틀림없다. 실제로도 대목들은 가구架構를 조립할 때 못주머니에 끌을 넣어 가지고 다니는 경우가 더러 있다. 이런 사실들로 유추해 보면 검은색 물체는 끌을 꽂기 위한 주머니로 짐작된다. 끌이 날카로우니까 못주머니가 상하지 않게 보호구를 씌워 넣는데 아마 그런 것이 틀림없을 것이다.

또, 내 기억을 되살려주는 시도 있다. 마경덕 시인이 쓴 〈못주머니〉란 시이다. 목수 연장을 읊은 시가 다 있었다니 반가운 일이다. 일부를 옮겨

본다.

군용 천막으로 만든 국방색 못주머니
목수인 아버지 허리에 매달려 살았다
나로도, 녹동, 광양, 거문도까지
파도를 넘어 일거리를 찾아 따라가던 못주머니

이 시는 못주머니를 검색하다가 찾게 되었다. 〈시인뉴스포엠〉의 편집 위원으로 있는 서대선 시인이 저 시를 읽고 쓴 "지금 당신의 입은 무엇을 물고 있는가"란 제목의 감상평이다. "누구에게 배운 걸까. 까치가 마치 '목수인 아버지'처럼 둥지를 보수하려는지 둔덕에서 나뭇가지를 찾느라 바쁘다"라고 하면서 서 시인은 감상평을 시작하고 있다. 이어서 각종 문헌을 통해 시를 해석하고 있는데 이런 대목이 있어 눈길을 끈다.

19세기 (…) 산업혁명 이후에는 규격화된 쇠못이 대량생산되면서 굳이 장부에 홈을 파지 않고도 못을 이용할 수 있었고, 또 원형톱날이 발명되어, 기계 동력으로 두꺼운 목재도 쉽게 자를 수 있게 되었다. 건축계에서는 이런 기술 혁신에 힘입어 더 단순한 방법으로 집을 지을 수 있는 경량 목구조 공법이 미국에서 발명되면서…….

아까 말한 해방목수의 탄생 배경을 구체적으로 설명하고 있어 흥미롭다. 또 "일의 내용을 나타내는 목업木業이라는 이름이 기술자를 가리키는

'목수'로 바뀐 것은 조선시대 초기"라고 하는 대목은 처음 듣는 얘기이기도 해서 큰 공부가 되었다. 마경덕 시인은 1957년 전남 여수 태생이라 한다. 그렇다면 아버지는 해방목수였을 것이고 그 목수들은 '군용 천막으로 만든 국방색 못주머니'를 착용했음을 시를 통해 유추해볼 수 있겠다.

천으로 만든 못주머니는 1990년대 중반쯤에 사라진 것으로 보인다. 내가 현장기사로 처음 근무하던 때인 1999년에는 볼 수 없었으니까 말이다. 하기야 망치 대신 타카로 못을 박던 시절이었으니 그런 촌스러운 물건이 남아 있을 리 만무하다. 당시의 못주머니들은 단순히 못만 담는 것이 아닌 각종 소도구들도 함께 담을 수 있게 다수의 주머니가 마련된 다용도 주머니가 되어 있었다.

힘들어서 못 살겠다 목수 일이나 하자

2년 가까이 현장기사 일을 하던 나는 목수로 전업하게 된다. 봉급이 적어 살기가 너무 힘들었기 때문이다. 당시 일기장엔 이렇게 적혀 있다. "현재 돈에 쪼들리고 있다. 카드 연체금이 60만 원이 넘어서 다음 달도 쪼들릴 것으로 생각된다."

현장기사 봉급은 무척 박했다. 처음 입사한 회사에서는 57만 원을 받았고 어떤 회사에서는 20만 원을 받기도 했다. 정말 말도 안 되는 금액이었지만 경력 쌓는 게 우선이란 생각으로 받아들인 것이었다. 나는 학원에서 인테리어를 배워 현장기사로 취업한 케이스다. 그런데 졸업하던 해에 IMF가 터졌고 취업시장은 그야말로 꽁꽁 얼어붙은 상황이었다. 그렇다 보니 봉급 액수를 따질 계제가 아니었다. 어떻게 해서든 취직이 우선이

애용하는 황색 스웨이드 못주머니

었던 것이다. 1년 넘게 알바 일을 하면서 근근이 버티다가 1999년 4월에야 현장기사로 취업을 하게 되었고 2년 차에 접어들자 현실을 깨닫게 되었다. 가만 보니 현장에서 일하는 건 똑같은데 나보다 목수들이 돈을 훨씬 많이 벌더란 말이다. 그래서 함께 일하던 목공 반장에게 부탁해 전업을 하게 된 것이었다. 물론 목수로 안착하기까지 우여곡절도 많았지만 직장 생활보다는 적성에 잘 맞아 살아남을 수 있었다. 노가대 일꾼이라는 자격지심이 없지는 않았지만 더 이상 돈에 쪼들리지 않아도 되었기 때문에 직업으로 삼을 수 있었던 것 같다.

목수가 되고서 선택한 못주머니는 가죽제품이었다. 복합 천으로 된 다소 뻣뻣한 못주머니도 있었지만 그게 나아 보였기 때문이다. 못주머니의 구성은 대개 비슷하다. 중심에 큰 주머니가 있고 그 위에 중간 또는 작은 주머니가 덧붙어진 꼴이다. 옛날처럼 주머니 하나만 달랑 있는 건 하나도 없고 적어도 3개 이상은 되고 많게는 9개까지 되는 것도 있다. 이렇게 주머니가 많은 이유는 과거보다 휴대할 연장이 훨씬 많아졌기 때문이다. 망치, 줄자, 니빠, 커터칼, 연필 등이다. 그 밖에 각종 타카핀을 비롯해 작업에 사용되는 소형 연장이며 철물이나 부자재 등을 담기도 한다. 말하자면 이동식 연장 가방인 셈이다. 못주머니는 혁대를 끼워 허리에 차게 되는데 오른손잡이는 왼쪽에 왼손잡이는 오른쪽에 차게 된다. 이는 양손을 쓰기 위한 조치이다. 가령 오른손에 망치를 들었다면 왼손으로 못을 잡아야 되므로 못주머니는 왼쪽에 차야 되는 것처럼 말이다. 또 그래야 몸의 균형이 맞기도 하다.

못주머니는 한 가지 제품만을 고집하는 경향이 있다. 나도 마찬가지여서 지금껏 가죽제품만을 사용하고 있다. 황색 세무(스웨이드) 가죽으로 된 제품인데 주머니가 9개 달렸다. 못주머니를 한 가지만 쓰는 이유는 손에 익숙하기 때문일 것이다. 같은 못주머니도 목수에 따라 연장 넣는 위치가 달라진다. 가령 가죽제품의 경우 맨 위에 있는 주머니를 보면, 나는 여기에 일자 핀을 담는데 어떤 이는 니빠를 담는다. 또 나는 줄자를 혁대에 꽂는데 어떤 목수는 큰 주머니에 넣는다. 그러니 제품이 다르면 그 변화는 더욱 심해지기 마련이라 한 가지 제품만 쓰게 되는 것이리라.

이처럼 못주머니는 목수들마다 선호하는 제품이 다르고 사용 방식도 다 달라서 살펴보는 재미도 쏠쏠하다. 그중에 하나를 소개하자면 이렇다. 못주머니 중엔 내가 '벤또'라고 부르는 것이 있다. 옛날 학생들이 많이 가지고 다니던 양은으로 된 벤또라 부르던 두꺼운 도시락 말이다. 벤또처럼 품이 커서 붙인 별명이다. 얼마나 큰지 디귿자 타카가 쏙 들어갈 정도이다. 품이 크다 보니 허리에 차면 옆으로 불쑥 튀어나오게 된다. 한 번도 차보지 않아서 모르지만 무게도 더 나갈 것이다. 그런데도 그것만을 고집하는 목수들이 있다. 그 이유는 아마도 주머니가 커서 편리하다고 느끼기 때문인 듯하다. 역시나 사용하는 걸 보면 그 점이 확실해 보인다. 아까 말한 것처럼 디귿자 타카를 넣기도 하고, 줄자, 커터칼, 니빠 등을 큰 주머니에 몽땅 담기도 하고, 도면이며 페인트 스프레이 같은 부자재들을 담기도 한다. 무슨 장바구니처럼 사용하는 모습이 우습다. 이것을 선호하는 목수를 보면 대체로 덩치가 큰 편이다. 보다시피 힘이 있어야 쓰지 어디 약한 사람은 쓸 수나 있겠는가.

또 어떤 목수들은 못주머니를 개조하는 경우도 있어 눈길을 끈다. 개조법에는 두 가지가 있다. 하나는 중간 크기의 주머니 가운데에 막대를 대서 칸을 나누는 것이고, 다른 것은 다 쓴 실리콘 통을 잘라 못주머니에 매다는 것이다. 전자가 일반적이고 후자는 드문 편이다. 이렇게 하는 이유는 디귿자 핀과 일자 핀을 효과적으로 보관하기 위함이다. 이것들은 크기도 비슷하고 제일 많이 사용되기도 하는데 약해서 잘 부러진다. 중간짜리 주머니에 넣으면 옆으로 쓰러져 더 잘 부러지니까 쓰러지지 말라고 칸을 나누는 것이다. 그러면 칸이 좁아져 쓰러지지 않으면서 두 칸이 되어 각각 나눠 담을 수도 있기 때문이다. 실리콘 통을 매다는 이유도 그와 같다. 이런 사람이 한둘이 아닌 걸 보면 효과가 있기는 한 모양이다. 그런 것 하나에도 신경 쓰는 걸 보면 직업에 대한 애착을 느낄 수 있어 흥미롭다.

요즘엔 공구도 패션의 한 자리를 차지하는 것 같다. 뭣이나 모양이 멋져야 더 잘 팔리는 것처럼 공구도 마찬가지다. 이런 현상은 20~30대의 젊은 목수들이 주도하고 있다. 하지만 보기에 좋은 떡이 맛도 좋은 법이라고 이런 제품들은 정말 비싸다. 최근엔 수입 공구들이 부쩍 늘어 상가 진열장을 채우고 있다. 그중엔 못주머니들도 있는데 정말 근사하게 생겼다. 공구 욕심이 별로 없는 내가 봐도 사고 싶을 지경이다. 하지만 국산 제품에 비해 서너 배는 비싸서 선뜻 손이 가지는 않는다. 그런데도 젊은 목수들은 아랑곳하지 않고 구입을 한다. 가격은 둘째고 패션이 우선이기 때문이리라. 옛날에 막대기를 대서 만든 못주머니를 생각하면 격세지감이다. 이런 못주머니를 보면 연구 많이 한 티가 역연하다. 하여간 못주머니 하나에도 공을 들이는 걸 보면 서양 사람들 발명 솜씨는 알아줘야 한다.

목수라고 못주머니를 다 찰 것 같지만 그렇지는 않다. 건축 목수들이라면 대체로 차는 편이고 소목들은 아예 구비조차 않는 게 보통이다. 왜냐면 공장에 다 갖춰져 있으니까 따로 몸에 지닐 필요가 없기 때문이다. 하지만 현장은 목수 스스로 모든 연장을 챙겨야 하기 때문에 못주머니가 필요한 법이다. 더구나 높은 곳을 수시로 올라 다니며 일하는 게 보통이라 더욱 그렇다. 그런데도 못주머니를 차지 않는 목수들을 가끔 보게 된다. 허리가 아프다는 이유로 말이다. 그런 사람들은 일하다 말고 이리저리 돌아다니기 일쑤다. 연장 찾아 떠도는 것이다. 이런 목수는 많지 않은데 어쩌다 그런 목수를 본 것이 뇌리에 박혀 있어 하는 소리다.

이처럼 못주머니는 작업에 필요한 도구를 제때 쓸 수 있게 하는 편리한 물건이다. 이렇게 편리한 물건이라면 모든 일꾼들이 다 차야 할 것 같은데 그렇지는 않다. 목수처럼 허리에 '공구 주머니'를 차는 부류는 한정돼 있다. 도배공과 전기공이 더 있을 뿐이다. 그 외에는 그런 용도로 조끼를 활용하는 게 보통이다. 원청회사에서 주는 회사명이 찍힌 조끼 말이다. 이 조끼는 자기 회사 소속임을 알리는 뜻도 있지만 지갑이나 핸드폰 또는 담배 같은 개인 소지품을 넣으라고 지급해주는 것이다. 물론 그런 용도로 쓰기도 하지만 허리춤에 있는 주머니는 무척 커서 연장 담는 용도로 활용을 하는 것이다. 줄자나 커터칼 같은 필수적인 연장들을 거기에 넣는 식이다. 그러면 조끼가 축 처져 볼품이 없는데도 아무렇지도 않은가 보다. 연장주머니를 차면 편하기도 하고 볼품도 있을 텐데 조끼에 넣을지언정 그렇게는 하지 않더란 말이다. 이는 '한국인의 버릇'에 따른 것이리라. 동료들이 하지 않는 짓을 하면 괜히 이상한 사람으로 취급해서 따돌리는 우리나라 사람들만의 독특한 습성 말이다. 하지만 요즘 젊은이들은 그런 구태를 벗어나고 있어 다행이다. 선배들의 눈치 보지 않고, 아니 오히려 자랑스럽게 연장주머니를 차고 있는 모습이 종종 보이기 때문이다.

커터칼

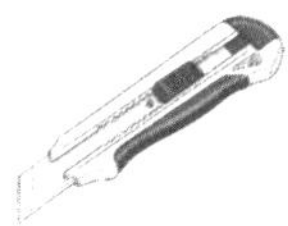

일본에서 태어난 칼

커터칼이다. 똑똑 부러뜨려 쓰는 칼이다. 손잡이로 쓰이는 칼집 가운데로 길게 난 홈에 끼어 있는 밀개의 움직임에 따라 칼날이 들고난다. 밀개를 움직일 때마다 똑똑 소리가 나면서 칼날 길이가 조절된다. 칼날은 길쭉한 마름모꼴이다. 그것은 다시 작은 마름모꼴인 여러 마디로 나뉘어 있다. 마디를 따라 꺾으면 쉽게 부러진다. 칼날이 무뎌지면 부러뜨려 다음 마디를 내어 쓰는 식이다. 칼날은 한두 마디만 짧게 내어 쓰는 게 보통이다. 그렇지 않고 길게 빼서 쓰다간 부러지기 십상이다. 결국 커터칼은 칼끝을 주로 쓰는 칼인 것이다.

칼은 날이 선 쇠붙이를 말한다. 쇠를 숫돌에 문지르면 끝이 얇아지면서 날카로워지는데 이것을 날이라 한다. 날은 자르는 구실을 하는 부위다. 양쪽에 날이 있는 것을 검劍이라 하고, 한쪽에만 있는 것을 도刀라 한다. 이건 무기로 쓰이는 칼에 따른 구분이고 보통의 칼은 한쪽에만 날이 있다. 날은 다시 한쪽 면만 경사진 마름모꼴과 양쪽 면이 경사진 세모꼴로 나뉜다. 마름모꼴 날에는 대패, 끌, 구두칼 등이 있고, 세모꼴 날에는 커터칼, 부엌칼, 무기류 등이 있다. 마름모꼴은 한 방향으로 쓰기 위함이고 세모꼴은 양방향으로 쓰기 위함이다.

칼은 무뎌지면 갈아서 쓰는 게 오랫동안 상식이었다. 지금도 대부분의 칼은 그렇게 쓰고 있다. 그런데 커터칼은 연마할 필요가 없는 칼이다. 무뎌진 부위만 똑똑 부러뜨려 쓰다가 너무 짧아져 못쓰게 되면 새것으로 갈아 끼우면 되기 때문이다. 말하자면 일회용 칼인 것이다. 이 획기적인 칼은 1956년에 '오카다 요시오'란 일본 사람이 발명한 것이란다. 깨진 유리 조각과 판 모양 초콜릿에서 영감을 얻어 발명했다고 한다. 커터칼이 '무사의 나라' 일본에서 나왔다는 점은 그저 우연만은 아닌 듯하다.

내가 국민학교(초등학교)를 다니던 1980년대 초반만 해도 커터칼은 보지 못했다. 당시에는 까만색 플라스틱 손잡이가 있는 도루코 칼을 사용했는데 칼날이 접었다 펴지는 접이식으로 되어 있었다. 잠깐 쓰다가 사라져 없어진 줄 알았던 이 칼은 '문구도, 새마을칼'이라는 이름으로 아직도 판매 중이라고 한다. 그런 촌스러운 칼을 누가 쓰는지 신기한 일이다.

커터칼은 1980년대 중반부터 보았던 것 같다. 나는 시골에 살았으니까 도시는 그보다 빨랐을지도 모르겠다. 그렇더라도 발명된 시기를 감안하면 우리나라에 정착된 시기는 일본보다 30여 년 정도 늦은 셈이다.

그 후로는 대중적인 칼로 자리매김했다. 어디서나 누구나 편하게 사용할 수 있는 칼이 된 것이다. 용도에 따라 크기도 대중소 등으로 나뉘어 있고 가격에 따라 제품도 천차만별이라 소비자의 다양한 욕구를 충족시켜 주어 인기가 많은 것이리라. 그런데 한 가지 흠이라면 음식을 자르기엔 께름칙한 부분이 있다는 점이다. 새 칼날에는 녹 방지를 위한 기름이 묻어 있기 때문이다. 좀 오래되면 날아가 없어져서 괜찮기는 하지만 말이다.

커터칼은 음식물을 제외하면 거의 모든 부분에 사용이 가능하다. 그중에서 사용량이 단연 돋보이는 곳이라면 도배와 목공 분야일 터이다. 도배는 종이를 다루니까 그렇다 치더라도 목공은 선뜻 이해가 안 될지도 모르겠다. 커터칼로 연필이나 깎으면 모를까 목재를 다루기엔 부족해 보일 테니 말이다. 목공이 다 그렇지는 않고 실목공에 국한된 얘기다.

석고보드 재단법

실목공에서 커터칼의 쓰임은 목재를 다루기 위함이 아니라(일부 있기는 하지만) 석고보드를 다루기 위함이다. 석고보드는 벽이나 천정(천장)을 구성하는 건축자재이다. 두께에 따라 몇 가지 제품이 있고 크기는 900×1800mm(반 평)인 게 보통이다. 유리 같은 성질이 있어 칼로 금을 그으면 그대로 쪼개진다. 유리나 석고보드 자르는 장면을 보지 않은 사람이라면 무슨 말인지 이해가 안 될 것이다. 두꺼운 종이는 다들 잘라본 적이 있을 테니 그걸 떠올려보면 이해하기가 쉽다. 두꺼운 종이에 잣대를 대고 두어 번 칼질을 한 후에 꺾으면 어떻게 되던가. 그렇다. 칼질한 데로 똑바로 접힌다. 그런 다음 접힌 부분에 칼을 넣어 마저 자르면 되지 않던가. 석고보드 자르기도 이와 똑같다고 보면 된다. 한 면에 잣대를 대고 칼질을 한 후에 꺾어서 접은 다음, 접힌 뒷면에 칼을 넣어 마저 자르는 식이다. 하지만 이런 사실을 모르면 톱으로 자르기 십상이다. 실제로 그런 사람을 본 적이 있어서 하는 소리다.

그때가 2005년 7월이었다. 아는 소목이 불러 종로 피마길 근방에 있는 주점으로 일을 갔다. 객실의 일부를 보수하는 간단한 일이었다. 일을 시작하고 얼마 되지 않아 그분이 석고보드 자르는 것을 보고 깜짝 놀라고 말았다. 정말 의외의 일이 벌어졌기 때문이다. 아 글쎄 석고보드에 먹줄을 치더니 톱으로 쓱싹쓱싹 자르고 있질 않은가. 석고보드에 먹줄을 치는 것도 놀랄 일인데 더구나 톱질까지 하다니 어안이 벙벙할 노릇이었다. 아마도 그분은 석고보드를 처음 다뤄보는 게 틀림없어 보였다. 그렇지 않고서야 곡선이라면 몰라도 직선을 톱으로 자르는 일은 절대로 하지 않을 테니 말이다. 하지만 목수로서 한참이나 선배인 분에게 뭐라고 할 수도 없고 해서 그냥 모른 척 넘어갔던 기억이 난다. 평생을 소목 일만 했다면 그럴 수도 있겠다고 이해를 하면서 말이다.

실목수는 '벽목수'라고 할 정도여서 석고보드를 아주 많이 다룬다. 그렇다 보니 당연히 커터칼도 많이 쓰게 된다. 커터칼은 중짜나 대짜가 주로 사용된다. 중짜가 절삭력이 좋다고 좋아하는 사람도 있는데 나는 대짜를 선호하는 편이다.

석고보드도 일종의 석재다 보니 칼날이 쉽게 마모된다. 다른 목수들이 수년을 쓸 법한 칼날도 실목수들은 며칠이면 다 쓴다. 그래서 칼날을 살 때도 1~2통만 사지 않고 아예 10통이 든 1갑짜리를 사다 두고 쓸 정도다. 그래도 언제 썼는지 모르게 금방 없어진다. 사용량이 워낙 많기도 하지만 다른 사람에게 꿔주기도 하다 보면 그렇게 된다. 여분의 칼날은 연장 가방에 한 통씩 넣어두고 하나씩 꺼내 쓰는 게 보통인데 몇 달 지나서 보면 빈 통이 되어 있기 일쑤라 동료에게 빌리기도 한다.

그런데 왜? 아무도 갈아서 쓸 생각은 안 하는 걸까. 커터칼이라고 못 갈 것도 없지 않은가. 대패나 끌도 갈아서 쓰는데 말이다. 마모가 너무 빨라서 그러기엔 부적합하다고 할지도 모르겠다. 일리 있는 말이다. 시간이 돈인 세상에서 커터칼을 갈고 앉아 있으면 욕먹기 십상일 테니 말이다. 하지만 내 말은 대팻날 갈 듯이 공들여 하자는 얘기가 아니라, 이발사가 면도칼을 가죽에 문지르듯이, 정육사가 고기칼을 줄에 문지르듯이 가볍게 하자는 것이다. 그래도 되는 것이 커터칼의 주된 사용처인 석고보드 재단은 도배지를 자르는 것처럼 날이 아주 예리할 필요는 없기 때문이다. 날이 좀 무디더라도 석고보드 재단은 충분히 가능하다. 왜냐면 석고보드는 깊이 자르지 않고 칼금을 낼 수 있을 정도만 되어도 꺾으면 쪼개지는 성질이 있기 때문이다. 게다가 커터칼의 사용 부위는 칼끝 한 마디 정도밖에 되지 않아 갈아야 할 면적도 얼마 되지 않아 금방 갈 수 있기 때문이다.

커터칼을 갈아 쓰기 위해서는 휴대용 숫돌이 필요하다. 일을 하다가 날이 무뎌지면 바로바로 갈 수 있게 말이다. 하지만 이런 숫돌을 구하기란 쉽지 않다. 나는 다행히 일하다 우연히 줍게 된 얇은 숫돌이 있어서 그걸 쓰고 있다. 원반처럼 큰 숫돌인데 그것을 조각내 사용하고 있다. 숫돌 조각을 못주머니에 항상 휴대하고 다니면서 일하다가 커터칼이 무뎌지면 바로 꺼내 쓰는 식이다. 칼끝을 숫돌에 몇 차례 쓱쓱 문질러주면 날이 선다. 물론 날을 세우기가 말처럼 쉽지만은 않다. 잘못하면 절삭력을 더 떨어뜨릴 수도 있다. 나도 수차례 시행착오를 거치면서 방법을 터득했다. 칼날 경사면을 따라 순방향으로 가는 게 요령이다.

커터칼은 석고보드 재단에만 쓰이는 건 아니다. 실목수들이 다루는 자재 중에는 '패브릭'으로 불리는 천도 있고 부직포로 된 방음재도 있다. 이런 섬유재를 다룰 때는 날이 아주 예리해야 한다. 이런 자재는 완전히 자르지 않으면 결코 분리되지 않는다. 이럴 땐 좀 더 비싸지만 절삭력이 좋은 칼날을 사다 쓴다. 일반 칼날이 은색인데 비해 이건 흑색이라 구별이 된다. 나도 날일을 가서 반장이 주는 걸 받아 써본 적이 있는데 일반적인 것과는 정말 달랐다. '패브릭'이 한번에 잘려나가는 것이 기분까지 상쾌해질 정도였다. 방음재는 두껍고 질겨서 재단하기 어려운데 기가 막히게 잘 드는 칼이 있다. 봉제 공장에서 재단기에 끼워 쓰는 칼날이다. 딱 한 번 본 적이 있는데 누가 알아낸 것인지 궁금할 지경이었다. 목수들의 출신이 워낙 다양하다 보니 봉제 관련 일을 했던 사람이 아닐까 생각된다.

커터칼에 다치기도 한다. 칼이니까 당연한 일이다. 이런 사고는 석고보드 재단 시에 가장 많이 발생한다. 석고보드를 재단하려면 긴 잣대에 대고 칼질을 하는데 칼이 잣대를 타고 넘으면서 짚고 있던 손가락을 자르게 되는 것이다. 초짜들은 이런 사실을 몰라 다치기 십상이다.

나도 그렇게 해서 다친 적이 있다. 실내건축 현장기사로 일한 지 6개월쯤 되던 1999년 10월의 일이었다. 안양에서 '레삐 프랑스'라는 빵집 체인점 공사를 감독하고 있었다. 당시만 해도 가구에 무늬목을 붙이던 때라 목수 일을 도와준답시고 무늬목을 자르다가 손가락을 다쳤다. 손가락을 벤 것은 커터칼이 아니라 구두칼이었지만 잣대를 넘어와 다친 것은 똑같았

패브릭 공사에 커터칼을 사용한다

다. 잣대에 그런 위험성이 있다는 사실을 그때 처음 알았다. 초짜 기사가 그런 걸 알 턱이 있나. 결국 값진 사실 하나를 몸으로 배운 셈이었다.

나중에 실목수가 되어서도 이런 사고는 종종 일어났다. 그래도 다치지 않은 것은 칼질을 살살 했기 때문이다. 여기서 살살이란 말은 커터칼을 너무 세게 누르지 않고 천천히 한다는 뜻이다. 이렇게 하면 설사 커터칼이 잣대를 넘어와 손가락을 스치더라도 베일 가능성이 줄어들게 된다.

그렇지 않고 칼질을 세게 하다가는 정말 큰일 날 수 있다. 어느 목수에게 들은 얘기로는 그런 사고로 손가락 인대가 끊어진 사람도 있다고 한다. 자신이 합판 잣대는 위험하니 쓰지 말라고 충고를 했는데도 말을 듣지 않고 고집을 부리다가 결국엔 사고가 난 것이란다.

합판에는 결이 있어서 칼날이 쉽게 타 넘는다. 그래서 재단용 잣대를 만들 때는 불가피한 상황이 아니라면 합판은 절대 쓰지 말아야 한다. 재단용 잣대는 MDF로 만드는 게 가장 좋다. 이것은 목분木粉으로 만들어져 있어 결이 없기 때문이다. 이것 역시 덜하다 뿐이지 위험성은 안고 있으므로 사용상 주의를 요하기는 마찬가지다.

칼날 부러지지 않게 하는 법

커터 칼날의 절단성은 불편을 야기하기도 한다. 사용 도중에 부러지는 수가 있기 때문이다. 이런 불편을 없애고자 한다면 '라이터' 불에 구우면 된다. 그러면 탄소 성분이 감소해 잘 부러지지 않는다. 벌겋게 구울수록 커터 칼날은 더 질겨지게 된다. 나는 이 방법을 유리공에게 배웠다. 1995년 7월 방위병에서 제대한 후에 6개월가량을 신축 아파트 현장에서 유리 일을 한 적이 있었다. 한번은 창틀에 시공한 실리콘에 하자가 생겨 제거하라는 임무가 주어졌다. 실리콘을 커터칼로 잘라 깨끗하게 하면 되는 일이었다. 그런데 창틀에 붙은 실리콘은 앞쪽에 칼을 넣으면 되니까 문제가 없었는데 유리에 붙은 쪽은 그렇지가 않았다. 유리면에 칼날을 바짝 대려면 길게 뽑아서 약간 휘도록 해야 하는데 그러다 보면 칼날이 자꾸만 부러졌기 때문이다. 그러자 어떤 유리공이 라이터 불로 칼날을 구워 보이면서 이렇게 하면 잘 안 부러진다고 가르쳐주었다. 그래서 따라 해봤더니 정말 신기하게도 칼날이 많이 휘어져도 쉽게 부러지지를 않았다. 세상에 똑똑한 사람들 많다는 걸 새삼 깨닫게 되는 순간이었다.

니빠

니빠 판매량 일등 공신 실목수

'전선이나 철사를 절단하는' 기구라 한다. 영어로는 니퍼nipper가 맞겠지만 일꾼들은 '니빠'라고 부른다. 한 손으로 쥐고 쓰는 것이라 가는 것이나 자르지 굵은 것 자르기엔 역부족이다. 대신 끝이 뾰족해서 표면에 바짝 붙어 있는 것도 끊을 수 있는 장점은 있다. 크기에 따라 대중소 등이 있지만 손바닥만 한 중간짜리가 가장 많이 쓰인다.

일반인들은 전선을 절단하는 물건이라니까 전기공들이 사용하는 연장으로 생각하기 쉬우나 사실은 그렇지 않다. 전기공들은 철가위를 더 많이 사용한다. 철가위는 일반 가위보다 주둥이가 짧은 대신 손잡이가 더 길게 된 것이다. 금속을 잘라야 하니까 악력을 높이기 위해 그런 것이다. 이것도 원래 용도와는 상관없이 전선을 자르는 데 더 많이 쓰이는 것 같다. 철가위로 전선을 잘라보면 니빠보다 훨씬 잘 잘리고 피복도 더 잘 벗겨진다는 사실을 알 수 있다. 무엇보다 스프링 장치가 있어 손잡이가 저절로 펴지므로 힘이 덜 들어 사용하기가 훨씬 편해서 전선 절단용이 된 것이리라. 물론 스프링 장치가 있는 니빠도 있긴 하지만 철가위에 비할 바는 못된다.

니빠는 엉뚱하게도 실목수들의 필수 연장이다. 일반인들로선 어리둥절하겠지만 사실이 그렇다. 아마도 니빠 판매량의 일등 공신은 실목수일 것이다. 고장이 나서라기보단 잃어버리거나 일하러 갈 때 깜빡 잊고 나오는 수가 종종 있어서 다시 사야 하기 때문이다. 니빠가 없으면 일이 안 되기 때문인데 다행히 우리나라엔 철물점들이 곳곳에 흩어져 있어 어렵지 않게 구입할 수 있어서 참 좋다. 잃어버리지만 않으면 평생 쓸 수 있는 연장이지만 그런 경우는 아예 없을 것이다. 나만 해도 20여 년을 일하면서 잃어버린 게 몇 개는 될 것이고 가지고 있는 것만 해도 3개씩이나 되니까 말이다. 어디 이런 일을 나만 겪겠는가. 실목수가 니빠 판매량의 일등 공신인 이유이다.

타카핀 뽑는 니빠

목공에 쓰이는 니빠의 용도는 다양하다.

첫째는 못 뽑기용, 가장 많이 사용되는 방식이다. 못을 뽑는 도구가 빠루(장도리)라는 것은 다들 알고 있을 것이다. 하지만 여기서의 못은 일반못이 아니라 타카에 사용되는 못을 말한다. 일명 '타카핀'이라 부르는 못이다. 타카핀은 일반못과는 다르다. 못대가리가 작거나 아주 없는 것들도

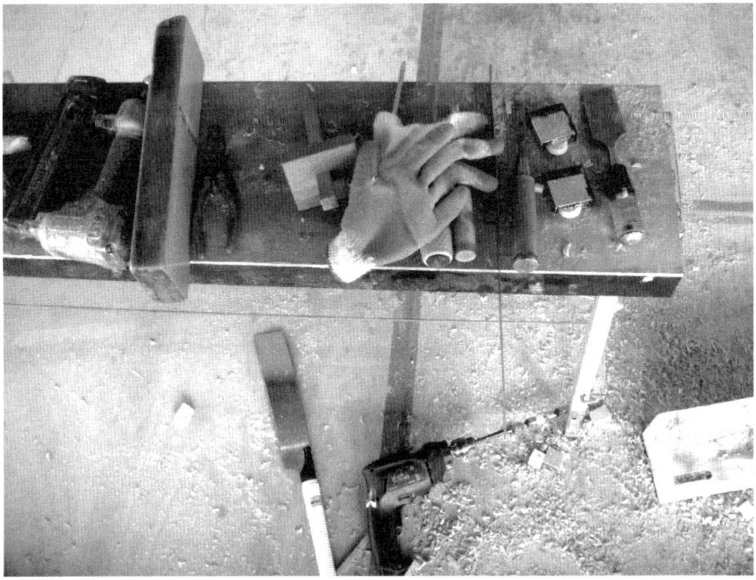

순서대로 일자 타카, 대패, 니빠, 코팅장갑, 끌, 톱, 전기드릴

있다. 일반못은 못대가리를 걸어서 뽑는 게 보통이지만 타카핀은 그게 어렵다. 아주 불가능하지는 않지만 효율성이 떨어지기 때문에 몸통을 물어서 뽑는 방법을 사용한다. 게다가 타카핀은 대개 자재 표면에 바짝 붙어 있거나 살짝 묻혀 있기 때문에 주둥이 끝이 뾰족하지 않으면 잡기가 어렵다. 어떤 목수는 니빠 주둥이를 그라인더로 갈아 아주 뾰족하게 만들기도 한다. 원래는 반달형이라 자재 속으로 찔러 넣기는 힘든데 그걸 개선한 것이다. 쓰는 걸 옆에서 보니 편리한 구석이 있기는 했다. 이런 목수를 더는 보지 못했으니 그 목수의 창작으로 생각된다. 이처럼 목수들이 연장을 개조해서 쓰는 사례는 더러 있다. 기존 연장엔 없는 기능을 찾아내 편의를

도모하는 것인데 개발자들이 이런 걸 참조해서 아예 제품으로 만들어주면 좋겠다는 생각도 든다.

타카핀은 결합력이 약하기 때문에 많이 박는 게 보통이다. 더구나 망치로 박는 게 아닌 기계인 타카로 박는 것이라 쉬워서 그런 경향은 더욱 두드러진다. 특히 석고보드를 시공할 때는 더 많이 박게 되는데 디귿자 타카는 초당 3~4발이 나갈 정도의 속도를 내는 게 보통이다. 그런데 석고보드도 아닌 MDF에 박는 일자 타카를 초당 5~6발의 속도로 박는 목수도 본 적이 있다. 그렇게 빨리 쏠 수 있는 것도 능력이지만 너무 과하다는 생각이 들어 웃음이 절로 나왔던 기억이 난다.

상황이 이렇다 보니 일이 잘못되면 자재를 뜯어내더라도 타카핀을 뽑아 다시 쓰기는 어렵다. 석고보드를 제외한 다른 자재들은 본드를 바르지 않는 한 잘 뜯어내면 재활용할 수는 있지만 수많은 타카핀을 뽑는 게 문제라서 그냥 버리는 게 속 편하다. 그렇지 않으면 그라인더로 잘라내는 게 훨씬 효율적이다. 그러니까 니빠로 타카핀을 뽑는 경우는 자재에 박힌 타카핀의 수가 적을 경우에 한정된다고 보면 된다.

자재를 임시로 고정하기 위해 타카핀을 박는 경우도 있다. 그렝이질을 해야 한다거나, 사선으로 잘라야 한다거나, 알판에 다른 마감재를 붙여야 한다거나 하는 등의 작업들은 한 번에 일을 끝낼 수가 없다. 맞춰가는 조정 과정이 필요하기 때문이다. 이럴 때는 '가리도메(임시 고정)'라고 해서 타카를 몇 방 쏘아 자재를 임시로 박아두는 방법을 쓰게 된다. 그런 다음 작업이 완료되면 임시로 박았던 타카핀을 니빠로 뽑아내는 식이다.

둘째는 집게용, 못 뽑기용과 다를 바 없지만 못이 완전히 뽑히기 전의 상황을 이용하는 방식이다. 무슨 말인고 하면 못은 마찰력이 있어 잡아당기면 박힌 부위가 딸려 오게 되는데 이 점을 목공 작업에 이용하는 것이다. 판새를 맞춤하나 보면 승간 부위가 어긋나는 경우가 있다. 판재가 똑바르지 않기 때문인데, 불룩 튀어나온 상태라면 눌러서 면을 맞추면 되지만 쏙 들어간 상태라면 참 난감하다. 판재가 평평해서 잡을 데가 없기 때문이다. 손을 뒤편에 넣어서 눌러줄 수 있는 상황이라면 그렇게라도 한다지만 대개는 그럴 수 없는 경우가 허다하다. 이럴 때 먼저 타카로 타카핀이 반 정도 박히게 쏙 들어간 부위에 쏘고 덜 박힌 타카핀을 니빠로 잡아당긴다. 그러면 타카핀이 박힌 부위가 딸려 오면서 면을 맞출 수 있게 된다. 판재의 결합은 일자 타카를 사용하는 게 보통인데 웬만한 것은 일자핀으로도 충분히 끌어당길 수 있다. 하나로 안 되면 두어 개를 더 박기도 한다. 그래도 안 되면 나사를 박는 방법도 있다. 나는 이 기법을 처음 봤을 때 '오호' 하는 감탄사가 절로 나왔었다. 그런 생각을 누가 했는지 참 기발하다.

셋째는 절단용, 니빠의 원래 용도대로 사용하는 방식이다. 일을 하다 보면 목수라도 전기선을 만지게 되어 있다. 전기 없이는 살 수 없는 세상이니 당연한 일이다. 전동공구의 전선이 끊어지기도 하고, 현장이 어두워 작업등을 달아야 되기도 하고, 쓸모없는 전선이라도 있으면 절단도 해야 하는 등 아주 많다. 전선을 다루기엔 뺀찌(펜치)가 더 유용하지만 어디 목수가 그것까지 챙겨 다니겠는가. 그래도 문제 될 게 없는 것은 못주머니에 항상 휴대하고 다니는 니빠가 있기 때문이다.

막끌

허드렛일

막자로 시작되는 말들이 참 많다. 막사발, 막국수, 막일, 막춤 등등. 모두 한결같이 거칠다는 공통점이 있는 것들이다. 막끌도 마찬가지다. 태생만 끌일 뿐 허드렛일만 해서 끌이 말이 아니다. 임의로 그렇게 쓰기도 하지만 한 번만 쓴다는 것이 연속해서 쓰다 보면 막끌이 되는 수도 있다.

허드렛일이란 목수 일을 하다 보면 부닥치게 되는 온갖 잡일들을 말한다. 물건 들어 올리기, 틈새 비집기, 구멍 내기, 시멘트 깨기, 오물 제거하기 등이 그런 일들이다. 허드렛일에 사용되는 전용 공구들이 따로 있기는 하다. 소빠루, 대도라이바(드라이버), 스크레이퍼 등이다. 하지만 전용 공구들은 길이가 300mm쯤 되고 무겁기도 해서 연장통에 넣어두고나 쓰지 못주머니에 담아두고 쓰지는 못한다. 물론 큰일이야 전용 공구를 써야겠지

막끌과 손톱

만 실목수 일은 그보다 자잘한 일들이 더 많은 상황이라 못주머니에 담을 수 있는 것이 적당하다.

막끌로 쓰기엔 20mm 내외의 평끌이 가장 좋다. 너무 작으면 '오물 제거하기'가 나쁘고, 너무 크면 '구멍 내기'가 힘들기 때문이다. 하지만 그 무게는 좀 부담스럽다. 무게야 얼마 안 되지만 못주머니에 넣고 하루 종일 차고 다니기엔 힘들단 말이다. 강골들이야 아무렇지 않을지 몰라도 나 같은 약골들에겐 어림도 없는 일이다. 그래서 좀 더 간편한 걸 선호하는 이들도 있다. 중도라이바를 쓰는 이도 있고, 손빠루를 쓰는 이도 있고, 좁다란 헤라를 쓰는 이도 있고, 심지어 못쓰게 된 해머드릴날을 쓰는 이도 있다. 또 그런 것 없이 일하는 신간 편한 목수들도 있기는 하다. 이런 걸 통틀어 막끌이라 부른다.

초짜 시절에 사용한 막끌은 일자 도라이바였다. 한 1~2년쯤 사용했던 것 같고, 그다음으로 쓴 것은 날 너비 12mm쯤 되는 얇은 조각끌이었다. 한옥 공부할 때 모형 실습용으로 구입했던 것인데 별달리 쓸데가 없어서 막끌로 사용하게 된 것이었다. 너무 약해 사용상 제약이 많았지만 부실한 허리 때문에 어쩔 수 없는 선택이었다. 조각끌은 도중에 잃어버리고 그와 비슷한 얇은 끌을 사서 2018년도까지 계속 사용했다. 그게 가장 오래 쓴 막끌이었다.

건축계를 흐리는 사기꾼

그러다 우연한 계기로 바뀌게 된다. 2018년 8월에 중계동으로 호프집 공사를 갔을 때였다. '건축계를 흐리는 사기꾼을 고발합니다'란 제목으로 내 블로그에 올린 그 사기꾼이 직영하는 공사였다. 그자는 신용을 잃어 매일매일 노임을 주기로 하고 일을 하게 되었는데 처음 며칠간만 그런 식으로 하다가 나중엔 순진한 우리가 마음이 느슨해진 틈을 타 노임을 떼어먹은 경우였다. 아무리 어르고 달래도 돈을 주지 않아 결국 하도 괘씸해서 블로그에 글까지 올린 적이 있었다. 그 글은 이렇게 시작된다.

그동안 너무 아름다운 얘기만 한 것 같다. 세상에는 양면성이 있지 않은가. 건축 분야도 예외는 아니다. 아니, 사기꾼들이 판치는 곳이 이 분야이다. 건축은 내가 세상에서 가장 재미있고 가치 있는 일이라고 생각하는 분야인데 그것과는 전혀 어울리지 않는 사람들이 간혹 끼어 있어 물을 흐리고 있기에 고발 차원에서 이 글을 쓴다.

어디 그 일만 있었겠는가. 원청에서 떼어먹는 경우는 부지기수이고, 심지어 같이 일하는 목공 반장들이 착복하는 경우들도 많다. 오죽했으면 목수들 간에는 '일하는 것보다 돈 받는 게 더 중하다'는 격언(?)까지 생겨났겠는가.

에휴, 그건 그렇고 공사는 부부 수리만 하는 것이었는데 주방에 들어갔다가 쇠꼬챙이 하나를 발견하게 되었다. 쇠꼬챙이는 처음 보는 것인데 길이는 300mm쯤 되고 한쪽이 손가락 굵기에서 점차 가늘어지다 마침내 젓가락 굵기가 되는 기다란 원추형의 쇠붙이였다. 그것을 보자마자 막끌로 쓰면 좋겠다는 생각이 들었다. 그래서 얼른 주워다 연장 가방에 챙겨두었고 나중에 그라인더로 반쯤 자르고 양면을 비스듬히 갈아 끝이 납작해지도록 만들었다. 마치 납작이 정처럼 만든 것이다.

그 후로 지금(2023년)까지 막끌로 사용해오고 있는데 아주 편리하다. 길이는 120mm쯤으로 작아 못주머니에 넣기 좋고, 합금이라 가벼워 허리에 부담이 없고, 쐐기모양이라 틈을 벌리거나 구멍을 확장시키기에도 안성맞춤이기 때문이다. 너무 편리해서 나중에 잃어버리게 된다면 대장간에 가서 맞춰볼 생각까지 하고 있을 정도이다.

2. 검측용 연장
55-2

먹통

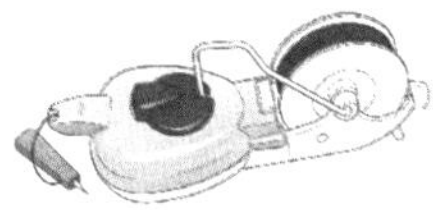

부시맨

〈부시맨〉이란 영화가 있었다. 아프리카에 부시맨이라는 부족이 살고 있었는데 어느 날 느닷없이 하늘에서 이상한 물건이 하나 떨어진다. 비행기 조종사가 마시고 버린 콜라병이었다. 하늘에서 비도 아닌 것이 떨어졌으니 당연히 하느님의 물건으로 생각한 부시맨은 그것을 돌려주기 위해 바다를 향해 길을 떠나게 되면서 벌어지는 이야기를 담은 영화다.

이야기를 바꿔서 하늘에서 먹통이 떨어졌다면 어땠을까 상상해 본다. 아마도 십중팔구 똑같은 상황이 벌어졌을 것 같다. 도대체 생김새만으로는 무엇에 쓰는 물건인지 알기 어렵기 때문이다.

내가 먹통이란 것을 처음 접한 때는 20대 초반이다. 당시의 용돈벌이는 주로 '노가대를 뛰는' 것이었다. 노가대를 하려면 지금도 심심치 않게 보이는 '인력사무소'란 데를 찾아가면 되었다.

새벽 일찍 작업복이 든 가방을 비껴 메고 인력사무소를 찾아간다. 문을 열고 들어서면 나와 같은 사람들이 창가를 따라 비치된 의자에 쭉 앉아 있다. 빈자리를 찾아 그들 틈에 끼어 앉아 차례를 기다린다. 일을 나가는 순서는 도착 순번과는 별개다. 힘든 일은 대개들 꺼려서 지원자를 받아 보내기도 하기 때문이다. 경험이 없는 나 같은 초짜에겐 현장 청소 같은 하찮은 일들이 떨어진다. 역시나 그날도 소장은 나에게 현장 주소와 전화번호 적은 쪽지를 주면서 청소하는 일이라고 말해주었다. 일할 곳은 건국대학교였다.

한참 청소를 하고 있는데 현장소장이 나를 불렀다.

"어이, 이리 좀 와봐."

"왜요?"

"응, 잠깐 이리 와서, 먹줄 좀 잡아줘."

"네."

"자, 이렇게 잡고, 여기 표시한 데 있지, 여기다 대고 있으면 돼."

"알겠습니다."

나는 알려준 대로 송곳을 잡고 실 끝을 표시가 있는 바닥에 대었다. 소장은 먹통을 든 채 저만치 가더니 돌아서서 쭈그리고 앉았다. 두어 번 고패를 감자 실이 팽팽해졌다. 덩달아 내 손에도 힘이 들어갔다. 먹통 부리를 바닥에 댄 소장은 팔을 벌려 실을 집어 들더니 곧바로 놓았다. 됐다고 해서 손을 떼자 바닥에 검은 직선이 저만치 그어진 게 보였다. 먹통이 무엇인지 알게 된 순간이었다.

무당거미

먹통은 참 기발한 연장이다. 연약한 실 속에서 강직한 직선이 나오니까 말이다. 아마도 이것은 거미줄을 보고서 만들었을 것 같다. 거미는 특이하게도 꽁무니에서 나오는 실로 집을 짓고 사는 벌레다. 거미도 여러 종이라 집 짓는 방식도 다르다. 그중에는 건축적으로 뛰어난 것도 있어서 주목된다. 집안에 사는 거미는 엉터리라 말할 게 못 되고, 처마 밑에 사는 놈은 마치 토굴처럼 짓는다. 분간하기도 힘든 거미줄이 허옇게 보일 정도로 품을 많이 들이기는 하는데 그다지 보잘것없다. 숲에 사는 거미들이 집을 제일 잘 짓는다. 그중에서 무당거미 집이 으뜸이다. 무당거미는 몸 전체에 '노란색과 검은색이 교차하며 알록달록한' 무늬를 가진 모습인데 그 생김새만큼이나 집도 멋지게 잘 짓는다. 몇 미터씩 떨어진 나무 사이에 집을 지을 수 있을 정도로 건축 기술이 탁월하다. 어떤 무당거미는 집의 기초에 해당되는 부분의 거미줄을 몇 가닥씩 꼬아 구조를 보강하기도 한다. 신기해서 한참을 쳐다보다 손가락으로 건드려보는데 어찌나 짱짱한지 쇳소리가 나는 듯했다. 그렇다는 것은 발로 거미줄을 끌어당겼다는 얘긴데 거참, 모를 일이다.

먼 옛날에도 나 같은 사람은 틀림없이 있었을 테고 그는 거미줄을 보면서 실이 직선이 된다는 원리를 터득했을 것이고 먹통을 발명하게 되지 않았을까?

먹통은 실, 고패, 솜, 송곳 등으로 구성된다. 먹통에 든 솜에 먹물을 넣고 실 끝에 매인 송곳을 잡아당기면 먹물이 묻으면서 실이 나오는 구조이다.

먹물은 그냥 담으면 찰랑거려 넘칠 수 있으므로 먹통 속에는 솜을 넣어 준다. 옛날 사람들은 이런 식으로 먹물을 휴대했다고 한다. 먹통이 꼭 목수들이 쓰는 연장만은 아니었던 셈이다. 옛날에는 진짜 솜을 넣었겠지만 지금은 '스펀지'라 불리는 말랑한 합성섬유가 사용된다. 송곳은 혼자서 먹줄을 칠 때 실 끝을 고정하는 데 쓰인다. 송곳을 박을 수 없는 곳에서는 아까 말한 것처럼 둘이서 먹줄을 잡고 치면 된다. 이때 송곳을 잡은 사람은 실을 표시한 곳에 정확히 대줘야 하는데 초짜들은 송곳 자루만 엄지와 검지로 잡는 수가 많다. 그러면 먹줄을 팽팽히 잡아당길 때 놓칠 수 있으므로 반드시 손아귀에 쥐고서 엄지 끝으로 실이 나오게 하거나 검지에 한 번 감아 엄지로 표시한 곳에 누르는 식으로 하는 게 올바른 자세이다. 송곳이 없으면 실이 먹통 속으로 들어가버려 쓸 수가 없게 되므로 무엇으로든 묶어놔야 된다. 주변에 있는 못을 사용하는 게 보통이다.

송곳은 잘못하면 찔리는 수가 있다. 석고보드로 된 벽에 송곳을 박고 먹줄을 칠 때가 있는데 빠지기 쉬우니까 특히 조심해야 된다. 언젠가는 그런 식으로 해서 머리에 박힌 적도 있었다. 살짝 박혔기에 망정이지 큰일 날 뻔했던 순간이었다. 실이 자동으로 감기는 먹통도 조심해야 한다. 실이 감길 때 송곳이 휙 날아들기도 하기 때문이다. 이런 사고를 방지하기 위해 안전송곳을 달아둔 제품이 있기는 하다. 안전송곳은 평상시엔 바늘이 감춰져 있다가 꾹 눌러야 드러나는 구조이다. 국산품에는 없고 일제에 그런 것이 있다.

고패는 실을 감아두는 장치다. 가운데에 홈이 있는 도르래 모양인데 손으로 밀어서 실을 감는 수동과 스프링에 의해 감기는 자동이 있다. 수동은 고패가 노출돼 있고 자동은 감춰져 있다. 국산품은 수동이 위주이고 일제는 자동이 많다.

실은 대체로 1mm 정도의 굵기이고 더 굵은 걸 원한다면 큰 먹통을 구입하면 된다. 시멘트 바닥에 먹을 놓을 때는 큰 것이 좋다. 먹이 선명히 잘 나오기 때문이다. 한옥 현장에서는 0.5mm쯤 되는 가는 먹금도 볼 수 있다. 일하러 갔다가 본 적이 있는데 일반 먹실로 친 것은 아니고 아마도 봉제용 실이 사용된 듯싶다. 정밀한 치목을 하고자 할 때 그런 실을 쓰는 것 같다.

먹통은 사서 쓰는 게 보통인데 아직도 옛날처럼 나무를 깎아 직접 만들기도 한다. 도편수들이 그러는 편인데 멋있게 보이려는 게 아니라 기성품이 용도에 맞지를 않기 때문이다. 도편수는 먹금을 놓을 때 대나무로 만든 필기구의 일종인 먹칼이란 걸 사용한다. 먹칼은 먹물을 찍어 쓰게 되어 있다. 진짜 '먹통'이 필요한 것이다. 하지만 기성품 먹통들은 '솜칸'에 뚜껑이 달려 있는 게 보통이고 더구나 그 입구도 작아서 먹칼을 찍어 쓰기엔 불편하다. 물론 그런 용도로 쓸 만한 것이 없지는 않지만 마음에 안 드는 모양이다. 아무튼 도편수들은 자신만의 스타일대로 먹통을 만든다. 고 김창희 도편수의 것은 느티나무에 용머리를 섬세하게 조각해서 멋들어지게 만든 형상이고 맹활약 중인 이광복 도편수의 것은 여자 구두 같은 모양에 당초무늬를 조각한 단출한 모양이다. 이들 먹통은 모양만 다를 뿐 구조는 똑같다. 고패가 높이 솟아 있는 점이 그런데 이는 손으로 밀어서 실을 감기 위함이다.

조선시대 먹통

그런데 조선시대 먹통은 이런 유형이 아니었다. 답십리 고미술상가에서 '동인방'이란 골동품점을 운영하는 정대영 선생님이 쓰신 《한국의 장》이란 책을 보면 조선시대 먹통이 나온다. 한 페이지엔 백자로 된 먹통이 있고 옆 페이지엔 목재로 된 먹통도 보인다. 백자 먹통은 직육면체 그릇으로 되어 있는데 옆면엔 고패를 걸기 위한 구멍이 있고 두 칸으로 나뉘어 있다. 칸의 모양이 다른 게 주목된다. 고패가 들어가는 자리는 네모인데 솜이 들어갈 자리는 둥글다. 목재 먹통은 여의주를 문 용머리를 단순화시켜 먹줄의 인입구로 삼아 만들어져 있다. 솜 칸은 항아리 모양이고, 고패 칸은 정육면체 꼴이다. 조선의 목수들은 먹통 허리에 실을 매어 다림추로도 활용했다고 하는데 그런 용도인지 중간에 삐죽 튀어나온 쇠붙이가 보이기도 한다. 다른 자료를 찾아봐도 조선의 먹통은 솜 칸은 둥글고 고패 칸은 네모지다. 이는 '천원지방天圓地方'의 천리를 담은 것으로 보인다. 선비의 나라였던 조선은 먹통 하나를 만들면서도 '하늘은 둥글고 땅은 네모지다'는 철학성을 담고자 했던 것이다.

그러던 것이 지금의 모습으로 바뀐 것은 일제강점기를 거치면서이다. 일본식 먹통이 유입된 것이다. 앞에서 말한 도편수의 먹통이 그렇고 시중에서 팔리는 국산품 먹통도 그와 같은 유형이다. 대목장 1호로 이름을 날린 이광규 도편수가 작업하는 모습을 찍은 사진이 《송광사와 선암사》에 나오는데 손에 든 먹통도 역시나 일본식이다. 사진은 1980년대 초반쯤에 찍은 것으로 보인다. 조선 궁궐 목수의 계보를 잇는다는 평판을 듣던 이광규 도편수마저 일본식 먹통을 쓰고 있었던 것이다. 천원지방형 먹통이라고 해서 사용상 특별히 불편할 것 같지는 않은데 왜 바뀌게 됐는지 모르겠다. 전통이 무너졌다는 점에서 보면 참 안타까운 노릇이다.

먹통 사용법은 간단하다. 실을 팽팽히 잡아당긴 다음 집었다 놓기만 하면 되기 때문이다. 다만 똑바로 드는 것이 중요하다. 그렇지 않으면 먹선이 칠 때마다 달라진다. 나도 예외는 아닌데 조금 차이 나는 정도라 크게 문제되지는 않는다. 먹통을 많이 써야 숙달이 될 텐데 실내건축에서는 어쩌다 쓰는 것이다 보니 아직도 어설프다.

먹줄을 휘어서 치면 곡선을 표시할 수도 있다고 한다. 《송광사와 선암사》에는 그런 내용도 나온다.

어려서 보던 광경 중에 도편수의 먹줄 튀기는 장면은 대단하였다. 특히 배흘림기둥의 그 휘어진 곡선을 한 번의 먹줄로 표현해 내는 장면은 압권이었다.

「휘—익—」하고 강하고 날렵하게 작동하는 먹줄의 그 동작을 보고 있노라면 저절로 몸이 오싹해 오는 전율을 느낀다.

「대단합니다.」

조원재, 이광규 도편수까지만 해도 그런 장엄한 기법을 구사하였다. 그 이후로 木壽는 그런 대목을 다시는 보지 못하고 있다. 그만큼 현대인들의 기능이 왜소해진 것이다. 자꾸 기계에 의지하려고 하는 생각이 앞서기 때문에 옛날과 같은 도편수의 그런 늠름한 기개를 보기는 아주 어렵게 되어 가고 있다.

기계가 편리하긴 하나 그것이 주는 폐해도 적지 않다. 특히 다양하던 기법이 점점 소략해지면서 숨겨져 드러나지 않는 부분의 처리가 빈약해지고 있다. 몹시

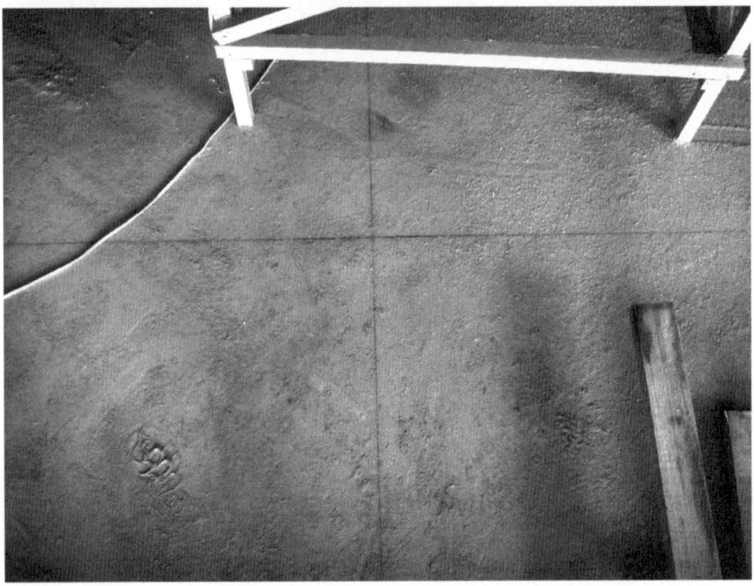

나무와 바닥에 먹줄을 놓아 밑그림을 표시한 모습

아쉬운 일이다.[5]

나도 흉내를 낸답시고 해본 적이 있는데 되지를 않았다. 도대체 어떻게 했을지 궁금증만 커졌던 기억이 떠오른다.

먹통의 용도는 '밑그림 그리기'이다. 만들고자 하는 모양을 바닥이나 재면에 그리는 것이다. 목수가 그리는 밑그림은 도면과는 다르다. 도면엔 마감 치수만 표기되는 게 보통이라 숨은 치수를 감안해서 그려야 된다. 그런 점이 목수의 역할일 것이다. 건축가가 일일이 설명할 수 없으므로 도면만 보고서도 어떤 구조인지를 파악할 수 있는 게 목수의 능력이다. 계산이 틀리면 일을 망치게 되므로 아무에게나 먹을 놓게 하지 않는다. 그런 직책을 맡는 목수를 '반장' 또는 '도편수'라 부른다. 반장이나 도편수를 맡으려면 실력도 있어야 되지만 여러 사람을 통솔해야 하는 직책이라 좋은 인성도 필요한 법이다. 수십 년을 일해도 평목수로 끝나는 게 태반인 이유이다. 하기야 골치 아픈 일을 뭣 하러 하느냐며 손사래를 치는 사람도 없지는 않다. 책임이 뒤따르는 일이어서 겁이 나는 것도 사실이다. 도편수처럼 수천만 원을 호가하는 재목에 먹을 놓으려면 어떤 마음일까 상상조차 되지 않는다. 그래서 목수 중에 최고라고 하는 거겠지.

5 신영훈, 《송광사와 선암사》, 조선일보사, 2000.

곡척

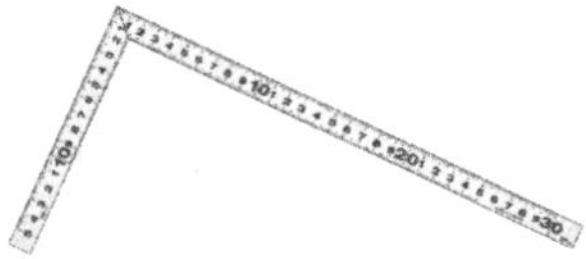

문명의 척도

한자로 曲尺이라 쓴다. 이 외에도 곱자, 곡자, 미레자, 사시가네, 기역자, 직각자 등으로 불린다. 실목수들은 대개 사시가네라 부른다. 나도 현장에선 그렇게 부르고 있다. 곡척이라고 하면 남들이 별나게 볼 것 같은 생각도 들고, "그게 뭐야?" 하고 되묻기라도 하면 성가실 것 같아 그냥 시류를 따르고 있다. 그나저나 참 간단히도 생겼다. 모양은 저래 봬도 인류의 지혜가 담긴 고등한 물건이다. 문명시대 이전의 유물에는 각진 모양이 존재하지 않았다. 곡척은 문명의 척도인 셈이다.

그렇다고 인공물에만 저 형상이 존재하는 것은 아니다. 직각은 자연 속에서도 찾아진다. 그러기 위해선 다림추를 가지고 바닷가로 가야 한다. 해변에 서서 멀리 수평선이 보이는 허공에 다림추를 드리워보라. 다림추가 없다고? 그럼 근처에 떨어진 끈이라도 찾아 돌멩이든 나무토막이든 아무거나 무게가 나가는 것을 매어 써도 된다. 수평선과 다림추의 실이 교차하는 지점에 곡척의 형상이 보이지 않는가. 곡척은 자연의 진리를 품고 있는 것이다.

수평선과 다림추가 이루는 선을 가리켜 수직, 직각 또는 90°라고 부른다. 눈엔 보여도 이 선을 구현하기란 쉽지 않다. 눈대중으로는 절대 그릴 수 없다는 말이다. 작도법을 알아야만 구현이 가능하다. 직각 작도법에는 콤파스(컴퍼스)와 수식을 이용하는 두 가지가 있다. 콤파스를 이용하는 방법은 먼저 직선을 하나 그리고 그 위에 두 개의 원이 교차하도록 그린 다음 원의 교차점을 이으면 된다. 수식을 이용하는 방법은 우리가 배워서 알고는 있지만 써먹지를 못하는 '피타고라스의 정리', 이를 수식으로 표현하

곡척으로 나무판에 선을 긋는 작업

면 3 : 4 : 5가 되는데 동양에서는 '구고현법'이라 한다. 인체에 빗댄 말인데 '사람은 넓적다리보다 종아리가 긴 법'이라 넓적다리는 피타고라스의 정리에서 3에 해당하고 종아리는 4에 해당하며 그 둘을 이은 가상의 선은 5에 해당한다고 비유한 것이다.[6] 다시 도형으로 표현하면 직각삼각형이 된다. 직각삼각형을 그리는 법은 이렇다. 먼저 자를 대고 3의 비율로 직선 하나를 그리고, 양 끝에 4와 5의 비율로 콤파스 길이를 조정해 각각 원을 그려 서로 만나는 점을 자를 대고 이으면 된다. 이 역시 콤파스를 사용해야 된다. 그러니 목공 작업에서는 그냥 콤파스로 그리는 법만 알아도 문제는 없을 것이다. 더구나 그런 걸 몰라도 쓸 수 있는 곡척이 있는데 무슨 걱정이 필요하겠는가.

미레자

신영훈 선생님의 책 《한옥을 짓는 목수의 영조법식》을 보면 미레자에 대한 얘기가 나온다. 미레자에는 L자와 T자 모양의 두 가지가 있었다고 한다. L형의 미레자는 지금도 쓰이고 있는 두툼한 손잡이가 있는 직각자와 닮은 것이고 T형의 미레자는 사라져 지금은 볼 수 없다.

그 책에는 이렇게 쓰여 있다. "미레자: T형의 자. 자보다 손잡이가 긴 것이 보통이나 그 반대의 것도 있음, 손잡이에도 눈금을 새김. 자는 T자에서 윗변에 해당되고 손잡이는 밑변에 해당된다. 윗변에는 가운데를 중

6 신영훈, 《운현궁》, 조선일보사, 1999, 참조.

심으로 동일한 눈금이 양쪽으로 표시되어 있다."[7] 그 밑에 그림도 보이고 옆에는 선생님 강의할 때에 받아쓴 기록도 보인다. "1푼 가지고 시비하지 않으면 집이 틀어진, 대니무에 푼을 표시한 목수가 우수함"이란 내용 등이 쓰여 있다.

'T형의 자'는 편리한 구석이 있다. 중심선에 맞추어 동일한 치수로 표시하기에 용이하기 때문이다. 곡척을 사용하면, 가령 길이가 5라고 할 때 중심선을 2.5에 맞추고 0과 5에 표시하게 되지만 T형 자는 중심선을 0에 맞추고 2.5를 양편에 표시하면 된다. 또 곡척은 중심선에 맞추어 수직선을 그으려면 두 번에 걸쳐 해야 하지만 T형 자는 한 번에 할 수 있다. T형 자는 신응수 대목장이 쓰는 걸 사진으로 볼 수 있는데 나무로 되어 있고 곡척보다는 좀 더 크다. 하지만 역시나 곡척을 함께 사용하고 있다.

곡척의 쓰임은 다양하다. 물론 주된 용도는 직각선을 그리는 것이고, 그 밖에 직각이 맞는지 검사할 때도 쓰고, 눈금이 표기돼 있어 치수를 재거나 표시할 때도 쓰고, 구멍의 깊이를 재기도 한다. 그 밖에 정사각형의 대각선 길이를 나타내는 눈금도 있고 원주율에 따른 눈금도 있어서 계산을 하지 않아도 바로 알 수 있도록 된 것들도 있다고 한다.

곡척은 대목들의 필수품이다. 먹줄 치는 모습을 보면 항상 손에는 곡척이 들려 있다. 어떤 목수는 뒷덜미에 꽂아놓고 쓰기도 한다. 곡척이 길어서 간수하기가 까다로운데 거기가 제일 적당했던 모양이다. 곡척이 필수

7 《한옥을 짓는 목수의 영조법식》, 한옥문화원 교재.

적인 이유는 한옥 건축에 사용되는 자재가 통나무이기 때문이다. 구불구불한 통나무로 집을 지으려면 곧은 나무로 바꾸는 작업이 필요하다. 그 작업의 시작이 곡척으로 각을 잡는 일이다. 어떻게 큰 통나무에 저런 작은 곡척을 쓸 수 있을지 궁금하겠지만 집을 짓는 데 필요한 치수는 길이가 길다 뿐이지 폭은 300mm 이하가 대부분이라 가능한 일이다. 길이 방향으로는 다른 자를 쓰고 폭의 치수는 곡척을 사용하는 식이다.

곡척을 사용하려면 먼저 기준선을 정해야 한다. 한 평면상에서 곡척을 사용하는 데는 문제가 없지만 서로 다른 평면일 때 문제가 있다. 가령 원목의 양 끝인 '원구元口'와 '말구末口'에 각각 곡척을 사용한다면 서로 떨어져 있다 보니 어디에 기준을 두어야 할지 아리송하다. 이때는 불변의 기준선이 필요한데 그것은 바로 다림추가 이루는 수직선과 수면이 이루는 수평선이다. 이 중 하나를 선택해 기준선으로 삼아 곡척을 사용한다. 그러지 않고 무턱대고 곡척을 사용해서는 직각이 서로 일치하지 않는다. 그런 상태로 먹줄을 치고 원목을 치목한다면 결국 비틀린 각재가 되고 만다. 물론 실제로 이런 목수야 없겠지만 예를 들자면 그렇다는 얘기다.

대목들이 쓰는 곡척은 대부분이 일본산이다. 신영훈 선생님의 책을 보면 이광규 도편수가 먹줄 치는 장면이 담긴 사진이 여러 곳에 나오는데 그분 손에 들린 곡척도 일본산이다. 일본산 곡척은 폭 15mm, 두께 1mm로 된 스테인리스 제품이다. 눈금 부분은 낭창낭창하지만 꺾인 부분은 약간 두툼해 거의 변형이 없다. 곡척을 자로 쓸 때는 긴 쪽을 잡고 쓰는데 바닥에 대고 누르면 휘어져 사용하기가 편하다. 어떤 건 휘어지지 않아 손으로 잡고 쓸 수 없는데 말이다. 하여간 일본 사람들 물건 하나는 정말 잘 만든다.

척관법

우리나라 도량형은 1964년 이래 미터법이 사용되고 있다. 그에 따라 모든 자들도 미터 단위로만 생산되고 있다. 하지만 대목들은 여전히 척 단위를 사용한다. 미터 단위는 한옥 영조법식에 맞지 않기 때문이다. 그래서 별 수 없이 일본산 곡척을 사용하고 있는 실정이다.

일본에서는 척자와 미터자가 모두 생산되고 있다. 하지만 일본에서도 척자가 사라질 뻔한 위기가 있었다고 한다. 이는 일본의 궁궐목수 '마츠우라 쇼우지' 도편수가 지은 책 《천년을 이어 온 궁궐목수의 삶과 지혜》에 나오는 내용이다.

> 제가 즐겨 사용하고 있는 것은 척과 촌의 눈금이 센티와 미리의 눈금과 같이 들어 있는 스테인리스 제품의 곱자입니다만 센티나 미리의 눈금을 그다지 많이 사용하지는 않습니다. 옛 건축물은 모두 척과 촌의 눈금에 의해서 지어져 있습니다. 미터법으로는 일이 되지 않습니다. 1966년부터 척관법을 일체 사용하지 못하게 법으로 금지되어 곱자에도 척과 촌의 눈금이 들어있는 것을 팔면 법률 위반이라고 하여 모두 곤경에 처하게 되었지만 에이 로쿠스케 씨와 오자와 쇼우이치 씨 등이 반대 운동을 벌인 덕택에 지금은 어떤 것이라도 미터법에 저촉되는 일은 없어졌습니다.[8]

척관법을 지켜냈다니 정말 다행스러운 일이다. 한옥이 일본산 곡척으로 지어지는 게 좀 부끄럽긴 하지만 말이다.

실목수인 나는 곡척을 거의 쓰지 않는다. 물론 나에게도 곡척이 하나 있기도 하고 가끔씩 쓰기도 한다. 하지만 대목수들처럼 필수적으로 갖고 다니지는 않는다. 왜냐면 현장에 가면 곡척 대용으로 쓸 만한 물건들이 많아서이다. 흔하게 쓰이는 건축자재인 합판만 해도 직각으로 되어 있어 그 일부만 잘라내어도 어엿한 곡척이 된다. 또 자재들이 대부분 각이 져 있고 게다가 자동으로 직각을 절단해주는 연장들도 있어서 그다지 곡척이 필요하지 않은 것이다.

실목수들은 작은 곡척을 선호한다. 여기서도 휴대성이 좋은 제품을 선호하는 경향을 보이고 있다. 이것은 바닥에 먹줄을 칠 때 주로 사용된다. 이를 '지스미 놓는다(먹매김)'고 한다. 바닥먹을 치려면 현장을 이곳저곳 돌아다녀야 하는데 작아서 간수하기 편하기 때문일 것이다. 못주머니에 담기도 하고 못주머니와 허리띠 사이에 끼워 넣기도 한다.

나의 곡척

내겐 큰 곡척이 하나 있다. 역시나 일본산으로 한쪽 면엔 척 단위가, 다른 면엔 미터 단위가 표기돼 있고, 긴 쪽 자루 끝엔 아미타불이 선각돼 있어 묘한 감흥을 자아내는 그런 것이다. 이것을 구입한 계기는 좀 남다르다. 일하는 데 쓰려는 게 아니라 공부하려고 산 것이기 때문이다. 2002년 9월

---

8 마츠우라 쇼우지, 윤재철 옮김, 《천년을 이어 온 궁궐목수의 삶과 지혜》, 제이앤씨, 2003.

부터 2년간 나는 한옥문화원의 학생이었다. 신영훈 선생님의 제자가 된 것이다. 남들은 한옥 목수가 되려고 저러나 싶었겠지만 나는 전혀 그럴 생각이 없었다. 다만 건축을 체계적으로 공부하고 싶었을 뿐이다. 그 시작이 한옥 건축이었다. 그렇게 30세의 늦은 나이에 건축 공부를 시작하게 되었고 이듬해엔 한옥 모형 실습 과정이 있어서 그때 곡척을 장만했다.

한옥문화원 강의는 매주 수요일과 목요일에 있었고 저녁 7시부터 시작되었다. 요즘에 목수들 퇴근 시간은 5시지만 그때는 5시 30분이었다. 수업 시간까지는 한 시간 반의 여유가 있는 셈이었다. 하지만 창덕궁 옆 원서동에 있던 한옥문화원까지 가려면 그리 넉넉한 시간은 아니었다. 자가용 운전자라면 그게 불가능하다는 사실을 잘 알 것이다. 퇴근 시간대엔 차가 워낙 막히니까 말이다. 하지만 난 250cc 오토바이를 타고 다녔기 때문에 지각을 하는 경우는 거의 없었다. 공부하기 위해 지방 출장은 다니지 않았고 2년간 거의 서울에서만 일을 했는데 멀게는 양평이나 소래포구까지 다닌 적도 있었지만 수업 시간 전에는 당도할 수 있었다. 아무리 차가 막혀도 요리조리 빠져나가면 되니까 말이다. 이런 오토바이도 날씨 앞에선 속수무책이었다. 지금도 생각나는 게 두 가지 있다. 한번은 양평에서 일할 때이다. 퇴근해서 수업 들으려 열심히 달려가고 있었는데 두물머리 근처서부터 비가 내리기 시작했다. 안장 밑에 평소에 넣어가지고 다니던 우비를 꺼내 입긴 했지만 원서동에 도착할 때까지 그치질 않아 비를 쫄딱 맞으며 달려야 했고 결국엔 지각을 하고 말았다. 또 한번은 광탄에서 일할 때인데 겨울이었다. 원청에서 숙소를 제공해주었지만 수업이 있는 날에는 출퇴근을 해야 했다. 11월 중순께 시작된 공사였는데 12월 초순쯤 아침에 출근을 하려는데 눈이 내리고 있었다. 다행히 도로에 쌓일 정도는 아니어서 괜찮겠다 싶어 오토바이를 몰고 나갔다. 딱히 다른 방법이 없기도 했다. 마장동을 지나 내부순환로로 진입해 달렸다. 자동차 전용도로라 불법이었지만 시간을 좀 단축해 보려고 내가 개척(?)한 코스였다. 내부순환로에서 홍제동으로 빠져 구파발을 거쳐 벽제를 지나 '됫박고개'를 막 넘어서는데 눈앞에 백색의 풍경이 펼쳐졌다. 눈이 녹지 않은 것이었다. 도로는 빙판길로 변해 있었다. 오토바이는 빙판길에서 브레이크를 잡으면 안 된다. 그 즉시 넘어지기 때문이다. 기어를 1단에 넣고 조마조마하게 고갯길을 내려와서 엉금엉금 설원을 달렸던 기억이 떠오른다. 그날은 차마 눈길을 달려갈 엄두가 나지 않아서 결석을 하고 말았다.

각설하고, 이렇게 해서 대목이나 쓸 법한 큰 곡척을 가지게 되었는데 이것이 좀 커서 연장 가방에는 들어가지 않았다. 2000년대 초반에 목수들은 연장 가방으로 007가방을 주로 사용했는데 거기에 넣기엔 너무 컸던 것이다. 그래서 어떤 목수들은 끝을 잘라 넣을 수 있게 만들기도 했다. 하지만 나는 곡척을 훼손하기 싫어 가방 측면에 구멍을 내어 끝을 끼워 넣는 방법을 사용했다. 당시 초짜 목수였던 내가 곡척 쓸 일은 그다지 없었지만 '프로'다운 모습을 보이기 위해 꼭 가지고 다녔던 것이다.

못 말릴 사람들

예전에 어떤 목수가 계원들끼리 차고 다닐 목걸이에 무엇을 달까 고민 중이라는 말을 들은 적이 있었다. 그래서 나도 목수들에게 어울릴 만한 게 뭐가 있을까 궁리를 하다가 곡척을 생각하게 되었다. 목수를 상징할 수 있는 연장이란 톱이나 대패 또는 망치 등이 될 수도 있겠지만 그 모양을 '악세사리'로 삼기엔 미감이 떨어질 것 같고 그나마 곡척이 가장 미적으로 돋보일 것 같았기 때문이다. 곡척 형상으로 자그마하게 만들어 꺾인 부위를 목걸이에 달면 한쪽으로 기울어져 보기 좋을 것 같았다. 하지만 어쩌다 현장에서나 마주치는 사이다 보니 의견을 말할 기회가 없어서 그만 흐지부지되고 말았다.

목수의 상징물로 망치를 생각하는 이가 많은 듯하다. 이는 해방 이후 목수들이 망치로 일을 많이 하다 보니 생긴 현상이리라. 망치는 그저 도구일 뿐이고 사실 목수 일의 근간은 수리이고 그것을 형상화한 것이 곡척이다. 그러니 목수의 상징은 곡척으로 보는 게 가장 타당할 것이다. 마츠우라 선생의 책에도 이와 관련된 얘기가 나온다.

> 목수의 세계에서는 곱자, 먹통, 까뀌가 '삼종의 신기'로서 대단히 중요시합니다. 요즘에는 까뀌도 잘 사용되지 않습니다만 괭이 모양처럼 생긴 도구인데 나무 표면을 밀거나 파낼 때 사용합니다. …… 요즘은 거의 없어졌지만 제가 목수 일을 배울 무렵에는 정월 설날이 되면 목수의 집에서는 도코노마에 삼종의 신기를 진열하였습니다. 장식 방법에도 일정한 규칙이 있어서 아무렇게나 진열해 놓는 것이 아닙니다. 곱자, 먹통, 까뀌라는 '삼종의 신기'와 먹꽂이를 잘 조화시켜 '水'라는 글자 모양이 되도록 장식하는 것입니다. …… 장식은 삼종의 신기를 중심에 두고 목수 일의 기본 중의 기본이 되는 수평을 상징하는 水라는 글자 모양으로 장식한다고 들었습니다.

일본 목수들도 곡척을 목수의 상징으로 여겼음을 알 수 있겠다. 위에 나온 먹꽂이란 먹칼을 말한다. 번역자 윤재철 선생은 책을 출판할 당시에 중동 하나은행 지점장이었다고 한다. 은행원이 건축 서적을 번역했다니 놀라운 일이다. 그나저나 일본이란 나라는 참 재미있는 나라다. 우리가 보기엔 집 안에 목수 연장을 두는 것도 신기한데 그것도 모자라 水 자로 배치해 의미까지 부여했다니 정말 '못 말릴' 사람들이다.

다림추

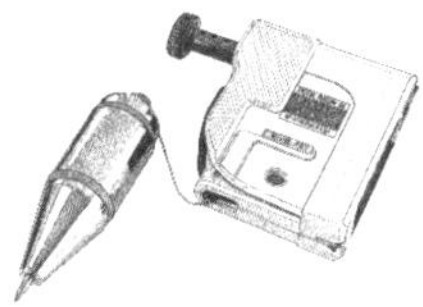

중력의 징표

수직을 보는 데 쓰인다. 원뿔 모양의 추에 실이 매여 있다. 실을 잡고 추를 늘어뜨리면 실은 팽팽해지면서 똑바로 서게 된다. 수직이 되는 것이다.

추는 무게가 있는 것은 모두 될 수 있다. 실제로 벽돌공들은 못이나 벽돌을 매달아 쓰기도 한다. 어떤 책에서 본 건데 소주병을 활용한 사례도 있다. 신응수 대목장이 나오는 책으로 기억하는데 사갈 튼(네 갈래로 가른) 기둥머리에 십자로 막대기를 걸쳐놓고 거기에 사방으로 소주병을 매달아 기둥의 수직을 살피고 있는 사진이었다. 설마 다림추가 없어서 그랬을 것 같지는 않은데 글쎄 이유는 잘 모르겠다. 이처럼 지면에 대한 수직만을 살필 요량이라면 추가 어떤 것이든 상관없다. 하지만 지면에 있는 한 지점을 수직으로 연장시키려면 추는 원뿔 모양이어야 된다.

실은 좀 특수하다. 아무 실이나 쓸 수는 있지만 일반 실은 추가 빙글빙글 도는 회전 현상을 일으킨다. 손으로 잡아놓아도 얼마 지나면 다시 돌기 시작한다. 아마도 꼬아서 만들어 그런 것 같다. 다림추 실은 꼰 게 아니라 엮은 것이다. 안에 꼰 실이 한 가닥 있고 밖으로 직조한 실이 둘러진 구조이다. 옛날에도 이런 실을 사용했는지 모르겠지만 현대의 것은 그렇다.

다림추 사용법은 간단하다. 한 손으로 실을 잡거나 송곳에 걸어 추를 늘어뜨리면 된다. 김홍도 선생의 풍속화 중에 〈기와이기〉를 보면 다림 보는 장면이 나온다. 기둥 옆에서 망건을 쓴 사람이 오른손으로 다림추의 실을 잡고 오른쪽 눈을 감은 채 왼쪽 눈만으로 수직을 가늠하고 있다. 실의 중간을 왼손의 엄지와 검지를 둥글게 오므려 그사이에 대고 있는데 추가 흔들리는 걸 잡고 있는 중인가 보다. 이상한 물체가 추로 사용되었는데 크기는 신발짝만 한데 검게 칠해져 있어 도무지 파악할 수 없었는데 나중에야 그것이 먹통이란 사실을 알게 되었다. 조선시대 먹통 중엔 허리에 고리를 달아 거기에 실을 매어 다림추로도 활용했었다고 한다.

아무튼 풍속화의 목수처럼 보는 방법은 약식이고 정식으로 볼 때는 송곳을 박아 거기에 걸어 사용해야 된다. 그래서 옛날 다림추에는 자루 달린 송곳이 있게 마련이었고 자루에 실을 감아 휴대하는 게 보통이었다.

수직은 '주시안'으로 살펴야 된다. 그렇지 않으면 수직선의 위치가 달라진다. 주시안이란 사물을 인식하는 주된 눈을 말한다. 보통은 한쪽 눈인데 양쪽 눈인 사람도 있다고 한다. 주시안을 찾는 방법은 검지를 세워 어떤 사물과 맞춘 다음 눈을 한쪽씩 감아보면 된다. 위치 변화가 없는 쪽이 주시안인 것이다. 그런 점에서 풍속화를 다시 보면 목수가 왜 한쪽 눈을 감고 있는지 알게 되어 흥미로워진다.

사게부리

다림추는 추와 실을 별도로 구입해 쓰기도 하고 일체화된 제품을 구입해 쓰기도 한다. 실목수들은 후자를 주로 사용한다. 이것은 일본에서 개발된 것으로 기계장치를 갖춘 다림추이다. 어른 손바닥만 한 플라스틱 상자에 추가 달린 꼴이다. 플라스틱 상부엔 돌출된 부속품이 있는데 송곳의 대가리다. 대가리를 누르면 송곳이 나오고 놓으면 저절로 들어가는 구조라 송곳은 보이지 않는다. 송곳이 나오는 자리엔 가운데 구멍이 뚫린 네모난 쇠판이 있는데 상부엔 꼭지가 달려 있다. 꼭지를 잡아당기면 빠지는 것은 갈고리다. 갈고리는 다 빠지면 끝에서 덜렁거리는 구조라 턱이 있는 곳에 걸 수 있고 사용 후엔 손으로 제 집 속에 넣어주면 된다. 그 밑엔 두 줄의 쇠줄이 있는데 자석이다. 실은 기체 속에 스프링 장치로 감겨 있어 보이지 않는다. 실 끝엔 원기둥에서 원추형으로 바뀌는 모양의 추가 매여 있는데 추의 꼭지가 고정돼 있지 않고 들락거리게 된 제품도 있다. 이런 걸 목수들은 '사게부리'라 부른다. 다림추의 일본말이긴 해도 옛것과 구분하기 위해 불러도 좋을 듯싶다.

내가 가진 사게부리는 2001년에 목수 일을 시작하면서 구입한 것이다. 그리고 1~2년쯤 썼을까? 그 후론 연장 가방에 들어가 유물이 되다시피 했다. 왜냐면 2000년대 중반부터 수직을 보는 '레벨기'라고 하는 전자식 기구가 판매되기 시작했기 때문이다. 단추만 누르면 레이저가 나와 수평수

사게부리로 카운터 골조의 수직을 잡는 중

직을 표시해주니 너무나 편리해서 너도나도 레벨기를 쓰게 되자 사게부리는 사용하지 않게 된 것이다.

요즘 사게부리 가지고 다니는 목수는 거의 없다. 그래도 난 꼭 가지고 다닌다. 나름대로 유용한 구석이 있기 때문이다. 레벨기는 햇빛이 너무 강하면 레이저 불빛이 잘 보이질 않는다. 또 바닥이 울퉁불퉁하거나 장애물이라도 있으면 자리 잡기가 곤란해 사용이 어려워진다. 이럴 때 사게부리를 쓰면 훨씬 낫다.

사게부리는 장소에 구애되지 않을 뿐만 아니라 유사시엔 수평기로도 쓸 수 있다. 수평기로 쓰려면 먼저 삼각형의 틀을 마련해야 된다. 삼각틀은 이등변삼각형이나 정삼각형으로 하면 된다. 그리고 밑변에 중심점을 표시하고 꼭짓점에 추를 매달면 된다. 이것을 바닥에 대고 추가 어디를 가리키는지 살펴보면 기울기를 가늠할 수 있다. 추가 중심점을 가리키면 수평인 것이고 그렇지 않으면 바닥이 어느 한쪽으로 기울어진 것이다. 옛날 목수들은 이런 식으로 수평을 보았다고 한다.

사게부리를 사용하던 시절에는 2인 1조가 되어 수직을 보았다. 바닥에 쳐놓은 먹선을 천장(건설 현장에서 흔히 '슬라브slab'라 말하는 구조물로 '천정'과 다르다. 현장에서 말하는 '천정'은 일상에서 일컫는 '천장'을 뜻한다)으로 연장하고자 할 때 이용되는 방법이다. 천장과 바닥은 상당히 떨어져 있어 혼자서 수직 보기가 힘들기 때문이다. 물론 혼자 하는 방법이 없지는 않지만 주변에 있는 사람을 두고서 그럴 필요는 없다. 수직을 보려면 먼저 한 사람이 사다리나 우미에 올라가서 추를 먹선이 있는 바닥 근처에 늘여준다. 밑에 사람은 쪼그리고 앉아 추의 흔들림을 손으로 조정해 빨리 멈출 수 있게 하고 추의 위치를 확인해 말해주면 된다. 어느 방향으로 얼마쯤 움직이라고 말하면 실을 잡은 사람은 지시에 따라 조정을 하는 식이다. 그런데 이런 작업은 한 번에 끝나는 게 아니라 서너 차례는 반복해야 끝이 난다. 그러다 보면 실을 잡은 사람은 팔이 아파서 신경질을 내기도 한다. 심한 사람은 막 욕을 하기도 한다. 밑에 사람이 잘못 알려줘서 그런 것이라고 생각하기 때문이다. 실 잡는 사람이 보통은 선임이다 보니 이런 불상사는 비일비재했었다. 이런 일도 이제는 추억이 되고 말았다.

레벨기

목수들의 해방일지

언젠가 일을 하다가 우연히 벽에 적힌 낙서를 보게 되었다. 낙서엔 이렇게 쓰여 있었다. "우리에겐 레벨기가 있다." 옆에는 낙화도 있었는데 점선으로 표현된 광선이 발사되고 있는 레벨기의 모습이었다. 누구의 소행인지 짐작하기는 어렵지 않았다. 현장소장으로 어린 아가씨가 우리를 감독하고 있었기 때문이다. 목수들이 장난감 같은 레벨기를 끼고 일하는 모습이 재밌었던 모양이다.

레벨기가 등장한 시기는 2003년쯤이다. 그 당시 목수 친구와 함께 일하러 간 현장에서 처음으로 레벨기를 보게 되었다. 그것은 마치 만화에서 보던 우주선 모양을 하고 있었다. 몸통에 달린 스위치를 돌리자 적색 광선이 사방으로 뻗치는 게 영락없는 우주선의 그것이었다.

레벨기는 순식간에 공사 현장들을 점령해버렸다. 목수들은 환호했다. 다림추를 보느라 벌서듯 하던 노동으로부터, 오르락내리락하는 미쓰므리(고무 수평 호스) 수위를 살피느라 애태우던 감정으로부터, 그리고 목수가 직각 잡는 법도 모른다고 눈치받던 시선으로부터의 해방을 의미하는 것이었기 때문이다. 그때부터 목수들은 레벨기가 지시해주는 광선에 따라 가만히 연필 끝으로 표시만 하면 되었다.

당시의 레벨기는 수평 광선이 한쪽으로만 나왔다. 광선의 폭은 한계가 있어서 넓은 공간에서 수평을 보려면 레벨기를 이리저리 돌려야 되는 수고가 따랐다. 그래도 예전에 투명 호스에 물을 채워 이곳저곳 끌고 다니며 수평을 보던 때에 비하면 그만한 수고는 아무렇지도 않았다.

그런데도 레벨기 만드는 회사에서는 그런 수고마저 덜어주기 위해 불철주야 연구에 매신을 했는지 얼마 안 가서 수평 광선까지 사방으로 나오는 제품을 출시해주었다. 심지어 그것은 아무 곳에나 갖다 놔도 스스로 작동됐다. 예전 것은 지면이 고르지 않으면 삼발이를 조정해 수평을 맞춰줄 때까지 광선을 쏘아주지 않는 까탈을 부리곤 했었는데 말이다.

그 후로 다시 몇 년이 지나자 이번엔 녹색 광선을 발사하는 제품마저 등장했다. 적색 광선은 밝은 곳에서는 구분이 어려워 눈살을 찌푸려야 했었는데 녹색 광선은 그럴 필요가 없는 것이었다.

레벨기가 있어서 목수들은 정말 행복해졌다.

수평 잡는 법

레벨기란 수평, 수직, 직각을 볼 때 쓰는 전자식 기구이다. 레벨level은 수평이란 뜻이지만 세 가지 기능을 대표하는 이름으로 붙여졌다. 사용 빈도를 보면 수직이 더 많은데도 그렇다. 그 이유는 정확히 모르지만 수직보다는 수평 잡기가 더 어려워서 그런 게 아닐지 짐작할 뿐이다. 사실 수직은 추만 있으면 얼마든지 잡을 수 있고, 직각은 자만 있어도 잡을 수 있지만 수평은 좀 어렵다.

수평 잡는 방법에는 세 가지가 있다.

첫째, 실을 이용하는 방법. 신영훈 선생님이 쓰신 《한국의 살림집》에 나오는 방법이다. "도목수는 마당에 수평 볼 기준틀을 설치한다. 꼿꼿하고 가는 말뚝 셋을 준비하여, 그 셋을 솥발같이 벌려 단단히 박는다. 말뚝 머리에 실을 건너 매면 실줄이 삼각형을 이루게 된다. 한쪽 변에서 외눈으로 건너다보아 세 가닥의 실이 일직선상에서 일치하면 각 변의 실이 수평선상에 있다고 할 수 있다."[9] 한 번도 써보지는 않았지만 상상을 해보면 맞을 것 같다.

둘째, 다림추를 이용하는 방법이다. 같은 책에 이 방법에 대한 얘기도 나온다. "문짝으로 수평을 볼 때에는 추만 있으면 쉽게 된다. 먼저 추를 늘인다. 늘여진 줄에 문짝의 짧은 변을 정확하게 접선시켰을 때 긴 변이 수평면이 되는 것이다."

수직과 수평은 직각이 되는 점을 이용한 방법이다. 문짝의 모서리는 직각을 이루기 때문에 이것을 이용해서 수평을 잡았던 것이다. 그런데 문짝

9 신영훈, 《한국의 살림집》, 열화당, 1983.

'미쓰므리'라고 하는 투명 호스

은 커서 다루기가 힘드니까 많이 쓰인 방법은 아니었을 것 같다.

책에는 나오지 않지만 이 방법보다 더 편한 것이 있다. 삼각형을 이용하는 것이다. 막대기 같은 걸로 정삼각형이나 이등변삼각형이 되도록 짠 다음 밑변에다 중심점을 찾아 표시하고 그 근처에 추가 오도록 해서 꼭짓점에 실을 매어주면 된다. 사용하는 방법은 삼각틀 밑변을 바닥에 대고 추의 위치를 확인하면 된다. 추의 꼭짓점과 밑변의 중심점이 일치하면 수평을 이룬 것이고 그렇지 않으면 기울어진 것이다. 이 방법은 고대로부터 내려오는 비법이라고 한다. 레벨기 없을 때 나도 두어 번 써본 적이 있는데 아주 요긴했다.

셋째, 투명 호스를 이용하는 방법. 철물점에 가면 '미쓰므리'라 부르는 투명 호스를 구할 수 있다. 이것을 사다가 물을 채워 사용하면 된다. 혼자서는 볼 수 없고 둘이서야 된다. 벽에 기준점을 표시하고 한 사람은 그 앞에 서서 수위를 기준선에 맞추고 됐다는 신호를 보내면 다른 사람이 반대편 수위에 표시를 하고 자리를 옮겨 됐다는 신호를 기다리는 식으로 사용된다. 호스를 움직이면 물이 찰랑거려 수위가 오르락내리락해서 멈추려면 한참을 기다려야 한다. 인내가 뒤따르는 것이다. 레벨기가 나오기 전까지는 이런 식으로 수평을 보았었다. 정말로 水平을 이용한 셈이었다.

이런 건 다 옛날얘기가 되었고 이제는 전기의 시대답게 레벨기를 사용하고 있다.

레벨기는 건전지로 작동된다. 손가락 굵기의 건전지 4개가 들어간다. 충전식도 있기는 한데 수명이 길지 않아 일반 건전지를 사용하는 게 보통이다.

레벨기도 오래 쓰다 보니 여러 가지 '노하우'가 생겨났다. 그것은 대부분 먹줄을 치지 않고 레벨기를 켜둔 채 사용하는 것이다. 특히 수평으로 구조하는 천정 작업에 주로 이용된다. 처음엔 경량공들에 의해 개발된 방식인데 이제는 목수들도 따라 하는 추세이다. 먹줄을 치지 않아도 되니 시공 시간을 단축할 수 있어 많이들 사용한다. 천정 높이에 맞춰 레벨기를 벽에 설치한 받침대에 올려두고 쓰는 식이다.

이런 점에 착안된 것인지는 몰라도 키다리 삼각대란 것도 개발되어 사용되고 있다. 삼각대는 레벨기를 올려놓는 다리 셋 달린 받침이다. 보통의 것은 1m가량인데 키다리 삼각대는 키가 3m나 될 정도로 훨씬 크다.

레벨기로 형틀의 수평을 맞추는 장면

여기에 레벨기를 올려놓으면 천정 높이에 따라 레벨기 위치를 맞추는 것은 여반장如反掌이다. 말하자면 천정 공사용 받침대인 것이다.

그 밖에 어떤 구조물의 수직을 잡을 때도 레벨기를 켜둔 채 사용하는 경우도 있고, 끄는 걸 깜빡 잊고 일하는 경우도 허다해서 건전지는 금방 닳기가 십상이다. 어쩌면 레벨기 회사 덕분에 건전지 회사가 호황을 맞이했을지도 모르겠다.

레벨기 사용법은 아주 간단하다. 단추만 누르면 수평, 수직, 직각이 광선으로 표시된다. 기체 상단에는 2개 또는 3개의 단추가 있다. 단추에는 영문이 붙어 있어 기능을 표시하고 있다. V자는 수직과 직각을 표시해준다. 단추를 한번 누르면 수직선이 양방향으로 나오고 또 한 번 누르면 사방으로 나오게 된다. 이때 광선이 겹치면서 천정과 바닥에 직각이 표시된다. 또 다시 한 번을 누르면 광선은 꺼지게 된다. H자 단추를 누르면 수평광선이 나오는데 작동법은 비슷하다.

레벨기는 전용 가방에 담겨 있다. 가방은 충격을 완화할 수 있게 내부는 스티로폼과 스펀지로 채워져 있다. 바닥은 스티로폼으로 돼 있는데 레벨기와 함께 각종 부속품들을 넣을 수 있는 전용 홈이 파여 있다. 뚜껑은 계란판형의 스펀지로 돼 있는데 덮으면 레벨기와 밀착돼 요동이 방지된다.

레벨기의 부속품으로는 리모컨과 적색 안경 등이 있다. 리모컨은 멀리서 레벨기를 작동시키는 것인데 거의 사용되지 않는다. 적색 안경은 밝은 곳에서 광선이 잘 보이지 않을 때 쓰는 것인데 막상 써보면 그게 그거다. 차라리 햇볕을 무엇으로 가려서 보는 게 훨씬 낫다.

2000년대 중반엔 레벨기를 애지중지했다. 당시엔 상당히 고가의 물건이었기 때문에 잃어버릴까 봐 노심초사했던 것이다. 심지어 점심때엔 식당까지 들고 가는 목수들이 있을 정도였다. 지금도 값싼 제품은 아니지만 워낙 흔한 것이 되어버려 예전처럼 유난 떠는 사람은 없어졌다.

삼각대

가장 안전적인 다리

다리가 셋이다. 동물이 아니라면 다리가 최소한 3개 이상은 되어야 자립할 수 있다. 삼각은 가장 안정적인 다리이기도 하다. 간혹 식당에서 밥을 먹다 보면 식탁이 끄떡거려 신경이 쓰일 때가 있다. 이것은 바닥이 고르지 않아 4개의 다리가 균형을 이루지 못해 생기는 현상이다. 여기서도 사실은 3개의 다리만이 식당 바닥에 닿아 있는 것이고 1개는 공중에 떠 있는 셈이다. 그래서 공중에 떠 있는 다리 쪽에 무게가 실리면 균형이 흐트러져 식탁이 끄떡거리게 되는 것이다. 가만히 서 있어야 할 물건이 끄떡거리면 불안하다. 이런 불상사를 방지하려면 다리를 세 개로 하면 된다. 그럼 어디서든 균형을 잡고 서 있을 수 있다. 삼각대의 다리가 셋인 이유이다.

다리가 셋인 걸 삼발이라 한다. 삼발이의 연원은 솥이다. 일본은 참 재

있는 나라다. 세상 온갖 물건들을 신으로 모시고 있으니까 말이다. 그중에 '노구메 솥'을 신으로 모신 곳도 있다고 한다. 나라에 있는 '구도신사'가 그곳이다. 노구메 솥은 요즘의 가마솥과 비슷한 모양인데 밑동에 다리 셋이 달렸다. 하나는 부러져 가는 쇠막대로 받쳐둔 상태이다. 녹이 잔뜩 슬어 갈색빛을 띤다. 몸체엔 여러 개의 가는 띠를 두르고 있고 다리는 위가 구부러지고 아래로 내려오면서 살짝 휜 형태이다. 개다리소반에 있는 다리와 유사한 모양이다. 구부러진 부위에 성난 표정의 인면이 주물되어 있는데 툭 불거진 눈두덩이 위로 갈기인 듯한 주름이 여러 가닥 보이고 있다. 뚜껑은 보이지 않는다.

고구려엔 세 발 달린 까마귀인 '삼족오'란 새도 있었다. 태양 속에 산다고 믿었던 상상의 새인데 고분벽화에 남겨놓았다. 동그란 붉은색 바탕에 검은색의 삼족오가 그려져 있는데 꽁지는 타원형이고 머리에 고사리순처럼 생긴 긴 볏이 있는 특이한 모습이다.

경복궁에 가면 근정전 양 귀퉁이 앞에 세워진 향로를 볼 수 있다. 향로는 '임금이 하늘에 한 점 부끄러움 없이 정사를 다스린다는 뜻을 상징하는 의기'라고 한다. 이것도 다리가 셋이다. 그 옆으로 발걸음을 옮겨 밑을 내려다보면 '멋쟁이' 물그릇도 볼 수 있다. 무쇠로 만든 거대한 드므이다. "잘 다듬어 맞춤으로 만든 돌 받침 위에 앉은 드므의 소임은 불귀신 화마를 견제하는 큰 구실"을 한단다. 돌 받침도 역시나 셋이다.

현대에는 삼각대가 있다. 삼각대는 다들 알 것이다. 카메라 받침으로도 쓰이고 스마트폰 촬영을 위해서도 많이들 사용하니까 말이다. 명품 애호가 윤광준 선생은 《윤광준의 생활명품》에서 "촬영 장소가 어둡거나 심도를 깊게 해 사물을 또렷하게 찍고 싶을 때 삼각대는 반드시 필요하다"라고 하면서 '이 분야 최고의 명품'으로 짓조Gitzo를 꼽는다. 책에는 이렇게 쓰여 있다. "세2차 세계대전 중 짓조의 활약은 대단했다. 당시 막강한 화력을 자랑했던 프랑스의 기관총엔 짓조의 받침대가 사용되었다. 견고한 받침대는 화기의 명중률을 대폭 높인다. 흔들리지 않는 짓조의 신화는 전쟁과 함께 이름을 높였다. 전쟁이 끝나고 짓조는 평화 산업으로 전향해 촬영기재용 삼각대를 만들게 된다. 유명한 일본의 니콘 역시 군수용품 제조사에서 카메라 분야로 전환한 경우다. 이들 회사의 이력은 전쟁의 역사와 함께해온 공통점이 있다."[10]

허리먹

실목수들도 삼각대를 사용한다. 레벨기를 받지기 위해서다. 레벨기로 수평을 보고 싶을 때 삼각대는 '반드시' 필요하지는 않다. 왜냐면 레벨기에도 3개의 다리가 있기 때문이다. 어디다 올려놓고 수평을 보면 되니까 말이다. 하지만 높이 조절이 맘대로 안 돼 불편해서 삼각대를 사용하는 것이 훨씬 낫다. 이를 위해 짓조 삼각대에는 없는 게 있다. 승강장치가 그것이다. 승강장치는 삼각대 중앙에 있는데 손잡이를 돌리면 레벨기와 결합된 기둥이 오르락내리락하는 구조로 되어 있다. 기어로 작동되는 것이라 미세하게 조정도 되고, 최고 300mm쯤 올릴 수도 있고, 잠그는 부품도 있어

10 윤광준, 《윤광준의 생활명품》, 을유문화사, 2008.

서 고정도 된다. 승강장치는 '허리먹' 놓을 때 유용하다. 허리먹이란 허리 높이쯤에 놓는 수평의 먹선을 뜻한다. 높이를 1200~1500mm쯤으로 해서 수평을 보아 먹줄을 쳐서 표시한다. 허리먹은 필요할 때마다 그때그때 놓기도 하지만 공사 구역 안에 있는 모든 벽에 일률적으로 표시하는 게 원칙이다. 그래야 시설물의 높이를 일정하게 맞출 수 있기 때문이다.

허리먹을 놓으려면 레벨기를 옮겨 다니면서 쓰게 된다. 그런데 건물의 바닥은 일정치가 않아서 레벨기를 놓는 위치에 따라 수평이 달라질 수 있다. 전에 있던 자리보다 수평이 높기도 하고 낮기도 하다는 말이다. 이를 보정하려면 미세한 조정이 필요해서 승강장치를 둔 것이다. 레벨기를 켜 둔 채 수평 광선을 보면서 기존 높이와 일치하도록 손잡이를 돌려 맞추는 식이다.

레벨기를 옮겨서 전원을 켰는데 작동이 안 되는 경우도 있다. 바닥 수평이 맞지 않으면 레벨기는 작동을 하지 않기 때문이다. 바닥 수평은 삼각대에 있는 '기포창'을 보면 확인할 수 있다. 기포창에 있는 동그라미 속에 기포가 들어가 있으면 바닥이 고른 것이고 벗어나 있으면 바닥이 기울어진 것이다. 바닥이 기울어졌을 때는 다리 길이를 조절해서 기포가 동그라미 속으로 들어가도록 맞추면 된다. 다리는 세 마디로 되어 있고 마디마다 잠금장치가 있는데 이것을 풀어 길이를 조절하면 된다.

삼각대의 다리는 400~1200mm가량 늘리거나 줄일 수 있다. 다리는 모두 빼서 사용하는 게 보통이고 상황에 따라 짧게 해서 쓰기도 한다. 또한 접을 수도 있다. 다리와 몸체가 경첩식으로 연결되어 있어 가능한데 보관을 위해 필요한 기능이다. 다리를 접어서 전용 가방에 넣어 보관하는

키다리 삼각대에 레이저 레벨기를 설치해 작업 준비를 하고 있다

식이다.

삼각대 중에는 키가 3m나 되는 것도 있다. 일반 삼각대의 3배나 될 정도로 큰 셈인데 이렇게 크게 만든 이유는 천정 높이만큼 레벨기를 올리기 위함이다. 그러면 먹줄을 치지 않아도 레벨기의 수평 광선만 보고서도 천정을 조성할 수 있게 된다. 예전에는 천정 높이에 맞는 받침대를 벽에 부착해서 레벨기를 그 위에 올려놓는 식으로 했었다. 천정 공사를 많이 하는 경량공들이 개발한 방법이었다. 요즘 들어서는 목수들도 애용하는 방법이 되었다. 이런 걸 참고했는지는 몰라도 누군가 아예 키다리 삼각대를 개발한 것이다. 2010년대 후반쯤의 일이다.

3. 절단용 연장
55-2

톱

박타령

다들 알다시피 나무를 써는 물건이다. 나뭇결대로 써는 것을 '켠다'고 하고 어긋나게 써는 것을 '자른다'고 한다. 그래서 톱니의 모양도 다르다. 켜는 것은 그냥 뾰족하기만 하고 날이 서 있지 않고 자르는 것은 뾰족하면서도 날이 서 있다. 그렇다고 반대로 쓰지 못하는 건 아니다. 다만 힘과 시간이 더 들 뿐이다.

서문당에서 나온 《한국판소리전집》에서 〈박타령〉 편을 보면 톱질하는 장면이 나온다.

동내 도끼 얻어 들고, 지붕 위로 올라가서 박꼭지는 찍었으나 내릴 수가 없다. 정월 보름에 끌었던 줄 당산나무에 감겼거늘, 그 줄을 풀어다가 박통을 동이고서

홍보는 뒷줄 잡고 처자는 잡아당겨, 간신히 내려놓고 박 목수의 큰 톱 얻어 박통을 켜려는데, 홍보 꼴 이러하나 속멋은 담뿍 들어, "여보소, 아이 어멈, 평지에 지어도 절은 절이요. 성복盛服술에도 권주가 한다네. 우리의 일 년 농사 논을 한가 밭을 한가. 모 심을 제 상사소리, 밭 맬 제 메나리를 불러 볼 수 없었으니 우리는 이 박 타며 박노래나 해보세." "무슨 노래, 사설을 알아야 하지." "묵은 사설은 때 묻으니 박 내력을 가지고서 사설 지어 메기거든, 자네는 뒤만 맡소." "그럽세." 홍보가 톱질 소리를 메긴다.

"어기여라 톱질이야. 당겨주소 톱질이야."[11]

홍부가 "상풍 팔월 단호절이 당도"했건 만 "먹을 것이 바이 없"어 제비 다리 고쳐주고 얻은 박씨가 "폐문 북통만" 하게 여물어진 것을 보고 "박을 타서 박속은 지져 먹고, 박적은 팔아다가 한 끼 구급"해 보고자 박을 따서 톱질하며 노래하는 대목이다. 박이 워낙 크다 보니 "박 목수의 큰 톱"을 빌어다 쓰는데 "당겨주소" 하는 걸 보니 두 사람이 써야 될 정도로 컸던 모양이다.

인거장

불과 100여 년 전만 해도 톱질로 먹고사는 사람들이 있었다. 이들을 '인거장'이라 불렀다. 인거장은 신영훈 선생님의《한국의 살림집》하권 사진

11 신재효,《한국판소리전집》, 서문당, 1996.

자료 편에 1920년경에 일본인이 찍은 사진이 첨부되어 있어 그 실상을 엿볼 수 있다.

그 책 38쪽 상단에는 "목수 둘이서 모탕을 내터 놓고 맞써는 큰 톱으로 널빤지를 켜내는 모습"이라는 설명이 붙은 사진이 있다. 사진 속의 톱은 사람 키만 하고 나무는 한 아름이 넘을 정도로 무척 큰데 반이 떨어져 나가 허연 속살이 드러난 상태이다. 나무 밑에 작대기를 받쳐 원구가 들려지게 세워놓고 한 사람은 그 위에 올라서고 다른 사람은 땅바닥에 앉아 톱질을 하는 중이다. 나무 위에 선 사람의 왼발이 살짝 들려 있는 걸로 보아 이제 막 톱을 끌어당길 참인가 보다. 그나저나 저렇게 큰 나무를 사람이 썰 수 있다니 신기할 따름이다.

또 같은 책 39쪽 상단에는 "1920년경 한강변의 목재소. 뗏목으로 실어온 목재를 목수 둘이서 자르고 있다"는 설명이 붙은 사진도 있다. 아무리 봐도 네 사람인 것 같은데 무슨 착오가 있는 듯하다. 그건 그렇고 이번 사진의 톱은 전번 것의 반 정도의 크기다. 그런데도 사람 수가 더 많다는 게 흥미롭다. 아름드리나무를 땅바닥에 눕혀놓고 한 사람은 서서, 나머지 세 사람은 앉은 채 톱질을 하고 있다. 이들의 톱은 한쪽 끝에 두 사람이 잡을 수 있게 가로로 막대가 대어져 있고 그 가운데에 끈이 매어져 있어 뒤에서 한 사람이 잡아당길 수 있게 마련되어 있다. 그래서 총 네 사람이 된 것이다. 서 있는 사람은 웃통을 벗고 있는데 깡마른 체구지만 단단해 보이는 근육이 연륜을 말해주는 듯하다.

사진 속의 인물들은 하나같이 삐쩍 마른 모습이다. 물론 당시 민초들이야 넉넉하게 먹을 수 없었을 테니 살이 찔 수도 없었겠지만 인거장들은 일이 힘들어 더욱 그랬을 것 같다. 오죽했으면 "인거쟁이 똥은 개도 안 먹는다"는 말까지 생겨났을까.

인거장의 톱은 日 자 모양으로 생겼다. 이런 걸 우리말로 '탕개톱'이라 한다. 工 자로 된 나무틀 양편에 톱과 줄이 걸린 형상이다. 탕개로 줄을 조이면 톱이 팽팽해지는 구조이다. 폭이 좁고 길이가 긴 톱날은 낭창거려 그냥 쓸 수 없으니까 장력을 이용해 단단하게 만들어 쓰는 것이다.

인거 같은 큰 톱은 사라진 지 오래다. 그 대신 제재소에 있는 거대한 제재기가 인거를 대신해 '널빤지'를 생산하고 있다. 둥근 바퀴에 감긴 큰 띠톱이 쉴 새 없이 돌아가면서 나무를 썰어댄다. 아무리 큰 나무도 널빤지로 변하는 건 순식간이다. 인거쟁이들처럼 똥줄 타게 힘을 쓸 필요도 없이 가만히 쳐다보고만 있어도 널빤지가 뚝뚝 떨어져 내린다. 이렇게 나온 널빤지를 '떡판'이라 한다. 목수들은 이런 걸 사다가 자신이 갖고 있는 작은 기계톱으로 다시 썰어서 쓴다.

그 손톱이 아니라고

이처럼 나무 써는 힘든 일은 기계톱으로 하면 되어서 목수의 톱은 짧아졌다. 그 모양도 변해서 톱날에 자루를 박아놓은 一 자형이 대부분이다. 이런 것을 '손톱'이라 부른다. 기계톱과 구분하기 위해 손으로 쓴다고 해서 붙여진 이름이다. 모르는 사람이 듣기엔 손에 난 손톱으로 오해할 수 있는데 정말 그런 일이 있었다고 지인에게서 들은 적이 있다. 지인의 얘기는 이랬다.

"내가 목수 일을 시작한 지 얼마 되지 않았을 땐데, 나무 자를 일이 있

손톱으로 나무 조각을 자르는 모습

어서 선배한테 물었지, 이거 뭘로 잘라요 하고 말이야. 그랬더니 손톱으로 자르라는 거야, 처음엔 농담하는 줄 알았다니까, 목수들이 쓰는 농담인가 보다 하고 웃으면서 가만히 있었더니, 뭐 해? 저기 손톱 있잖아 하는 거야, 그래서 봤더니, 나 참 거기에 손으로 쓰는 톱이 있더라고, 그제서야 알게 됐지, 그걸 손톱이라 한다는 걸 말이야, 내가 그 정도였어."

손으로 쓰는 톱을 그냥 톱으로만 알았지 목수들은 그것을 손톱이라 부르는지 몰라서 생긴 사달이었던 것이다. 이 이야기를 해줄 당시에는 어엿한 목수가 되어 자신의 작업실에서 들려준 초짜 시절 얘기였다.

내게도 톱에 얽힌 추억이 하나 있다. 때는 1994년으로 거슬러 올라간다. 나는 그 당시 경기도 미금시에서 방위병으로 근무하고 있었다. 자대 배치를 받고 얼마 되지 않았을 때인데 영선반에서 총기 보관함을 만들어야 하는 일이 생겼다. 중대장이 퇴근을 앞두고 모인 우리들에게 그 사실을 알리면서 누굴 보내면 좋겠냐고 물었다. 그러자 선임병들은 일제히 나를 가리키며 추천을 하는 것이었다. 내가 시골 출신이다 보니 대부분 도시 태생인 부대원들보다는 삽질이나 곡괭이질을 잘할 수밖에 없었는데 그 점이 선임병들의 눈에 띄었고, 당연히 그런 일이라면 내가 적임자라고 생각했던 모양이다. 사실 어려서 썰매며 화약총 같은 장난감을 직접 만들어 놀았기 때문에 공작에는 어느 정도 자신이 있던 터라 못한다고 거부할 이유도 없었지만 말이다.

영선반에 가보니 담당 부대원 2명과 다른 부대에서 온 선임병 1명이 더 있었다. 그 선임병은 연대에서도 눈에 띄는 사람이었다. 헬스를 했는지 몸이 워낙 좋았기 때문이다. 연장을 보니 망치와 녹슨 양날톱 한 자루가 전부였다. 총기함을 만들 자재는 12mm 삼육(3×6尺, 900×1800mm)짜리 합판이 준비되어 있었다. 작업은 영선반 고참이 총기함의 크기대로 합판에 먹줄을 쳐주면, 지원병인 우리가 톱질을 해서 재단을 하고, 그들이 못을 박아 완성하는 식이었다. 어느 날 선임병은 톱질하는 게 지겨웠던지 이러는 거였다.

"야, 우리 시합할까?"

"뭐 말입니까?"

"으응, 이거 누가 빨리 자르는지 시합하자고."

"네, 알겠습니다!"

재밌겠다며 영선반 고참이 심판을 자처했다. 선임병은 근육질의 몸이고 나는 키만 컸지 삐쩍 말라서 누가 봐도 근육병이 우세해 보였다. 먼저 근육병이 톱질을 시작했다. 힘차게 톱질을 해나가는데 중간에 합판에서 톱이 빠지는 실수를 두어 번 하는 바람에 시간을 지체하고 말았다. 다음은 내 차례, 톱이 합판에서 이탈하지 않게 신경을 쓰면서 힘차게 당기자 톱질이 리듬을 타면서 합판을 쭉쭉 가르며 나아갔다. 결국 시합은 예상을 깨고 나의 승리로 끝이 났다.

나는 이 일을 하면서 '인테리어'란 말을 처음 알게 되었다. 영선반 고참이 자기 아버지가 '인테리어 목수' 일을 한다고 말한 적이 있었기 때문이다. 당시만 해도 '인테리어'는 대중들에게 잘 알려진 분야가 아니었고, 더구나 나는 시골서 나고 자란 촌놈이라 알 턱이 없었다. 그랬던 내가 인테리어 일을 하게 될 줄이야 그땐 정말 몰랐다.

목수의 톱은 1990년대 초반까지 양날톱이었다. 양날톱은 켜는 것과 자르는 톱니를 양쪽에 달고 있어서 붙여진 이름이다. 앞이 넓고 뒤가 좁은 역사다리꼴로 된 톱 말이다. 우리의 연장이 대개 그렇듯이 역시나 이것도 일본에서 건너온 것이라 한다. 백제시대의 톱이 일본으로 건너간 것이라는 설이 있기는 하다. 양날톱이 사용되기 시작한 시기를 1950년대로 잡더라도 거의 50여 년을 목수들과 함께한 셈이다. 그렇다면 대한민국을 건설한 주역이었다고 해도 과언은 아닐 것이다. 얼마나 많은 집들이 저 톱으로 지어졌겠느냐 그 말이다.

일회용 톱

한 시대를 풍미했던 양날톱은 '교체식 일회용' 톱이 등장하면서 뒷방 신세가 되고 만다. 일회용이란 한 번 쓰고 버린다는 것이 아니라 톱니를 연마할 수 없어 무뎌지면 버린다는 뜻이다. '특수강으로 열처리' 된 것이라 연마할 수 없는 것이다. 그 대신 절삭력이 아주 우수하다. 가격도 몇천 원밖에 하지 않아 저렴한 편이다. 그러니 어떤 '선수'가 이런 톱을 옆에 두고 양날톱을 쓰겠는가. 양날톱은 갈아서 써야 하는데 그 기술은 익히기도 어렵거니와 설사 그런 기술이 있더라도 바쁜 세상에 작고 촘촘한 톱니를 일일이 연마하고 있을 인내심을 발휘하기란 더욱 어려운 일이다. 혹시 수도승의 경지에 오른 목수가 있다면 모를까. 그래서 예전에도 직접 갈기보다는 톱 가는 집에 맡긴 것이 아니겠나. 양날톱은 1990년대 중반에 사라진 것으로 보인다. 내가 '인테리어'계에 입문한 1999년에는 볼 수 없었기 때문이다. 당시에 목수들은 교체식 일회용 톱을 쓰고 있었다.

일회용 톱날은 크기에 따라 265, 300, 330mm 등이 있다. 포장지에 이 숫자들이 크게 적혀 있어 구분이 된다. 제품을 부를 땐 그대로 읽어서 이륙오, 삼백, 삼삼공 하면 된다. 이 중에서 목수들은 이륙오 제품을 가장 많이 쓴다. 부드럽게 잘 나가기 때문이다. 제품은 일본산이 주종을 이룬다. 요즘엔 국산 제품도 있다는데 실제로 본 적은 없다.

일회용 톱날은 한쪽에만 날이 있다. 자르는 톱니만 있는 것이다. 켜는 톱니는 별 쓸모가 없으니까 아예 없애버린 것 같다. 양날톱도 마찬가지다. 오래된 양날톱을 보면 자르는 쪽은 훨씬 줄어들어 있는데 켜는 쪽은 거의 그대로이기 십상이다. 켜는 톱니를 얼마나 쓰지 않는지 여실히 보여주는 증거라 하겠다.

일회용 톱은 날과 자루가 분리된다. 톱날이 일회용이라 갈아 끼울 수 있어야 하기 때문이다. 부착법은 간단해서 톱날 하부에 있는 갈고리를 자루에 달린 입구에 걸어 끼우기만 하면 된다. 입구가 단단해 손힘만으로 끼우기는 어렵고 입구의 등을 어디다 대고 때려줘야 된다. 포장지 뒷면에 자세한 방법이 그림으로 소개되어 있으니 참고하면 된다.

일회용 톱은 날과 자루를 포함하면 전체 길이가 600mm쯤 된다. 이 길이를 담을 수 있는 연장통이나 가방은 거의 없다. 아마도 이런 점을 감안해서라도 일회용 톱이 고안되지 않았을까 싶다. 그런 면에서 휴대성을 극단으로 끌어올린 톱자루도 생겨났다. 권총 손잡이 모양의 톱자루가 그것이다. 자루가 짧으니 빼지 않고도 어디에든 담을 수 있는 장점이 있다. 이 기발한 톱자루를 개발한 이는 샘나게도 일본인이다. 하여간 일본인의 기발함은 알아줘야 한다.

일회용 톱은 어감 때문에 얼마 쓰지 못할 것 같은 느낌이 드는데 그렇지는 않다. 재수 없게 못에 걸리기라도 하면 절삭력이 급격히 저하되어 얼마 쓰지 못하는 경우도 있지만 대체로 3~4개월 정도는 무난하고, 길게는 몇 년씩 쓰기도 한다. 톱날의 수명은 목수의 성정에 따라 결정된다고 볼 수 있다. 조금 안 든다 싶으면 힘드니까 금방 버리는 이가 있는가 하면 나처럼 참으면서 오래 쓰는 사람도 있기 때문이다. 내가 보기엔 쓸 만한 것도 버리는 사람들이 있는데 아깝지도 않은가 보다. 무뎌진 톱날도 뒤쪽 부분은 꽤 쓸 만하다는 걸 대부분의 목수들이 모르는 듯하다. 톱질은 주로 톱날의 앞쪽과 중간 부분에서 이뤄지므로 뒤쪽은 새것이나 다름없는데 말이다. 그래서 나는 남이 버리는 톱날을 주워다 중간 부분을 잘라내고 쓴다. 그만큼 톱질이 촉박해져 불편하긴 해도 그런대로 쓸 만하다. 사실 현장에는 기계톱이 있어 일회용 톱은 그다지 쓸모가 없어 가능한 일이다. 또 이런 톱은 나중에 석고톱으로 전용해도 좋다. 이런 내가 좀 궁상스러워 보이겠지만 힘들게 번 돈을 허투루 쓰지 않으려는 마음만은 알아줬으면 고맙겠다.

톱질에는 밀고 당기는 두 가지 방식이 있다. 보통은 미는 톱질을 우리의 방식이라 하고 당기는 톱질을 일본식이라 한다. 나도 초짜 때는 그런 줄 알고 무슨 진리인 양 머릿속에 담아두었고 언젠가는 선배에게 자랑삼아 떠벌린 적도 있었다. 하지만 목수 일을 20여 년 하다 보니 그게 쓸데없는 소리란 걸 깨닫게 되었다. 옛날에 뭣 모르고 주둥이를 놀렸던 일이 그저 부끄럽기만 하다.

톱질의 구분이 학자들의 소견일진 몰라도 일꾼들은 그에 연연할 필요가 없다. 상황에 따라서, 톱의 구조에 따라서 알맞게 사용하면 그만이다. 당기는 톱도 자세가 나오지 않으면 밀어 쓸 수 있고, 미는 톱도 당겨서 쓸 수 있다는 말이다. 그러니 그런 구분은 불필요한 것이라는 게 나의 생각이다.

그렇더라도 왜 톱질 방식에 차이가 생기게 됐는지 그 이유는 알아둘 필요가 있다. 그것은 힘의 강약 때문이다. 작은 목재에서는 별 차이를 못 느끼지만 큰 목재를 자를 때는 확연히 다름을 알 수 있다. 미는 톱이 훨씬 힘이 덜 든다는 사실을 말이다. 그것은 체중을 실을 수 있어서이다. 당기는 톱은 그럴 수 없는 데다 오히려 톱을 눌러줘야 하는 부담까지 있어서 금방

지치고 만다. 톱날이 경사진 이유도 마찬가지다. 미는 톱은 앞이 좁고 뒤가 넓은 반면 당기는 톱은 그 반대이다. 심지어 초승달 모양인 것도 있다. 이것은 모두 힘의 방향에 따라 톱질의 효과를 높이기 위한 조치이다. 물론 인거나 일회용 톱처럼 일자인 것도 있다. 이런 톱은 톱질을 경사지게 하거나 목재를 경사지게 놓으면 똑같은 효과를 얻을 수 있다.

톱질은 참 힘들다. 조금만 해도 얼굴이 붉어지면서 땀이 배어날 정도다. 그래서 되도록 기계톱만 쓰려고 하지 손톱은 멀리한다. 또 손톱을 쓰다가는 원청 사람한테 눈총을 받기도 해서 더욱 등한시하게 된다. 손톱을 쓰면 시간이 오래 걸린다고 원청 사람들은 아주 싫어한다. 돈 많이 드는 일이라 좋아할 리 없는 것이다. 이래저래 손톱 사용을 안 하다 보니 솜씨는 솜씨대로 근력은 근력대로 뒤떨어져 힘이 더 드는 것인지도 모르겠다.

손톱은 사용량이 많지는 않아도 여전히 목수 곁을 지키는 연장이다. 기계톱으로는 할 수 없는 일들이 있기 때문이다. 가령 공중에 걸린 목재를 자른다든지, 삐뚤빼뚤한 모양으로 자른다든지, 둥근 모양으로 오려낸다든지 하는 일 등이다. 이런 일들은 언제 생길지 모르므로 손톱을 항상 옆에 두는 것이다. 그래서 아무리 단출하게 다니는 목수일지라도 손톱만은 빼놓지 않는다. 그랬다가는 '톱도 없이 다니는 사람'이란 소릴 듣게 된다. 그 말은 '기본이 안 된 사람'이란 뜻이 담긴 목수들 간의 욕이나 다름없다. 손톱이 목수에게 얼마나 중요한지 일깨워주는 말이라 하겠다.

2020년 1월에 인천재능대학교에서 일을 하다가 문득 '나도 목수 다 됐네' 하는 생각이 들었던 적이 있다. 무슨 어려운 일을 해내서가 아니고 무심코 손톱으로 자른 다루끼(30×30 각재)가 똑발랐기 때문이다. 사실 초짜 때는 금을 긋고 해도 똑바로 자르기가 어렵다. 금을 보고 신중하게 자른다고 하는데 이상하게 삐뚤어진다. 생각처럼 몸이 따라주지 않아서이다. 기술이란 생각만으로 되는 게 아니다. 그저 하고 또 하는 수밖에 도리가 없다. 그러다 보면 몸이 알아서 저절로 움직이게 된다. 중국집 요리사가 기계처럼 양파채를 썰듯이 말이다.

목수도 당연히 그 정도 톱질은 할 수 있어야 목수라고 할 수 있을 터인데 나는 목수 생활 20여 년이 다 되도록 그러질 못했다. 아무렴 초짜 때보다 못하진 않겠지만 만족할 만한 수준은 아니었다. 톱질을 하려면 긴장부터 하는 게 그 증거이다. 그러다가 (우연히 그랬겠지만) 톱질이 잘된 걸 보았으니 그런 생각을 할 만도 했던 것이다.

기계톱

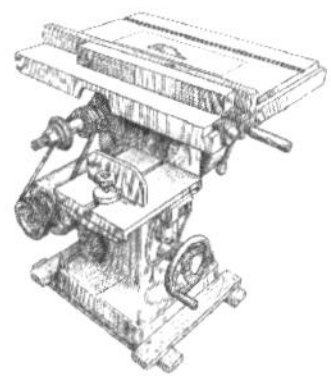

목공 변천사

목수들을 먹여 살리는 물건이다. 기종이 여럿인데 대개 책상 높이쯤 되는 평상 위에 둥근 톱날이 빼꼼히 솟아 있고 그 옆에 반듯한 막대가 장치된 꼴이다. 평상 위에 목재를 올려 막대에 대고 밀면 반듯하게 켜지는 식이다. 그렇다 보니 통나무처럼 큰 목재를 다루기에는 역부족이다. 두께 40cm 이하의 비교적 얇은 목재를 다루는 데 쓰이는 것으로 보면 된다.

기계톱을 사전에서 찾아보면 "동력으로 톱날을 왕복 또는 회전 운동시켜 물건을 자르는 기계, 띠톱[帶鋸], 둥근 톱[圓鋸] 따위가 있음(삼성문화사, 1990)", "동력으로 톱날을 움직여 물체를 자르는 톱(표준국어대사전)" 등으로 나온다. 너무 포괄적이다. 좀 더 구체적인 말로는 '원형 기계톱'이 있는데 그 뜻은 "둥근 톱이 달린 목공기계. 가동 테이블, 조정자, 안전장치를 갖춘 것도 있다(우리말샘)"이다. 여기서 말하는 게 바로 이것이다.

기계톱이 사용되기 시작한 것은 일제강점기로 추정된다. 신응수 대목장의 저서《천년 궁궐을 짓는다》에는 이런 대목이 나온다. "춘양목은 일제 말기에 제재소가 들어와 마구잡이로 벌목되어 춘양역으로 실려 나갔는데, 이때부터 사람들이 이를 두고 춘양역에서 온 소나무란 뜻으로 부르기 시작했다."[12]

'일제 말기'면 제로센이라는 전투기가 하늘을 날아다니던 세상이었으니 제재소에 기계톱쯤이야 당연히 있었을 것이다. 이는 실물로도 확인되는 사실이다. 1935년도에 지어졌다는 남해 살림집에서 그런 흔적을 발견한 적이 있다. 그 집은 2023년 남해 지족리로 귀어한 내 누나가 사는 집이었다. 남해 집은 원래 초가였는데 여느 시골집들처럼 양철 지붕으로 개량되어 있었고 내부도 새로 수리를 해서 말끔한 상태였다. 하지만 구조만은 건드리지 않아 원상을 간직하고 있었다.

정면 3칸, 측면 1칸 반, 총 4칸 반짜리 일자집이다. 마당에서 본 왼편엔 지붕을 담장에 걸쳐 조성한 창고가 있었는데 그 안에 들어가면 옛날 모습을 간직한 측벽이 고스란히 남아 있어 당시의 건축 상황을 짐작게 한다. 측벽은 중심에 기둥이 세워진 2칸인데 중심 기둥 오른편엔 작은 띠살문이 하나 있고 그 옆은 판벽이다. 판벽은 회흑색을 띠고 있어 오래된 티가 역력한데 표면엔 둥근 줄무늬가 무수하게 나 있었다. 둥근톱으로 판자를 켤

12 신응수,《천년 궁궐을 짓는다》, 김영사, 2002.

때 생기는 톱니 자국이 분명했다.

조정래 선생님의 대하소설《태백산맥》에는 이런 대목도 나온다. "제재소라는 것은 돈만 가지고 있으면 새로 차리기가 너무나 쉬웠던 것이다. 염상구의 말대로 열흘 안으로야 어렵겠지만 빈 땅에 둥근 톱날 몇 가지와 전기설비 기계를 사들이면 차려지는 것이었다."

이 소설의 무대가 되는 시기는 1948~1953년 무렵이다. 그러니까 1920~50년대까지 당시 제재소에서는 지금처럼 띠톱이 아닌 '둥근 톱날'이 달린 기계톱이 사용되었음을 알 수 있겠다.

한편 신응수 대목장은 위 책에서 목수가 된 계기를 다음과 같이 말하고 있다. "내가 처음 목수 일을 시작하게 된 건 충남 천안군 병천면에 있는 병천중학교를 졸업하던 바로 그해였다. 가정 형편상 진학도 못 하고 집에서 농사일이나 거들며 소일하던 중 사촌 형님을 좇아서 서울로 오게 된 것이 계기가 되었다."[13]

그게 17살이었다고 한다. 그렇다면 신 대목장이 1942년생이니까 1959년에 목수가 된 셈이다. 사촌 형님을 따라 "아현동에서 한옥 짓는 일"을 했다고 한다. 1920년대 이래 서울서 번성하기 시작한 '도시 한옥'이 당시까지 이어지고 있었나 보다. 그 덕분에 한옥 짓는 사람들은 유사 이래 가장 큰 대목을 맞이했을 것이다.《건축왕 경성을 만들다》[14]의 주인공 정세권이 설립한 건양사에는 새벽 6시면 200여 명의 일꾼들이 모여들

13 신응수, 앞의 책.
14 김경민,《건축왕 경성을 만들다》, 이마, 2017.

었다고 하니 짐작하고도 남을 만하다. 그런데 "대들보나 기둥에 쓰이는 아름드리나무를 자르고 켤 때는 사나흘 간 연속 톱질만 해야 했다"라고 한다. 이런 대목을 보면 1960년대 초반만 해도 목공에 기계톱이 쓰이지 않았음을 알 수 있다. 제재소에서 쓰이는 기계톱 말고 목수들이 쓰는 기계톱 말이다.

목수들은 1970년대부터 기계톱을 사용하기 시작한 것으로 보인다. 이때부터 우리나라 살림집에는 큰 변화가 생기게 된다. 흙과 나무로 짓던 한옥은 거의 사라지고 대신 모래와 시멘트로 짓는 양옥이 일반화된 것이다. 그에 따라 재목도 소나무에서 나왕이란 걸로 바뀌게 된다. 사실 소나무는 재목으로 쓰기엔 상당히 까다로운 목재라고 한다. 물론 소나무 나름이겠지만 뒤틀리거나 갈라지기 쉽고 게다가 옹이까지 많아서 다루기가 어렵다는 것이다. 이런 소나무로 시멘트 바닥에 까는 마루재를 개발한 태릉 살던 '정 목수'라는 분이 생각난다. 남들이 안 된다고 말리는 것을 자신은 기필코 완성해냈다고 자랑스럽게 말하던 모습이 떠오른다. 이처럼 소나무는 까다로운 데다 값마저 비쌌을 테니 값싼(?) 양옥에는 맞지를 않았을 것이다. 그래서 찾아낸 재목이 나왕이었던 것이리라.

대한건축학회 건축용어사전에 따르면 나왕은 동남아시아가 원산지로 수종에 따라 '경질의 붉은 나왕과 연질의 백나왕'이 있다. '가공이 쉽고 나뭇결이 곧으며 옹이 등의 흠이 없는' 게 특징이다. 우리나라에서는 전량을 수입하고 있으며 '구조재·가구재·창호재·수장재·기구재 그리고 합판재' 등 다양한 재목으로 활용되고 있다.

난 1972년생인데 나왕과 함께 자랐다고 해도 과언은 아닐 것이다. 중학생 때까지 쓰던 책걸상, 초를 칠해서 윤을 내던 교실 마루, 헌 옷으로 만든 걸레로 닦던 유리창, 우리 집 부엌에서 쓰던 찬장, 가을이면 나락의 검불을 털어내던 '풍구' 등 모두가 나왕으로 된 것이었기 때문이다. 중학생 때는 복도를 뛰어가다 엄지발가락에 나왕 가시가 찔려 혼이 났던 기억도 잊을 수 없다. 나왕과 동고동락을 한 셈이다.

목공소

나왕과 함께 호황을 누리던 업종이 있었으니 바로 목공소와 가구 공장들이다. 어려서 가구 공장은 보지 못했지만 목공소는 보았다. 내가 학교 다니던 고창 읍내에는 목공소가 두 곳이나 있었다. 하나는 중앙 시장통 근처에 있었고, 다른 하나는 중학교 가는 길목에 있었다. 통학로에서만 본 거니까 더 있었을지도 모르겠다. 가구 공장의 존재는 목수가 되어서야 알게 되었다. 목수들 중에는 가구 공장 출신들이 꽤 있었기 때문이다. 그들의 말에 의하면 답십리, 왕십리, 신당동 등지에 많이들 있었다고 한다.

1970~80년대는 원목의 시대였다. 지금은 국립산림과학원이 된 임업연구원에서 2000년 펴낸 〈원목 규격과 해설〉에 따르면 '원목'이라 함은 목재 단위의 일종으로서 제재하지 아니한 통나무와 조각재를 말한다. 하지만 일반인들은 통나무가 아닌 진짜 나무라는 의미로 사용하는 게 보통이다. 원목 문짝, 원목 가구 하듯이 말이다. 합판, MDF, PB처럼 가공된 인조목들도 많아서 이것들과 구별하기 위해 원목이란 말을 쓰는 것이다.

산에서 벌목된 통나무는 제재소로 보내져 널빤지로 거듭난다. 통나무는 '띠톱'이 달린 거대한 제재기에 의해 일정한 두께로 켜지는데 이런 걸

'제재목'이라 한다. 제재목 중에는 사방이 반듯한 것도 있고 변죽을 그대로 두어 양면이 울퉁불퉁한 것도 있는데 이런 걸 '떡판' 또는 '우드 슬랩'이라 부른다. 결국, 일반 사람들이 말하는 원목이란 제재목인 셈이다. 목수들은 이런 제재목을 사다가 가공해서 목물을 만들게 되는데 여기에 필요한 것이 앞서 말한 기계톱이다.

원목의 시대와 함께 기계톱도 최대의 전성기를 누리게 된다. 기계톱은 마루노꼬, 세깡, 환거기, 테이블쏘 등으로 불리는 기계장치가 달린 전동톱을 말한다. 몸체는 주물로 되어 있고, 재목을 올리는 정반, 재목을 반듯이 켜는 데 쓰이는 조기대, 원형톱날을 끼우는 회전축, 구동용 모터, 정반을 올리고 내리는 기어가 달린 손잡이 등으로 되어 있다. 제품에 따라 약간의 차이는 있지만 대체로 이와 같다. 몸체가 전부 쇠붙이로 되어 있어서 아주 무겁다. 장정 서너 명은 있어야 겨우 옮길 수 있을 정도이다. 목공소, 가구공장 등 원목을 다루는 곳에서 붙박이로 놓고 사용하는 이유이다.

기계톱은 목공의 가장 기본이 되는 목재를 켜는 일에서부터 장부 만들기, 연귀 자르기, 홈파기, 쇠시리 넣기와 같은 가공 일까지 두루 할 수 있는 만능 연장이다. 곡선인 부재를 가공하는 데는 취약하지만 직선의 부재를 가공하는 데 있어서는 탁월한 성능을 자랑한다. 기계톱은 소목들이 많이 사용하는 연장으로서 특히 직선 부재가 많은 창호 분야에 유용하다. 목수가 기계톱 사용법만 터득해도 목공 기법의 절반은 터득했다고 할 수 있을 것이다.

원목의 시대는 1990년대 들어 종말을 고한다. 이는 기계톱의 종말이기도 했다. 쓸모없어진 기계톱은 고물로 팔려나가 많이들 사라졌을 테고

소목용 기계톱(일제)

그중 일부가 남아 지금의 중고 시장을 형성한 것으로 보인다. 내 기계톱도 중고 시장에서 산 것인데 나이 먹은 티가 역력한 것이 그 당시 활약했던 것임에 틀림없다. 적어도 30~40년은 되었을 테지만 쓰는 데는 아무렇지도 않다. 주물로 된 것이라 아주 튼튼하기 때문이다. 마치 탱크 같다. 주변에서 쓰는 기계톱들을 봐도 전부 중고품인 걸 보면 더 이상 생산을 하지 않는 것으로 보인다.

내 것에는 상표가 없어서 제조사를 알 수 없다. 다행히 각끌기와 수압대패에는 상표가 붙어 있는데, '동방목공기계상사', '삼성기계'라 적힌 표찰이 붙어 있다. 그나마 이거라도 있어서 당시 국내 목공기계 제조사의 일부를 알게 되었다. 자동대패도 하나 더 있는데 이것에도 상표는 없다. 이렇게 국산 제품에는 상표가 없는 게 더러 있다. 고가의 제품에 왜 그랬는지 알 수는 없지만 무명 제품을 만들던 작은 업체들도 있었던 것으로 생각될 뿐이다. 그만큼 시장이 컸다는 얘기가 아닐까?

그에 반해 일본 제품에는 상표가 착실하게 붙어 있다. 그 면면을 보면 미사토, 이시주, 히타치, 오쿠다이라, 야마토, 도키와, 마루겐 등이 있다. 참 많기도 하다. 중고 시장에서 일본산 제품은 큰 우대를 받고 있다고 한다. 좀 비싸긴 해도 국산에 비해 성능이 월등하기 때문이다. 나도 지인의 것을 써본 적이 있는데 부드럽게 움직이는 것이 내 것과는 차원이 달라 정말 샘이 날 지경이었다. 얄미운 사람들. 하지만 일제도 생산이 중단되어 중고만 들어오는 실정이라고 한다. 원목의 시대가 저문 탓도 있겠지만 너무 튼튼하게 만들어 현재 있는 중고만으로도 공급이 충분하기 때문이리라.

실내건축 목수의 탄생

원목의 시대가 저물면서 목공소와 가구 공장은 갑자기 자취를 감추고 만다. 내가 서울에 올라온 1992년만 해도 목공소 비슷한 것이 있기는 했지만 금방 사라져버렸던 것으로 기억한다. 거기서 일하던 목수들은 막 커지기 시작한 '인테리어' 현장으로 유입된다. 그동안 먹고사는 데 바빠서 신경 쓰지 못하던 실내에도 멋을 내기 시작하면서 인테리어 시장이 크게 성장한 탓이었다. 노래방이 우후죽순처럼 생겨나기 시작한 시기도 이즈음이다.

인테리어 일을 하는 목수들을 '내장목수' 또는 '인테리어 목수'라 불렀다. 나이 지긋한 분들은 아직도 내장목수라 한다. 옛날엔 인테리어를 '내부 장식'이라 했기 때문에 거기서 유래된 호칭이 여전히 입에 붙어 있는 것이다. 나는 이런 호칭을 쓰지 않는다. '내장'이라니 몸속에 장기를 연상시키는 데다 인테리어에는 단순히 집을 치장한다는 느낌도 있고 외래어라 좋지 않다고 생각하기 때문이다. 그래서 실내건축에서 따온 '실목수'란 명칭을 쓰고 있다. 실내건축의 주요한 일 중에 하나가 건물 안에 칸막이를 세워 실室을 만드는 것이므로 방을 만드는 목수라는 뜻의 실목수라 함이 좋지 않겠는가. 세 글자라 말하기도 편하고 어감도 좋으니까 말이다.

내가 기계톱을 구입하게 된 계기는 2004년 아기 침대를 개발하기 위해서였다. 아기 침대는 원목을 이용한 짜맞춤 기법으로 설계되었고 총 20대가 제작되었다. 인천에 있는 제재소들을 찾아다니며 원목을 수소문했는데 한 곳에서 러시아산 홍송이란 목재를 구입해 만든 것이었다. 가격도 저렴하면서 가공성도 우수한 목재였다. 재목이 원목이다 보니 그걸 다루려면 당연히 목공기계들이 필요했고 그렇게 해서 장만한 것이 기계톱, 자동대패, 수압대패, 각끌기 등이었다. 현장 일도 하면서 6개월에 걸쳐 아기 침대를 완성했는데 만들 줄만 알았지 판매할 수완은 없어서 손해만 보고 말았다. 그래도 그거 만드느라 목공 수업만은 제대로 했다고 생각한다.

지금 생각하면 참 무모한 도전이었다. 그래도 기계톱을 장만해둔 보람이 있어 2013년에는 그 덕을 톡톡히 보게 됐다. 같은 해 12월에 여의도에 있는 HMG라는 회사의 오디오 전시실 공사를 하게 되었기 때문이다.

HMG는 집 안에 영화관을 꾸며주는 회사였다. 그런 집들이 꽤 많은지 사업이 번창해서 전시실까지 마련하려는 것이었다. '피라미드'라 부르는 조형물을 전시실 천정에 설치하는 공사였는데 그 재목은 멀바우라는 원목이었다. 원청 소속의 목공 반장이 있기는 했지만 방음공사만 하고 포기한 상황이었다. 아마도 2.5톤 트럭 한 차 분량의 원목을 천장에 매다는 고난도의 공사인 데다 기계톱 없이는 불가능한 일이라 그랬을 것이다. 하기야 나도 트럭에 실려 온 재목을 처음 봤을 때는 겁이 덜컥 났으니까. 어떻게 저 무거운 걸 매다나 하고 말이다. 공사를 마치고 블로그에 올린 후기에는 이렇게 쓰여 있다.

실내 목공사 현장에서는 원형톱으로 만든 기계톱을 사용하는 것이 보통이다. 실내 목공사는 이동이 잦기 때문에 가지고 다니기 좋은 작은 톱을 사용하는 것이다. 하지만 이번 오디오 전시실 공사는 원목을 다뤄야 해서 기계톱이 필요했다. 기계톱은 무거워서 현장 여건이 맞지 않으면 가져갈 수가 없다. 다행히 이번 현장은 엘리베이터가 있는 곳이어서 손쉽게 운반할 수 있었다. 기계톱은 운반이 어려워서 그렇지 현장에 가져다 놓을 수만 있다면 작업이 아주 편해진다. 힘이 좋아서 과부하로 모터가 탈 염려도 없고, 무거우니 누가 가져갈 수도 없어서 도둑맞을 걱정이 없고, 톱날의 높낮이를 자유롭게 조절할 수 있어서 여러 가지 작업이 편하고, 집진기만 꽂아주면 지긋지긋한 톱밥 먼지에서 해방될 수도 있으니 얼마나 좋겠는가.

기계톱이 없이도 현장에서 장부나 홈파기와 같은 가공 일을 할 수는 있다. 대목들처럼 원형톱을 손에 들고 하나씩 작업하면 된다. 그렇게 했다면 목수 품이 얼마나 나왔을지 까마득해진다. 기계톱을 사용했어도 60품 정도가 들어갔으니 말이다.

일을 모두 마치고 연장을 빼던 날 기계톱이 나가는 것을 본 피라미드를 디자인한 실장은 '너 때문에 피라미드가 완성되었구나'라고 기계톱에게 속삭였다.

그 외에도 현장에서 기계톱을 사용해 본 적이 두 번 더 있다. 사실 기계톱을 구입할 때에도 현장에서 쓸 것을 염두에 두고 너무 크지 않은 걸로 골랐었다. 그 점이 적중해서 요긴하게 써먹을 수 있었던 것이다. 예전에는 현장에서 더러 사용하기도 했다는 말을 들은 적도 있고 2003년인가 대구에 있는 어느 호텔에 일하러 갔다가 실제로 보기도 했었다. 어떤 목공업체에서 목공사를 맡아 하고 있었는데 현장에 기계톱을 가져다 놓은 것이었다. 물론 정반이 좁아 그냥 쓸 수는 없으므로 목재로 짠 상판을 얹어 사용하고 있었다.

연희동사진관

그 후로 나는 엉뚱하게도 창호 목수로 등극하게 된다. 이는 2015년 봄에 한 연희동사진관이 시초였다. 그 사진관의 창호는 정면이 45°로 함몰된 독특한 외관을 가지고 있었다. 원목으로 짠 것이라 더욱 그러했는데 이는 사진관 대표가 직접 설계한 것이었다. 그는 수완도 좋아서 개업 후에는 각종 언론에 소개가 될 정도로 크게 성공하기도 했다.

창호 디자인이 좋아 뭔가 될 것 같은 느낌을 받은 난 의욕적으로 공사에 임했고 그 과정을 블로그에 상세히 올려놓기도 했다. 그러자 나중에 이를 본 여러 사람들이 창호 공사를 의뢰하는 바람에 창호 목수 비슷하게 된 것이었다. 이 모든 게 기계톱이 있어서 가능한 일이었다.

1990년대 이후 원목의 시대는 저물고 인조목의 시대가 시작된다. 인조목이란 합판, MDF, PB, 집성목 등 공장에서 원목을 가공해 만든 목재를 뜻한다. 이 가운데 실내건축에 많이 사용되는 것은 합판과 MDF이다. 얇은 것은 3mm짜리도 있고, 주로 사용되는 것은 9mm짜리이고, 가구 짤 때 사용되는 15mm, 18mm짜리도 있다. 이처럼 두께는 얇지만 넓이는 가로 1220×세로 2440mm나 될 정도로 아주 넓은 게 보통이다. 그렇다 보니 앞서 말한 기계톱으로는 재단이 불가능하다. 더구나 실내건축은 현장 이동이 잦은 편이라 무거워서 운반하기도 어려워 아예 쓰지도 못한다. 그래서 똑똑한 한국인들은 원형톱을 이용한 기계톱을 개발하게 된 것으로 보인다. 현장에 들어온 목자재를 이용해 책상보다 약간 큰 작업대, 즉 톱다이라 부르는 것을 짜고 그 밑에 원형톱을 부착하고 조기대를 만들어 사용하는 식으로 말이다. 내가 실내건축계에 입문한 1999년에도 있었으니까 그 전에 개발되었음이 분명하다. 언제부터 개발되었는지 정확한 시기는 잘 모르겠다. 이런 기계톱에 대해서는 차차 얘기하게 될 것이다.

한편 가구 공장에서는 재단기라는 기계톱이 사용된다. 가구 공장이란 예전처럼 원목을 사용하지 않고 MDF와 합판 등을 이용해 백화점, 의류 매장, 사무 공간 등에 사용되는 집기들을 제작하는 곳을 말한다. 재단기는 공장에서 붙박이로 사용되는 것으로 재단의 효율성을 높이기 위해 인조목을 옆으로 놓고 재단할 수 있을 만큼 아주 큰 게 특징이다. 지게차가 아니면 옮길 수조차 없을 정도이다.

가구 공장에서 붙박이로 사용되는 재단기로 아주 크다

싱크대 공장에서도 이와 비슷한 것이 사용되는데 톱날이 앞쪽에 하나 더 있는 게 다르다. 싱크대는 PB판으로 제작되는데 양면에 필름이 코팅되어 있어서 하부 코팅이 손상되는 걸 방지하기 위해 역방향으로 회전하는 톱날이 하나 더 있다. 톱날이 하나여서는 밑쪽이 터져서 못 쓴다.

기계톱을 축소한 듯한 '테이블쏘'란 것도 있다. 크기는 라면 박스만 하고 다리만 없을 뿐 구조는 기계톱과 동일하다. 휴대용 기계톱인 것이다. 국산에는 없고 전부 외국산이다. 장난감 같아서 우스운데 외국 목수들은 그렇지 않은가 보다. 현장에서 두어 차례 본 적이 있는데 그것도 톱다이에 얹어 쓰는 식이었다. 이처럼 우리나라 실정에는 맞지 않아 거의 쓰이지 않는다.

원형톱

스킬

전기로 작동되는 톱이다. 톱날이 둥근 모양이라 '원형'이란 글자가 붙었다. 톱날은 모터와 바로 연결되어 있고, 모터 위에 손잡이가 있고 안쪽에는 작동 버튼이 있는 구조이다. 작동 버튼을 누르면 '윙' 하는 굉음을 내며 고속으로 회전한다. 심약한 사람은 깜짝 놀랄 만큼 시끄러운 소리를 내는데 목재를 자르면 소리는 더욱 커진다. 대신 회전하는 톱날은 안전 커버에 가려져 있어 보이지 않아 시각적인 긴장감은 덜한 편이다. 안전 커버는 톱날이 목재에 닿으면 저절로 벗겨지고 떨어지면 제자리로 돌아가는 구조로 되어 있다. 이렇듯 톱날이 노출되지 않아 위험성은 덜한 편이다. 다만 몸을 잔뜩 수그려 작동 상황을 주시해야 하는 경우도 있어서 가까이서 들리는 작동 소리에 귀가 좀 아프고 날아드는 톱밥으로 숨쉬기가 곤란해지는 불편이 따르기는 한다.

원형톱을 전기톱, 전동톱 또는 스킬SKIL이라 부르기도 한다. 스킬은 1928년에 원형톱을 최초로 개발한 미국 회사 이름인데 그대로 부르다 보니 이 기종의 명칭으로 굳어졌다고 한다. 원형톱은 원래 통나무를 제재하기 위해 먼저 개발되었다가 나중에 건축 현장에서도 쓸 수 있게 휴대할 수 있도록 작게 만들어진 것이라고 한다.

톱날은 둥근 강철판으로, 톱니는 초경으로 되어 있다. 강철판 중심에는 부착용 구멍이 뚫려 있고 가장자리로는 파도 모양처럼 생긴 톱니가 빙 둘러져 있다. 톱니의 간격은 조밀한 것도 있고 넓은 것도 있는데 5mm쯤 떨

크기가 다양한 여러 원형 톱날

어진 게 보통이다. 톱니는 강철판보다 약간 두껍다. 마찰을 줄이기 위함이다. 손톱은 톱니를 서로 어긋나게 해서 마찰을 줄이는데 원형톱날은 그렇게 할 수 없어 두께 차이로 해결을 한 것이다. 톱니에는 자르는 것과 켜는 것이 있다. 자르는 톱니는 끝이 경사졌고, 켜는 톱니는 반듯하다. 톱날에 따라 한 가지로 된 것과 두 가지가 혼합된 것이 있다. 결국 세 가지 종류가 있는 셈이다. 하지만 시중에서 파는 제품은 자르는 톱날이 대부분이다. 이것만 써도 별문제는 없다.

톱날 중에는 1mm쯤 되는 아주 얇은 것도 있다. 이를 '빠데톱'이라 부른다. '빠데'란 유리를 끼울 수 있게 하는 장치이다. 유리는 창구멍보다 커야 바람이 세지 않는다. 그래서 창구멍 사방으로 홈을 파서 공간을 넓힌다. 여기에 유리를 끼우려면 양편에서 턱을 각각 떼어내야 한다. 이것이 빠데이다. 빠데는 소목수들이 쓰는 용어이고 유리공들은 '오사이'라 부른다.

빠데톱

빠데는 창구멍 양편에 유리 홈의 깊이만큼 빠데톱을 넣어 형성한다. 톱을 넣을 때는 상하단에 최대한 가깝게 넣는다. 끝까지 넣으면 빠데가 떨어져 버려 잃어버릴 염려가 있으므로 붙여두는 것이다. 그러면 유리공이 유리를 끼우면서 구두칼로 나머지를 잘라 빠데를 떼어내고 유리를 끼우고 다시 제자리에 못을 쳐 고정하면 된다.

빠데톱은 시중에서 구하기가 어렵다. 인터넷을 검색해봐야 나오지도 않는다. 목창이 희귀해진 탓이다. 나는 다행히 빠데톱을 하나 가지고 있다. 2010년대 초반에 목공기계 가게에 갔다가 이빨이 몇 개쯤 빠진 것을 하나 구해뒀기 때문이다. 크기는 9in이고, 강철판을 갈아낸 흔적이 있다. 얇은 것을 더 얇게 하기 위해 연마를 했던 모양이다.

톱날이 무뎌지면 교체하게 된다. 톱날은 볼트만 풀면 빠지는데 제품에 따라 푸는 방향이 다르기도 하다. 보통은 왼쪽으로 돌리면 풀리는데 반대인 것도 있기 때문이다. 이런 사실을 많이들 알고 있을 텐데 막상 일이 닥치면 헷갈린다. 혼동하지 않으려면 '회전방향으로 푼다'는 말만 기억해두면 된다. 톱날은 톱니가 선 방향이 회전방향이니까 볼트를 그쪽으로 돌리면 된다.

톱날을 갈아주는 곳이 있다. 이런 곳을 '톱집'이라 부른다. 지금은 사라지고 없지만 나도 2012년까지 중화동에 있던 우성톱집이란 데를 이용하곤 했다. 아는 소목수를 통해 알게 된 곳이었는데 솜씨가 좋아 단골로 삼았다. 톱날이란 게 금방 닳는 것도 아니라 몇 번 이용하지도 않았지만 목공의 핵심인 톱날을 관리할 수 있게 되어 마음까지 든든했다. 그런데 2013년 12월에 일하던 현장에서 우연히 그분이 돌아가셨다는 소식을 듣게 되었다. 무슨 인연인지는 몰라도 그분의 친구가 목수로 일하고 있었기 때문이다. 그분은 당시에 전에 일하던 현장에서 처음 알게 된 목수였다. 어쩌다 우성톱집 얘기를 하게 됐는데 자기 친구라고 하면서 돌아가셨다고 하는 것이었다. 친구라고 해서 깜짝 놀랐는데 돌아가셨다니 더 놀랄 일이었다. 환갑도 안 된 나이에 너무 일찍 돌아가신 터라 안타까움이 더 했다.

그 후로는 톱날 가는 일이 난감해졌다. 톱집을 찾을 수가 없었기 때문이다. 할 수 없이 단골로 삼고 있는 공구 가게에 연마를 맡겼다가 어이없는 일을 겪고 말았다. 톱날이 잘 들기는커녕 아주 못 쓰게 되었기 때문이다. 손으로 한 건지 기계로 한 것인지는 몰라도 톱니가 무식하게 갈려 있었다. 솜씨 없는 사람은 톱니를 '푹 갈아버린다'고 하던 우성톱집 장인의 말씀 그대로였다. 예전에 어떤 목수도 연마하면 못쓴다는 소리를 한 적이 있었는데 다 이유가 있었던 것이다. 믿을 만한 톱집이 없으니 방법은 하나뿐이었다. 좀 비싸더라도 한 회사 제품만을 쓰기로 한 것이다. 청계천에 있는 명우톱이 그곳이다. 제품도 믿을 만하고 자사 제품에 한해서는 연마도 해준다고 하니까 그게 최선이다.

원형톱은 다종다기하다. 제조회사에 따라 색상이 달라 구별된다. 계양은 빨강, 마끼다는 연파랑, 디월트는 노랑, 보쉬는 진파랑으로 되어 있다. 성능은 대개 비슷해서 특정한 제품이 우세하지는 않다. 자신의 취향과 형편에 따라 골라 쓰면 된다.

나는 2004년에 구입한 계양 제품을 아직도(2023년) 쓰고 있다. 중간에 베어링을 한 번 교체했을 뿐이다. 나 같은 경우는 일거리가 많지 않아 그럴지도 모르겠지만 크게 무리해서 쓰지 않는 한 고장은 잘 일어나지 않는다.

원형톱은 톱날의 직경으로 분류되는데 9in와 7in가 주종을 이룬다. 또 대목들이 쓰는 15in나 되는 특수한 것도 있다. 생소한 in 단위로 표기해서 감이 잘 오지 않을 텐데 9in는 225mm, 7인치는 185mm이다. 실목수들은 9in를 주로 쓴다. 사용량이 많다 보니 힘이 좋은 것을 좋아하는 것이다. 다른 방면 목수들은 7in를 많이 쓴다. 가볍기 때문이다.

원형톱 사용법에는 크게 이동식과 고정식이 있다. 이동식이란 손으로 들고 쓰는 것을 말하는데 눈대중으로 대충 자르기도 하고, 재목에 먹줄을 치고 선을 보면서 자르기도 하고, 조기대란 것을 목재에 부착해 거기에 대고 반듯이 자르기도 한다. 이동식은 장소에 구애받지 않는 점이 장점이지만 같은 치수라도 일일이 맞춘 다음 써야 해서 반복되는 작업에는 불리하다. 고정식은 그 반대이다.

고정식은 원형톱을 '톱다이'라는 것에 거꾸로 매달아놓고 쓰는 방식이다. 톱다이 상판 위로 톱날만 알맞게 솟게 하고 그 톱날에 평행으로 조기대란 것을 고정하고 거기에 목재를 대고 밀어 쓰는 식이다. 이렇게 이뤄진

마루톱

것을 실목수들은 기계톱이라 부른다. 원래 기계톱이란 여러 가지 기계적 장치가 달린 전동톱을 말하는데 너무 크고 무거워 현장에는 가지고 다닐 수 없으므로 원형톱을 이용해 기계톱 비슷하게 만든 것이다. 기계톱에 비해 동력이 많이 떨어지긴 해도 기능 면에서는 그렇지도 않다. 아니 상판이 넓어 더 유리한 측면도 있다.

실목수들이 쓰는 기계톱은 진짜 기계톱과 혼동을 일으켜 글로 설명하려니 난감하다. 기계톱을 다른 말로 '마루노꼬'라 부른다. 노꼬는 톱의 일본말이다. 그렇다면 우리말을 붙여 '마루톱'이라고 하면 될 듯하다.

마루톱을 쓰려면 상당한 기술이 필요하다. 기술의 핵심은 반듯이 자르기인데 그게 잘 안된다. 초짜일 땐 삐뚤어지기 십상이다. 왜냐면 조기대에 대고 미는 힘이 일정치가 않아서이다. 게다가 톱날이 노출돼 있어 위험하기까지 하다. 그래서 '선수'가 아니면 절대로 사용해서는 안 되는 게 현장의 불문율이다. 어쩌다가 멋모르는 사람들이 가끔 쓰는 경우가 있는데 그럼 목공 반장이 크게 화를 낸다. 다치기라도 하면 큰일이라 다시는 못 하도록 혼을 내는 것이다. 그건 초짜 목수들에게도 해당되는 말이다. 반장의 허락이 있을 때까지는 절대로 만져서는 안 된다. 어느 정도 현장밥을 먹은 후에라야 사용이 허락된다. 그래서 누구는 재단 기술을 빨리 익히기 위해 자기 집 옥상에 마루톱을 차려놓고 연습까지 했다고 하지 않는가.

손가락들 무사하십니까?

재단 기술 외에도 여러모로 알아둬야 할 사항들도 있다.

첫째, 조시. 조시에는 여러 뜻이 있는데 '가늠의 방언'이란 뜻이 가장 근접하다. 가늠이란 '목표나 기준에 맞고 안 맞음을 헤아려봄. 또는 헤아려보는 목표나 기준'이라고 사전에 설명되어 있다. 이 뜻을 마루톱에 적용하면 톱날과 조기대 간의 간격이 '맞고 안 맞음'을 의미하는 말이 된다.

톱날을 기준으로 조기대가 밖으로 벌어진 것을 조시가 크다 헐겁다고 하고, 안으로 기울인 것을 조시가 좁다 세다고 한다. 조시가 너무 크면 자재가 조기대를 이탈해버리고, 너무 작으면 빡빡해진다. 바른 재단이 되려면 조시가 일치하든지 아니면 미미하게 벌어지는 게 좋다. 조시의 허용오차는 목수마다 주장하는 바가 다르다. 딱 맞아야 한다는 쪽도 있고 살짝 벌어지는 게 좋다는 편도 있다. 나는 후자 편이다. 이건 감각의 차이에 따른 이견이므로 우열을 가릴 필요는 없다고 생각된다.

다만 한 가지 언급하고 싶은 것은 역전 현상이다. 역전이란 재단된 자재가 회전하는 톱날에 걸려 뒤로 튕겨 나가는 현상을 말한다. 이 현상은 유격이 일치하거나 셌을 때 발생한다. 역전 현상을 확인하려면 다 잘린 자재를 톱날 밖으로 밀어내지 말고 그대로 둬보면 된다. 뒤로 튕겨 나가는 속도가 클수록 조시가 센 것이다. 역전력이 크면 위험하다. 실제로 재단하던 쫄대가 뒤로 튕겨 나가 석고 벽에 박히는 장면을 본 적이 있을 정도로 위력이 대단하다.

역전 현상이 발생하는 조건은 또 있다. 재단하던 자재가 톱날 위로 올라타는 경우이다. 그러면 자재가 손상되어 못쓰게 되기도 하지만 사람을 칠 수도 있어 위험하다. 재단을 하면서 자르는 쪽을 톱날 밖으로 완전히 밀어내야 하는데 우측 편이 너무 길어서 두 손으로 자재를 받친 채 재단을 할 때 발생하기 쉬운 현상이다. 절단되는 순간 '타다닥' 하면서 역전되는데 상당히 무섭다. 이럴 땐 완전히 자르지 않고 끝을 살짝 남긴 채 들어내거나 스위치를 끈 채 톱날이 멈추기를 기다렸다가 만지는 게 요령이다.

이와 같은 상황은 아니었지만 뒤로 튕겨진 합판에 맞은 적이 있다. 5mm 합판을 재단 중이었는데 앞쪽에 전기공이 세워둔 사다리가 절단이 막 됐을 때 걸렸다. 그러자 순식간에 역전되면서 내 허벅지를 강타해버렸다. 그 위력은 실로 대단해서 얼마나 아팠던지 한동안 꿈쩍도 할 수가 없을 정도였다. 이런 사고 우려 때문에 조시는 여유가 좀 있어야 된다고 생각한다. 나는 조시를 재단된 자재가 스르르 밀려날 정도로 맞추고 있다.

둘째, 절단 사고. 마루톱은 손가락 절단 사고가 가장 많이 나는 연장이라고 한다. 톱날이 노출되어 있으니 그럴 만도 하다. 톱날을 덮어주는 안전 장비가 있기는 한데 그것도 완전하지는 못하다. 가는 것을 켤 때는 손이 톱날에 근접되기 때문이다. 넓은 재목을 밀 때야 톱날에서 손을 멀리하면 되지만 가는 재목은 그럴 수가 없다. 이럴 땐 밀개를 사용하는 게 좋다. 밀개는 기성품을 사서 쓰기도 하고 직접 만들어 쓰기도 하는데 현장 목수들은 그런 걸 챙겨 다닐 수 없으므로 주위에 있는 적당한 막대기를 주워다가 사용하는 게 보통이다. 재단을 하다가 미처 밀개를 준비하지 못했다면 항상 허리에 차고 다니는 망치 자루로 밀어도 된다. 쇠자루 망치라면 톱날이 상할 수도 있으므로 꼭 나무 자루여야 되기는 한다.

위험한 상황은 더 있다. 재단을 하다 보면 상판에 난 톱 구멍으로 부스러기가 빨려들면서 똑바로 일어서는 경우가 더러 있다. 그러다 어느 순간 쏙 하고 빨려 들어가기도 한다. 부스러기가 있으면 신경이 쓰여 빼내고 싶은 생각이 들게 마련이다. 하지만 절대 그래서는 안 된다. 그냥 두든지 스위치를 끄고 제거해야 한다. 실제로 부스러기를 꺼내려다가 손이 딸려 들어가 크게 다친 사람이 있다는 얘기를 들은 적도 있다. 설마 그길 잡는나고 손이 딸려 들어갈 거라고 누가 상상이나 했겠는가. 아무튼 톱날 근처에는 손을 가까이하지 않는 게 상책이다.

원형톱을 쓰다 보면 고장이 나기도 한다. 이럴 땐 먼저 에어건으로 먼지를 털어본다. 실목수들은 톱먼지가 날리지 않게 비닐을 치고서 쓰기 때문에 기체 안으로 먼지가 많이 들어가 고장을 일으키기도 한다. 그래도 안 되면 다음으로 카본을 살펴본다. 카본은 모터 측면에 있는 둥근 플라스틱 나사 안에 들어 있는데 양쪽으로 두 개가 있다. 카본이 오래되면 끝이 마모되어 곡면이 되는데 그러면 접촉 불량으로 작동이 안 되기도 한다. 카본을 꺼내 사포에 갈아 평평하게 한 다음 끼워본다. 그래도 안 되면 전깃줄의 불량일 수 있다. 쓰다 보면 전깃줄이 꺾이기도 해서 안에 있는 전선이 끊어지기도 한다. 의심이 가는 부분을 잡고 이리저리 돌려봐서 잠깐씩 작동된다면 단선이 틀림없다. 그럼 피복을 벗겨 전선을 이어주면 된다. 이것도 아니라면 수리점에 맡기는 수밖에 없다.

톱다이

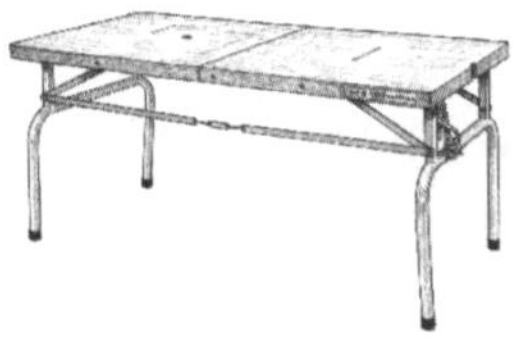

모든 일들이 이뤄지는 곳

원형톱을 거치하는 물건이다. '다이'라는 일본말이 섞여 있는데 우리말로 하면 '톱대'가 된다. 하지만 이렇게 부르는 목수는 한 명도 없다. 톱대를 검색해 보면 쇠톱이 가장 많이 나온다. 쇠톱날을 거는 게 톱대란다. 여기서 말하는 것을 찾으려면 '톱다이'로 검색해야 제대로 나온다. 그러니 별 수 없이 현실을 좇아 톱다이로 표기했다.

실목수들은 판재를 주로 쓰는데 폭이 1.2m에 너비가 2.4m나 될 정도로 아주 넓다. 그에 반해 두께는 많이 얇은 편이다. 3mm밖에 안 되는 것도 있고 두꺼운 것이래야 18mm 정도가 고작이다. 이런 걸 켜서 우리들이 이용하는 공간을 조성하거나 예쁘게 꾸미는 데 활용한다. 판재를 켜는 데는 원형톱이 사용되는데 손으로 들고 하지 않고 톱다이에 고정해서 쓰는

합판+각재로 짠 톱다이

게 보통이다. 판재를 톱다이에 얹어 밀어서 켜는 식이다. 이런 걸 목수들은 기계톱이라 부르지만 진짜 기계톱과 혼동이 되므로 나는 이 책에서 마루톱이란 별칭을 사용하겠다고 원형톱 편에서 얘기했다.

톱다이는 판재를 켜는 데 쓰일 뿐만 아니라 그 용도가 매우 다양하다. 자주 쓰는 연장들을 올려놓는 보관소이기도 하고, 대패질이나 맞춤 같은 일을 하는 작업대이기도 하고, 휴식 시간엔 물을 끓여 커피를 타는 탁자이기도 하고, 도면을 펼쳐놓고 살펴보는 책상이 되기도 한다. 실목수에겐 둘도 없는 물건인 것이다. 거의 모든 일이 여기서 이뤄진다고 보면 된다.

한솔 톱다이

톱다이는 2000년대 초반까지만 하더라도 짜서 쓰는 것이었다. 목수들은 공사가 시작되면 톱다이부터 짜는 게 일이었다. 그래야 원형톱을 걸어 판재를 켤 수 있었기 때문이다. "얼레벌레 반대가리(반나절) 잡아먹는다고 많은 현장관리자들이 투덜대곤 했다"라고 어느 블로거가 말했듯이 원청회사엔 눈엣가시 같은 존재였지만 그러거나 말거나 목수들은 어김없이 톱다이를 짰다. 나도 현장기사로 일하면서 많이 겪어본 일이라 잘 아는 사실이다. 톱다이를 가지고 다니면 되지 한 번 쓰고 버릴 걸 왜 짜는지 이해할 수가 없었다.

톱다이를 짜서 쓰던 방식은 2000년대 중반서부터 점차 감소하게 된다. '한솔 톱다이'라는 기성품이 등장했기 때문이다. 한솔 톱다이는 '슬라이딩 조기대'와 함께 2000년 3월에 처음 출시되었는데 개발자는 놀랍게도 목수라 한다. 그는 자기가 만들고도 얼마나 기뻤던지 슬라이딩 조기대 손잡이 부근에 '목공 인테리어업계의 혁명'이라고 거창하게 써놓았다. 하기야 한국에서는 최초였으니 그럴 만도 했다.

내가 한솔 톱다이를 처음 본 건 2006년 봄이었다. 그렇다면 한솔 톱다이가 시장에 안착하기까지 6년여의 세월이 걸린 셈이다. 그 이유는 공짜(?)로 만들 수 있는 걸 돈을 주고 사려니 아까워서 그랬던 게 아니었을까? 그런 데다 당시만 해도 인터넷이 활성화되지 않아 정보 전달이 느린 탓도 있었을 것이다. 하지만 이 바닥도 경쟁이 심해서 점차 필수품이 되어갔다. 목공사 비용을 줄이는 데 큰 도움이 되었기 때문이다. 2000년대 말쯤에는 이규산업과 준엔지니어링이란 회사에서도 신제품이 출시되었고, 요즘엔 중국산 제품까지 등장해 인터넷에서 팔리고 있는 실정이다.

한솔 톱다이는 FRP(섬유 강화 플라스틱)로 된 상판에 철제 다리가 심어진 꼴이다. 상판은 깊이 50mm인 상자형으로 두 짝이 경첩으로 연결되어 접히고 측면에는 걸쇠가 있어 고정된다. 걸쇠를 풀고 상판을 펼치면 그 속에 설치된 다리 구성품들이 모습을 드러낸다. 양쪽 다리는 2개씩 배당된 까치발로 지지되며 상판에 박힌 회전축과 연결되어 모두 접히는 구조이다. 다리 벌어짐을 잡아주는 쇠띠도 하나 들어 있는데 반으로 접혀 상판 속에 보관되어 있다. 상판 우측에는 원형톱이 설치될 자리가 마련돼 있는데 4개의 걸쇠에 있는 나비너트를 조여 원형톱을 고정하게 되어 있다. 상판 좌측에는 원형톱 자리와 일치하는 곳에 네모난 구멍이 뚫려 있는데 가운데 동그란 구멍이 있는 뚜껑식으로 되어 있다. 뚜껑을 떼어내면 원형톱을 매단 채 상판을 접어도 걸리지 않게 된다. 하지만 그렇게 하면 너무 무거워지므로 원형톱을 떼어내서 포장을 하는 게 보통이다. 그래야 운반하기도 편하고 차에 싣기에도 좋기 때문이다. 한솔 톱다이는 기계적으로 우수하다거나 모양이 멋지지는 않다. 게다가 다리마저 일체식이 아닌 분리식 구조라 조립하려면 시간이 꽤 걸리기도 한다. 그 대신 휴대성만은 으뜸이다. 개발자가 목수라서 그 점을 중시한 듯하다.

이규산업 톱다이는 알루미늄 사다리와 같은 경첩 구조로 되어 있다. 그래서 가세(버팀대) 없이 다리가 지지되는 게 특징이다. 준엔지니어링 톱다이는 책상과 같은 모양인데 가운데에 다리가 2개 더 있고 자체에 조기대를 거는 레일이 장치된 게 특징이다. 중국산 톱다이는 가운데에 다리가 없을 뿐 준엔지니어링 것과 비슷하게 생겼다. 그런데 특이하게도 상판이 좌우로 확장된다. 매우 편리할 것 같은데 실제로 본 적은 없다. 이상의 제품들은 모두 알루미늄으로 되어 있고 기계적으로도 매우 우수하다. 하지만 그로 인해 부피가 너무 큰 게 탈이다. 전문가들이 설계한 것이다 보니 목수들의 사정을 간과한 것이다. 휴대성이 좋지 않다는 말이다.

이렇듯 기성품 톱다이가 다양해졌음에도 불구하고 일회용 톱다이는 여전히 존재한다. 특히 정밀한 재단이 필요한 경우에는 꼭 필요하다. 알판 공사가 그런 경우이다. 알판 공사는 은행권에서 주로 이뤄진다. 그만큼 고급스러운 공사라고 보면 된다. 은행권 일만을 전문으로 하는 반장들도 있는데 나도 염 반장이란 목수 밑에서 일을 많이 해봐서 잘 아는 사실이다. 염 반장은 기성품과 일회용 톱다이를 적절히 운용했다. 소규모 공사에는 기성품을, 대규모 공사에는 일회용 톱다이를 쓰는 식이었다. 염 반장은 일회용 톱다이를 아주 크게 짰다. 일회용 톱다이는 삼육(3×6尺, 900×1800mm)으로 하는 게 보통인데 삼팔(3×8尺, 900×2400mm)로 크게 짠 것이다. 이렇게 하면 횡재단이 유리해진다.

알판 공사에는 9mm짜리 MDF가 주로 사용된다. 이것의 무게중심은 가로 610mm, 세로 1220mm이다. 재단을 하면 이 무게중심은 이동을 하게 되고 상판을 벗어나면서부터 처짐이 발생하기 시작해 재단이 끝날 무렵에는 아주 처지게 된다. 이를 억제하려면 MDF를 누르면서 밀어야 하는데 그러면 재단이 똑바로 되지 않는다. 이런 처짐 현상을 방지하기 위해 톱다이 전방과 우측 편에 별도의 받침대를 설치하기도 한다. 전방 받침대는 종재단에 필요하고 우측 받침대는 횡재단에 필요하다. 받침대는 아주 짜서 쓰기도 하고 간단하게 우마를 갖다 놓고 쓰기도 한다. 또는 두 사람이 함께 하기도 한다. 하지만 재단을 둘이서 하면 품 많이 든다고 원청이 싫어해서 대개는 받침대를 이용하는 게 보통이다.

전방 받침대는 기본적으로 설치되지만 우측 받침대는 그렇지 않다. 필요할 때면 톱다이를 돌려서 쓰거나 다른 사람의 도움을 받으면 되기 때문이다. 일반 공사는 횡재단이 거의 없는 편이라 그렇게 해도 되지만 알판 공사는 횡재단도 많아서 그럴 수가 없다. 그래서 아예 옆으로 길게 짜버리는 것이다.

기성품 톱다이를 거부하는 이유

기성품 톱다이가 여러 종 있는데도 그것을 아예 거부(?)하는 목수들이 있어 주목된다. 그 이유는 이런 게 아닐까.

첫째, 필요가 없어서. 경력이 좀 되는 실목수들은 공사에 소용되는 기본적인 연장들을 대부분 보유하고 있다. 가끔씩 주변에서 목공사 요청을 받기도 하기 때문이다. 이런 경우라면 굳이 톱다이까지 장만할 필요는 없다. 일이 생기면 그때 가서 만들어 쓰면 되니까 말이다.

둘째, 조립하는 게 성가셔서. 기성품 톱다이도 쓰려면 준비 시간이 꽤 걸린다. 톱다이와 조기대가 일체식인 것도 원형톱만은 부착해야 해서 바로 쓰지는 못한다. 한솔 톱다이는 모든 게 조립식이라 시간이 더 오래 걸린다. 이런 준비 시간은 일을 시작할 때는 아무 문제도 되지 않는다. 하지만 공사가 끝나서 연장을 정리했는데 추가 공사가 나오게 되면 문제가 된다. 이런 경우는 정말 많다. 미리미리 살펴서 얘길 하면 좋을 텐데 왜 집에 가려는데 그러는지 참 알다가도 모를 일이다. 그러면 풀었던 톱다이를 다시 조립하고 원형톱을 설치해 작업을 마치고 또다시 해체해야 하는 등 피곤한 일이 한둘이 아니다. 그래서 톱다이에 원형톱을 아예 달고 다니는 이들도 종종 볼 수 있다.

셋째, 너무 커서. 기성품 톱다이가 접히는 것도 다 부피를 줄이기 위함이다. 한솔 톱다이가 작다고 (포장 시 810×880×100mm) 해도 SUV 중형 이상은 되어야 트렁크에 들어간다. 다른 제품들(포장 시 이규산업 985×940×260mm, 준엔지니어링 800×850×300mm)은 봉고차가 아니라면 뒷좌석을 젖히지 않는 한 들어가지도 않는다. 그러니 아무나 쓸 수 없는 것이다.

넷째, 너무 무거워서. 기성품 톱다이의 무게는 최소 24kg이 넘는다. 그나마 한솔 톱다이는 부피라도 작아서 들 만하지 다른 것들은 그렇지 못하다. 낑낑거리면서 혼자서 차에 실을 수 있을지는 몰라도 멀리까지 가기에는 힘이 부친다. 엘리베이터 없는 고층이라면 더욱 힘이 들어 둘이 아니고서는 엄두도 내기 힘들다. 그래서 준엔지니어링 톱다이에는 끌고 다니라고 바퀴까지 달아둔 게 아니겠나.

다섯째, 너무 비싸서. 기성품 톱다이는 상당히 비싸다. 최소 40여만 원은 줘야 한다. 그러니 하나 정도는 구입할 수 있어도 두 개 이상 구비하기에는 좀 무리다. 거래처 많은 반장이라면 현장이 두 군데 이상일 경우도 흔하다. 이럴 때는 반장에 따라 두 가지 방식을 취하게 된다. 하나는 부반장을 선임해서 그가 자신의 연장을 가지고 목수까지 섭외해 공사하게 하는 식이고, 다른 하나는 목수만 섭외해서 각 현장으로 보내고 연장은 자신이 직접 대주는 식이다. 앞의 방식이 보편적이고 뒤의 방식은 아주 드문 편이다. 돈은 좀 더 벌 수 있을지 몰라도 골치가 아프기 때문이다. 원청에서 오는 전화만으로도 성가신데 현장에서까지 전화질을 해대니 견딜 수가 없는 것이다. 또 현장들을 일일이 찾아다니는 것도 큰일이다. 그런데도 이런 방식으로 일하는 반장을 본 적이 있다. 짐을 많이 실을 수 있게 아예 탑차를 몰고 다니면서 필요한 연장을 모두 대주고 있었다. 톱다이도 원형톱을 달아 반으로 접은 상태로 싣고 다니다가 내려주는 식이었다. 참 대단한 사람이라고 생각했던 기억이 떠오른다. 이 반장처럼 하려면 기업(?) 수준은 되어야 할 것이다. 그렇지만 대개는 자영업 수준들이라 다른 사람들의 힘을 빌리곤 한다.

여섯째, 내 것이 더 좋아서. 자작한 톱다이를 선호하는 사람은 의외로 많다. 그 유형도 참 가지가지다. 똑같은 게 하나도 없을 정도이다. 실제로 본 것도 그렇고 인터넷으로 찾아봐도 그렇다. 사람마다 생각이 다르고 소속된 원청에 따라 공사 현장의 여건도 차이가 있기 때문에 그럴 것이다. 휴대하기 편하게 작게 만드는 사람, 휴대성은 아랑곳하지 않고 바로 쓸 수 있게 모든 걸 일체식으로 크게 한 사람, 상판은 기본 크기로 하고 다리만 조립식으로 만든 사람, 접이식 책상 다리를 이용한 사람 등등 가지가지다.

자작품 중에는 개발자들이 참고할 만한 기발한 부분도 있다. 원형톱 부착 부분을 뚜껑식으로 만든 게 그것이다. 실제로 처음 본 것(여주 김주엽)은 2019년이고, 2023년 현재 이 글을 쓰느라 인터넷을 검색하다 또 하나를 보게 됐는데 그 자료(대한목수협회 카페, 이 박사)는 2015년에 올라온 것이다. 나중 것이 이전 것을 보고 따라 했을 것 같지는 않다. 서로의 창작품인 것이다. 나도 그런 생각을 갖고 있었는데 사람들 생각이란 엇비슷한 모양이다.

원형톱은 나사를 이용해 톱다이에 부착하는 게 보통이다. 하지만 원형톱에는 부착용 구멍이 없어서 별도로 구멍을 뚫어 사용하게 된다. 원형톱 부착용 나사는 4개가 들어가는데 잃어버리지 않게 톱다이에 박아둔다. 그러면 설치할 때는 박아두었던 나사 4개를 풀어 부착용 구멍에 다시 박고, 떼어낼 때는 다시 역순으로 반복하게 된다. 결국 사용할 때마다 부착에 8번, 탈착에 8번 해서 총 16번의 동작이 필요한 셈이다. 그나마 충전드릴이 있어서 가능하지 '도라이바'로 한다면 정말 못할 짓이다. 이런 불편을 없애기 위해 뚜껑식이 고안되었다. 톱다이 상판에 원형톱이 설치되는 자리에 네모나게 구멍을 내고 그 구멍에 딱 맞는 뚜껑을 만들고 거기에 원형톱을 부착해 그 구멍에 끼우는 식이다. 기성품 톱다이의 단점으로 꼽은 '둘째, 조립하는 게 성가셔서'를 해결할 수 있는 기막힌 발상인 것이다.

나도 자작품을 애용하는 편이다. 내 톱다이는 좀 특별해서 소개하자면 이렇다. 상판은 문짝처럼 생겼다. 두 짝으로 구성되고 피아노 경첩으로 연결되어 반으로 접힌다. 이음매에는 양쪽을 가로지르는 주먹장 홈이 두 군데 마련되어 있다. 오른편과 왼편 홈의 길이는 2 : 1 이다. 오른편 홈에는 꽉 차게 빗장이 들어가 있고 왼편 홈은 비어 있다. 빗장을 망치로 때려 왼편 홈에 밀어 넣으면 상판은 접히지 못한다. 앞면에는 조기대를 거는 凹형의 물홈이 있고 그 윗면에는 눈금자가 붙어 있다. 조기대는 진짜 기계톱용 조기대가 사용된다. 바퀴는 없고 조임 기능만 있는 것이다. 평소엔 이걸 쓰고 재단 분량이 많을 때는 물홈대 앞에 슬라이딩 조기대를 부착해 사용하는 식이다. 상판 좌측에는 네모난 구멍이 나 있는데 원형톱을 단 채 접었을 때 걸리지 않게 하는 곳이다. 상판 우측에는 원형톱이 설치되는데

나의 자작품 톱다이

뚜껑식으로 되어 있다. 다리는 부착된 게 아니라 별개로 있는 한 쌍의 받침대로 되어 있다. 이 받침대는 측면이 A자 모양인 목마처럼 생겼다. 받침대 또한 반으로 접힌다. 이에 관해서는 받침대 편에 자세히 써놓았다.

내 톱다이는 지금의 모양이 되기까지 거의 16년이 걸렸다. 처음엔 아주 엉성했다. 상판은 반쪽만 있었고 받침대는 접히지도 않았고 조기대는 못을 박아 쓰던 것이었다. 그러다가 못 조기대가 기계톱 조기대로 바뀌고 다리가 접히고 상판이 두 짝으로 커지면서 현재의 모습에 이르렀다. 처음부터 이런 형태를 구상했다면 내 머리도 쓸 만하다 했을 텐데 그렇지는 못했다. 불편한 점을 조금씩 개선하다 보니 그렇게 되었을 뿐이다.

내 톱다이는 허름하다. 어떤 원청회사 사장은 하나 사줄 테니 버리라고 했을 정도이다. 심지어 어떤 현장에서는 나 없는 사이에 받침대를 폐자재와 함께 버려버린 일도 있었다. 세상에 둘도 없는 받침대를 몰라본다고 구시렁거리며 잃어버릴 뻔한 놀란 가슴을 쓸어내린 적이 있었더랬다. 남들이 어떻게 여기든 나는 좋기만 하다. 16년의 풍상을 겪은 티가 고스란히 배어 있다. 그 점이 나는 좋다.

또 작은 가게 공사를 위주로 하는 나에게 딱 맞는다. 협소한 공간에서는 톱다이를 운용하는 게 가장 큰 골칫거리다. 2019년 9월에 한 충무로 '존라멘'이란 가게는 정말 좁았다. 건물 모퉁이에 있는 8평쯤 되는 가게였는데 주방과 객장을 가르는 칸막이를 설치하고 보니 작업공간이 반으로 좁아져버렸다. 그런 데다 객장 바닥에는 주방을 조성하느라 설치한 하수구 배관이 가로지르고 있어 이를 덮기 위해 마루를 깔아야 했고 또 그 위로는 '다찌'라 부르는 여러 사람이 둘러앉는 붙박이 식탁도 시설해야 했다. 그러니 당연히 가게 안에서는 톱다이를 쓸 수가 없었다.

이럴 땐 도롯가에서 톱다이를 쓰게 된다. 그럼 공사 기간 내내 아침엔 꺼냈다가 저녁엔 들이길 반복해야 한다. 더구나 일반 톱다이는 부피가 커서 둘이 아니면 들지도 못하고 옆으로 뉘어서 들어야 겨우 출입문을 통과할 수 있어서 보통 일이 아니다. 아마 다른 목수가 했더라면 고생깨나 했을 것이다. 하지만 내 톱다이는 상판이 분리되는 것이라서 전혀 문제되지 않는다. 상판 따로 받침대 따로 하나씩 들어다 옮기면 되니까 말이다.

받침대

받침대의 탄생

물건을 받치는 물건이다. 사람은 서서 사는 동물이다. 그러다 보니 쪼그려 앉거나 허리를 굽히는 동작을 몹시 싫어한다. 힘들기 때문이다. 이런 동작은 일을 할 때면 더욱 기피하게 된다. 피로를 가중시키고 일의 능률을 떨어뜨리기 때문이다. 또한 손을 자유롭게 쓸 수 없어 매우 불편한 점도 있다. 그래서 사람들은 선 자세로도 편안히 일할 수 있도록 기구를 고안하였다. 받침대의 탄생이다.

받침대는 사람을 위한 것만이 아니라 물건을 위해서도 필요하다. 건축현장에는 수많은 자재들이 들어오는데 바닥에 그냥 놓아서는 안 된다. 먼지가 묻어 더러워지고, 습기가 찰 수도 있고, 깨질 수도 있기 때문이다. 건축자재는 대부분이 공장에서 생산된 것들이라 아주 깨끗하다. 하지만 현장에서 관리를 잘 못하면 더러워지는 건 순식간이다. 자재가 더러우면 일꾼들이 사용을 기피하게 되어 이리저리 치이다가 결국엔 버려지기도 한다. 아깝다고 그냥 쓰게 되면 나중에 마감이나 청소하는 데 손이 더 가서 오히려 손해가 될 수도 있다. 특히 유리처럼 깨지기 쉬운 자재라면 절대로 맨바닥에 놓아서는 안 된다. 하다못해 종잇조각이라도 받치는 게 낫다.

받침대는 물건을 보호하기 위한 목적도 있지만 운반의 편의를 위해서도 필요하다. 많은 물건을 손쉽게 나르려면 기중기를 쓰는 게 효율적이다. 지상에서는 지게차를, 고공에서는 크레인을 쓰는 이유이다. 기중기를 쓰기 위해선 물건과 바닥 사이에 틈이 있어야 된다. 그래야 지게차 발을 넣을 수도 있고, 크레인 고리에 거는 끈을 꿸 수도 있기 때문이다.

운송용 받침대는 여러 가지다. 유리처럼 특수한 자재를 싣는 전용 적재기도 있고, 벽돌이나 시멘트를 적재하는 가장 흔한 '파렛트(팰릿pallet)'도 있고, 길이가 긴 목재를 받치는 단순한 나무토막도 있다.

받침대를 한옥 건축에서는 모탕이라 부른다. 모탕이란 '나무를 패거나 자를 때에 받쳐 놓는 나무토막'을 일컫는다. 목조식 한옥은 원목을 다듬어 집을 짓는다. 원목은 고가인 데다 상하기 쉬워 아기 다루듯 조심해야 한다. 실제로 치목해놓은 걸 보면 아기 살처럼 고와서 저절로 조심스러워지기는 한다. 대목수들은 모탕이 얼마나 중요한지 고사까지 지낸다. 이를 모탕 고사라 한다. 일을 시작하기 전에 모탕을 모셔놓고 공사의 안녕을 기원하는 대목수들의 전통이다.

아쉽지만 실목수들에겐 그런 전통이 없다. 여러 이유가 있겠지만 아마도 공사 규모가 너무 작은 탓이 아닐까 생각한다. 사람도 많지 않고 며칠이면 끝날 일에 고사라니 어울리지 않기는 하다. 그래도 일을 시작하기 전에 받침대 마련하는 절차는 똑같다. 받침대의 쓰임은 크게 세 가지로 나눌 수 있다. 석고보드 받침, 커팅기 받침, 문짝 제작 및 양생 받침 등이다. 받침대는 기성품을 사용하기도 하지만 대개는 현장에서 짜서 쓰는 방식을 취하고 있다. 짜는 방식이 여러 가지다.

첫째, 석고보드 + 석고보드. 9mm 석고보드 한 장을 가져다 필요한 높이(보통 600mm)로 2개를 잘라내 중심에 칼금을 넣고 기역자로 꺾어 양쪽으로 벌려 세우면 된다. 구조가 약해서 석고보드 받침으로밖에 못 쓴다. 금방 부서질 것 같지만 흔들지만 않는다면 끄떡없다. 가장 저렴하고 간단해서 소규모 공사에 주로 사용된다.

둘째, 석고보드 + 각재. 첫 번째에 각재를 덧대는 방식이다. 석고보드로만 하면 약하니까 가장자리를 따라 목재를 덧대어 튼튼하게 만드는 것이다. 각재로는 다루끼가 주로 사용된다. 다리는 석고보드 밖으로 좀 빠지게 하고 나머지는 딱 맞게 해서 고정하면 된다. 완성하고 나면 삼각기둥 모양이 된다. 실목수들이 가장 애용하는 방식이다.

셋째, 인조목 + 인조목. 9mm짜리 인조목(MDF, 합판) 한 장을 가져다 800mm에 600mm로 4장을 재단해서 중심에는 반턱을 내고 밑을 살짝 접어 다리를 형성시키고 2장씩 + 자 모양으로 깍지 끼우면 된다. 2010년대 초중반쯤에 등장해서 유행한 방식이다. 별도의 보강재가 필요 없고 분해되는 장점이 있어 휴대하기도 편리하기 때문이다.

넷째, 각재 + 각재. 각재로만 짜는 방식이다. 구조 방식에 따라 직육면체형과 A자형이 있다. 실목수는 전자 방식으로 짜는 게 보통이다. 튼튼하면서 사용상 안정적이기 때문이다. A자형 방식으로도 가끔 짜는데 긴 재목을 받쳐야 한다거나 마루 깔 듯 바닥을 높이고자 할 때 써먹으면 편리하다.

다섯째, 각재 + 인조목. 각재로 직육면체를 구성하고 인조목(5mm 합판, 9mm MDF)을 덧대 구조를 보강하는 방식이다. 튼튼하면서 평형을 유지해야 하는 받침대에 적용된다. 네 번째에 비해 자재비가 좀 더 들긴 해도 제작이 간편해서 많이들 이용하고 있다.

이상으로 살펴본 받침대들은 대개가 일회용이다. 일이 끝나면 버려진다는 말이다. 아깝지만 부피가 커서 가지고 다닐 수 없기 때문이다. 각재로 짠 받침대는 쓸 만해서 다음 현장으로 실어다 주는 원청도 있기는 하다. 하지만 따지고 보면 재활용을 하나 새로 만드나 비용 들기는 거기서 거기라 그냥 버리고 마는 경우가 대부분이다.

받침대는 기성품을 쓰기도 한다. 비용을 아끼려는 측면도 있고 받침대를 짤 수 없는 현장도 더러 있기 때문이다. 현재 우리나라에는 공사 전용의 받침대는 없는 걸로 알고 있다. 그래서 목수들이 찾아낸 것이 상품 진열대로 쓰이는 제품이다. '자바라 받침대'라고 부르는 것인데 여러 개의 다리가 있고 각각의 다리는 상하로 움직이는 X자로 된 가세로 결합되어 있어 가세를 벌리면 펼쳐지고 오므리면 줄어들어 휴대성이 좋아 그런 것이다. 약간의 흔들림이 있어 공사용으로서는 다소 부족한 점이 있지만 부피를 줄일 수 있다는 큰 장점 때문에 목수들에게 낙점이 된 것이다.

나의 자랑 목마 받침대

또, 흔한 것은 아닌데 공사 전용의 외제 받침대가 있다. 목마처럼 생겼는데 들은 바로는 미국식 목조주택 현장에서 사용되는 것이라 한다. 플라스틱으로 되어 있어 가볍고, 접고 펴기 손쉬워 운반이 용이하다.

이것과 비슷한 받침대가 조선시대에 그려진 동궐도에도 등장한다. 창덕궁의 정문인 돈화문과 창경궁의 정문인 홍화문 앞에 두 개씩 세워진 모습을 볼 수 있다. 앞에 것에는 노둣돌(디딤돌)이 함께 있는데 뒤에 것에는 없는 점이 주목된다. 이것을 '홍마목'이라 불렀다는데 임금님이 타던 연을 받치던 것이라 한다. 홍마목의 다리는 A 형이 아닌 ∧형이라 정말 말처럼 생기기는 했다.

나는 오래전부터 목마 받침대를 사용해왔다. 작업실을 처음 마련한 2004년부터니까 20년쯤 된다. 나의 첫 번째 작업실은 영동대교 고가를 넘기 전 대로변 상가건물 지하에 있었다. 그곳은 참 좁았다. 계약서상에는 10평으로 되어 있었지만 한 5~6평이나 될까? 게다가 한쪽에는 계단이 있고 중앙에는 기둥까지 있는 그런 곳이었다. 좁은 공간에는 목마 받침대가 최선이다. 혼자서 옮기기도 좋고 한쪽에 치워놓으면 자리도 얼마 차지하지 않기 때문이다. 목마 받침대의 탄생이다.

현장에 일이 생길 때면 목마 받침대를 가져다 쓰곤 했다. 톱다이 받침대로 쓰기 위함이었다. 당시에 몰던 차는 '타우너'였는데 그대로 실으면 짐칸을 반이나 차지했다. 현장에서도 계속 쓰려면 부피를 줄여야겠다는

초기 목마 받침대

생각이 들었다. 나의 자랑 접이식 목마 받침대의 연원이다. 접이식으로 만들기 위해 몇 번의 변화가 있었다.

2011~2014년. 처음엔 나사를 이용했다. 말비계의 부피를 줄이기 위해 가만히 들여다보니 부피의 대부분은 A자형 다리가 차지하고 있었다. 다리만 접을 수 있다면 부피는 줄어든다. 그것은 아주 간단했다. A자 다리에서 一자에 해당하는 부재만 회전되도록 하면 되는 것이다. 이는 쇠목(一자형 부재를 이어주는 부재)과 다른 한쪽 다리가 연결된 부위를 탈부착되도록 하면 된다. 그래서 박았던 못을 빼고 나사를 써서 문제를 해결했다. 이게 간단하긴 했어도 대신 약점도 많았다. 일단 나사가 8개(1대당 4개)나 되

다 보니 이걸 풀고 조이려면 16번을 반복해야 해서 너무나 성가셨고, 게다가 오래 쓰다 보니 나사 구멍이 헐거워지는 것도 문제였다.

2014~2019년. 다음엔 물홈이 파인 판재를 이용했다. 一자형 부재가 각재이던 것을 12mm 합판으로 바꾼 것이다. 합판을 두 다리 폭만큼의 너비로 해서 한쪽 상단에 구멍을 내고 그 밑에다 대각선 방향의 물홈을 형성하는 식이었다. 그럼 물홈과 연결된 다리를 접으면 합판이 회전하면서 똑바로 서게 된다. 합판과 다리가 연동되게끔 한 것이다.

이걸 완성하자 처음엔 대단한 걸 발명(?)한 것처럼 좋아했었는데 점차 시간이 지나면서 하나둘 결점이 보이기 시작했다. 우선, 합판이 너무 약했다. 금속으로 만들면 별문제는 없었겠지만 자체 제작을 하다 보니 목재를 썼기 때문이다. 다른 점은 사소한 부분이긴 한데 볼품이 없다는 점이었다. 다른 부재들은 각재인데 반해 합판만 판재여서 이질감이 들었고 다리를 접어놓으면 밀착되지 못하고 들떠 있는 것도 신경 쓰이는 부분이었다.

2019년 12월. 세 번째는 깍지 이음을 이용했다. 깎지 이음은 앞에서 말한 외제품 받침대를 보고서 얻은 영감이었다. 두 번째 목마 받침대를 완성하고 3년쯤 지난 어느 날 공사장에서 현장소장 소유의 외제 받침대를 보게 되었다. A자형 받침대인데 플라스틱으로 되어 있었다. 양쪽 다리는 두 쪽의 판으로 연결되어 있는데 그 판들은 철심으로 장착되어 있어 접히는데 한쪽 판에는 부리처럼 생긴 턱이 있어 아래로 처지는 것을 방지하고 있었다. 그 판은 선반으로도 쓸 수 있어 잡다한 물건을 정리하기에도 좋아 보였다.

내 것도 그것처럼 개조하고 싶어졌다. 이에 대한 얘기가 2020년 12월

19일 자 블로그에 담겨 있다. 당시의 심정이 묻어 있는 글이라 그대로 옮겨본다.

사주에 편인이 있어서 그런지 나는 좀 집요한 구석이 있다. 그 집요함이 인간관계에서 나타났다면 이상한 사람이 되었겠지만 다행히 그런 일은 없다. 내가 집착을 떠는 쪽은 조형이나 마감 따위로 주로 일과 관련된 것들이다. 실내건축 일을 하는 사람으로서는 참 좋은 점이라 할 수 있겠다. 가끔 그로 인해 손해 보는 일도 생기긴 하지만 두루뭉술한 것보다야 좋지 않겠는가.

그 집요함이 어떤 것인가 하면, 어떤 생각에 집착하면 몇 날 며칠이고 그것이 머릿속에서 떠나질 않는다는 점이다. 심하면 비몽사몽 중에 그 생각이 나타나기도 한다. 이런 집착은 스스로 제어가 불가능해서 생각하던 바가 해결되지 않는 한 생각이 생각을 낳으면서 끊임없이 계속된다. 남이 보기엔 참 피곤한 삶이겠구나 하겠지만 꼭 그렇진 않다. 왜냐하면 항상 그런 것은 아니기 때문이다. 평소에는 한 가지 생각을 오랫동안 하지는 않는다. 잡다한 생각들을 많이 하는 편이긴 하지만 잠깐씩 빠질 뿐이다. 했던 생각을 잘 잊어버리기도 한다. 그래서 뭘 하려면 꼭 적어두어야 한다. 잊지 않기 위해서 말이다.

요 근래에도 한 가지 생각에 빠져 있다. 올봄에 블로그에 작업대를 개선했다고 자랑한 적이 있었다. 그런데 막상 현장에서 사용해 본 결과 신경을 거슬리게 하는 부분이 있었다. 받침대 선반의 처짐이 그것이다. 이게 무게가 실리면 압력으로 처짐이 상쇄될 것으로 예상했는데 그게 아니었

깍지이음 목마 받침대

다. 수백 킬로가 되면 모를까 톱다이 무게로는 어림도 없었다. 선반이 처졌다고 해서 못 쓸 것은 아니지만 그 모습이 꼴불견이라 가슴이 아팠다. 일이 끝나고서도 그 마음은 여전했다. 그때부터 선반의 처짐을 잡아야겠다는 생각이 자라기 시작했다. 그러다 최근에 그 생각에 집착하기 시작한 것이다.

집착의 이유는 다른 것이 아니라 볼품에 있다. 볼품이 있으려면 구조는 단순하고 제작은 간편해야 한다. 이 기준에 맞는 방안을 찾으려니 골치가 아팠다. 머리가 안 된다고 자책하며 벗어나보려고도 했지만 한 번 꽂힌 집착은 거머리처럼 들러붙어 떨어질 줄 몰랐다. 그렇게 일주일이 지났을까?

머리가 멍해지면서 잠도 오지 않는 상황 속에서 하나의 실마리가 보였다. 그러더니 막혔던 생각이 술술 풀리면서 구조가 떠올랐다. 어서 구상을 실현해 보고 싶어서 마음은 벌써 초조해지고 있었다.

오랫동안 나를 괴롭혀왔던 작업대 선반의 처짐이 비로소 오늘 해결되었다. 초기 구상에서 몇 단계 발전이 있었고 제작 과정에서 예기치 못한 결함이 발견되었지만 금방 해결하였고 그 결과 사진과 같은 모습이 되었다. 조형이란 것도 꼭 자신의 생각대로 되는 것은 아닌데 이번에도 그랬다. 내가 구상하던 것보다 더 단순한 구조가 되어서 아주 기뻤다. 저 작업대는 각재, 못, 철심으로만 되어 있다. 내가 집착했던 조형이다."

그렇게 집착을 떨어낸 덕분에 목마 받침대를 볼 때마다 가슴 뿌듯하다.

톱 조기대

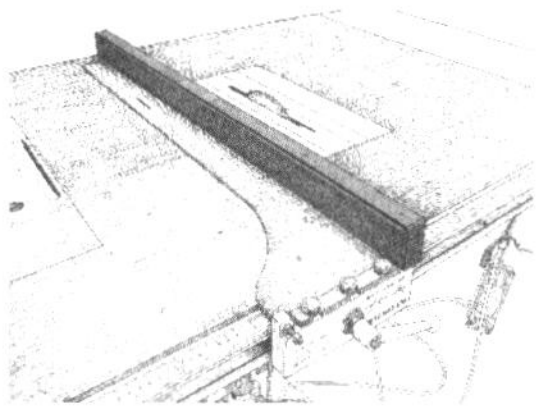

일본말인가?

조기대, 사전에도 나오지 않는 이 말을 내가 들은 지는 어언 20년이 넘었다. 1999년 실내건축 현장기사로 사회생활을 시작하면서 처음 알게 된 말이었다. 현장에는 항상 나무로 짠 책상만 한 작업대가 하나 있었는데 그 위엔 둥근 톱날이 삐쭉 솟아 있었고 그 옆에는 반듯한 막대가 하나 놓여 있었다. 그 막대를 목수들은 조기대라 불렀다.

그런데 나중에 보니 조기대라 부르는 건 그것만이 아니었다. 석고보드를 자를 때 쓰는 긴 잣대도, 간격을 맞출 때 쓰는 일정한 크기의 막대기도, 본으로 쓰는 판때기도 모두 조기대였다. 작업에 쓰이기는 하는데 적당한 이름이 없으면 그렇게 부르는 것 같았다. 구분이 필요할 때는 ○○ 조기대라고 해서 연장이나 용도에 따른 명칭을 붙여서 부르기도 했다. 말하자면 목공 작업에 쓰이는 모든 보조구의 통칭인 셈이다. 그중에서 가장 많이 쓰이는 게 저것이라서 그냥 조기대 하면 뭣인지 다들 알아듣는다. 또 인터넷에서 '조기대'를 검색해봐도 저것이 제일 먼저 나온다. 한자로는 助機臺가 될 듯한데 왜 사전에는 나오지 않는지 의문이다. 혹시 일본말인가? 목수들은 조기대라 부르는 게 보통이지만 책에서는 헷갈릴 염려가 있으므로 구분이 필요하다. 그래서 톱에 쓰이는 것이란 의미로 톱 조기대라 표기했다.

톱 조기대를 쓰는 이유는 목재를 직선으로 썰기 위함이다. 그래서 모양도 반듯하다. 연필을 잣대에 대고 그으면 직선이 그려지는 것과 같은 원리이다. 손톱에 쓰이는 것도 있는데 거의 쓰임이 없고 보통은 전동톱에 사용된다. 전동톱을 조기대에 대고 밀어서 쓰기도 하고 고정된 전동톱에 목재를 조기대에 대고 밀어서 쓰기도 한다. 전자는 목재가 크고 무거울 때, 후자는 비교적 가볍고 얇은 판재에 주로 사용된다. 전자는 대목의 방식으로, 후자는 실목이나 소목의 방식으로 보면 된다.

못 조기대

톱 조기대에는 못을 박아 쓰는 것과 기계장치로 작동되는 것 두 가지가 있다. 전자를 부르는 말은 따로 없는데 못을 사용하니까 '못 조기대'라고 부르기로 하고, 후자는 '슬라이딩 조기대'라 부른다. 바퀴가 달려 있어 부드럽게 움직인다고 해서 붙여진 이름이다. 바퀴 달린 문짝을 '슬라이딩 문'이라고 하는 것과 같은 맥락이다.

못 조기대는 일회용인 게 보통이다. 일회용이란 현장에서 만들어 쓰다

내가 쓰던 못 조기대

가 일이 끝나면 버린다는 뜻이다. 이것은 2000년대 초반까지만 해도 조기대의 주역이었다. 목공사가 시작되면 목수들은 반듯한 목재를 골라 알맞은 크기로 잘라 조기대를 만들었다. 반듯한 각재를 잘라 그대로 사용하기도 했는데 그보다는 합판이나 MDF로 된 판재를 반 뼘쯤 되게 켠 다음 1m 정도로 2개를 잘라 겹치고 측면에는 쫄대를 붙여서 사용하는 게 보통이었다. 측면이 거치니까 이를 예방하기 위한 조치였다. 그럼 재목을 대고 밀었을 때 잘 미끄러지게 된다. 고정은 못으로 했는데 일반못은 굵어서 못 쓰고 대타카에 쓰이는 ST-50이라는 타카핀이 주로 사용되었다. 가늘어 못 자국이 작게 나고 강해서 잘 휘어지지 않기 때문이다.

못 조기대를 사용하려면 기준선이 필요하다. 기준선은 톱날의 왼편을 잇는 연장선이 되는데 못 조기대를 톱날 왼편에 밀착시켜서 기계톱 상판에 선을 그으면 된다. 바로 쓸 수는 없고 잘 맞는지 확인 절차가 필요하다. 시험 삼아 목자재 하나를 켜보면 되는데 켜는 느낌이 좋고 반듯하면 잘 맞는 것이고 그렇지 않다면 다시 조정해서 맞추는 식이다. 됐다 싶으면 선을 더 진하게 그어주거나 칼로 긁어 지워지지 않게 해주기도 한다. 뒤쪽 선도 그어서 표시하기도 하는데 대개는 그렇게 하지 않고 톱날 뒤쪽 편에 자를 대고 길이를 맞추는 게 보통이다. 뒤쪽 기준선을 사용하려면 너무 멀어 불편하기 때문이다.

못 조기대를 사용하려면 손이 참 바빠진다. 양손을 바삐 놀려야 하기 때문이다. 이런 식이다. 우선 오른손으로 줄자를 들어 왼손으로 해당 치수만큼 자를 뽑는다. 해당 치수를 기준선에 맞추고 왼손으로 조기대를 잡아 자 끝에 갖다 댄다. 치수가 맞으면 줄자를 놓고 오른손으로 망치를 들어 못을 친다. 이것이 조기대 앞쪽을 맞추는 동작이다. 뒤쪽도 맞춰야 되는데 못을 쳤던 망치를 놓고 오른손으로 줄자를 다시 든다. 아까처럼 자를 다시 뽑는다. 해당 치수를 톱날 뒤쪽 왼편에 맞추고 왼손으로 조기대를 잡아 자 끝에 갖다 댄다. 치수가 맞으면 줄자를 놓고 망치를 들어 또 못을 친다. 그러면 준비 태세는 끝이 난다. 이것을 다시 쓰려면 조기대를 빼야 된다. 이런 식이다. 먼저 오른손으로 망치를 들어 조기대 앞대가리를 쳐 앞쪽을 뺀다. 왼손으로 앞대가리를 들어 올려 뒤쪽에 망치가 들어갈 틈을 벌린다. 벌어진 틈새에 망치를 집어넣고 앞쪽을 밑으로 젖혀 뒤쪽을 마저 뺀다. 조기대를 뒤집어 튀어나온 못뿌리를 하나씩 망치로 쳐 뒤로 물린다.

이것이 재사용하기 위한 준비 태세이다. 그리고 아까와 같은 동작을 반복하면 된다.

날이 쉽시 못 조기대를 잘못 설치하면 재단이 바르게 되지 않는다. 그럼 다시 빼서 똑같은 짓을 또 반복해야 했다. 더구나 시간이 촉박하면 손을 더욱 재게 놀려야 했다. 그러니 재단 양이 많기라도 하면 손이 아플 지경이었다. 이렇게 바쁘게 손놀림하는 목수를 보고 있노라면 좀 웃겼다. 당시만 해도 핸드폰을 쓰던 시절이었는데 그와는 어울리지 않는 원시적인 풍경이었기 때문이다.

"목공 인테리어업계의 혁명"

슬라이딩 조기대를 처음 본 건 2006년이었다. 출시된 시기는 2001년이라는데 많이 늦은 셈이다. 시장에 안착하기까지 그만 한 시간이 필요했던 모양이다. 이것은 '한솔'이라는 국내 기업에서 처음 생산되었는데 개발자는 놀랍게도 목수라고 한다. 그는 이것을 개발하고서 얼마나 기뻤던지 손잡이 부근에 "목공 인테리어업계의 혁명"이라고 자랑스럽게 써놓았다. 바퀴 달린 조기대가 눈금자가 있는 레일을 따라 스르르 움직이고 손잡이만 돌리면 간단히 고정까지 되는 그런 것이었으니 못 조기대에 비하면 혁명적이긴 했다. 목수들도 '현장 몇 개만 돌리면 본전 뽑는다'고 너도나도 장만하는 추세였다. 조기대 조정 시간이 대폭 줄어들어 작업이 훨씬 빨라져 인건비를 줄일 수 있었기 때문이다. 2000년대 말쯤에는 이규산업과 준엔지니어링이란 회사에서도 비슷한 제품들이 출시되면서 필수품으로 자리잡게 된다.

슬라이딩 조기대에는 본체와 분리되는 조립식도 있고 본체에 고정된 일체식도 있다. 한솔과 이규산업 제품은 조립식이고 준엔지니어링 것은 일체식이다. 물론 일체식이 훨씬 편리하다. 대신 비싸고 본체인 전용 톱다이에 고정되어 있어 다른 데는 쓸 수가 없다. 조립식들도 전용 톱다이가 있기는 한데 별도라서 꼭 구입할 필요는 없다. 그래서 목수들은 조립식을 더 선호한다. 레일과 조기대만 가지고 다니면서 톱다이는 현장에서 짜서 쓰면 되니까 말이다. 그만큼 짐을 줄일 수 있다는 말이다.

전용 톱다이에는 레일을 설치할 수 있는 나사가 마련되어 있다. 레일 안에는 큰 원이 옆으로 살짝 터져 있는 총안처럼 생긴 구멍이 있는데 큰 구멍에 나사머리를 끼워 옆으로 밀면 설치되는 구조이다. 하지만 현장에서 짠 톱다이에는 그런 게 없으니 스스로 설치해야 되는데 그게 쉽지만은 않다. 잘못하면 조기대 후방이 들리기도 하고 밑바닥이 톱다이 상판에 닿아 움직임이 원활하지 못하게 되는 경우도 있다. 이는 레일의 위치가 잘못된 탓이다. 설치 요령은 레일과 조기대를 결합해 톱다이 상판에 얹는 것이다. 그러면 조기대가 기다란 레일의 한쪽을 잡아주어 기울어질 염려도 없고 위치를 잡는 데도 도움이 되는데 레일의 위치는 조기대가 살짝 뜨도록 해서 잡으면 된다. 이때 톱날 기준선과 레일의 눈금자 '0'이 맞도록 해야 됨은 두말하면 잔소리다.

조기대를 설치했다고 해서 바로 쓸 수 있는 건 아니다. 조기대와 톱날이 서로 평행하도록 맞추는 영점조정이 남아 있기 때문이다. 이는 톱다이의 동력원인 원형톱을 떼었다 붙였다 하면 생기는 오류인데 예전 자리와 조금만 어긋나도 영점이 달라지므로 다시 맞추는 것이다. 영점조정은 조기대의 손잡이 부근에 있는 너트로 한다. 너트가 3개 있는데 조금씩 풀어 맞춘 후에 다시 조이는 식이다. 하지만 너트를 조이다 보면 맞춤이 틀어지기도 해서 잘 안되는데 이럴 땐 끝에 있는 작은 원형볼트를 이용하면 된다. 원형볼트를 풀거나 조이면 조기대가 좌우로 조금씩 움직이게 되어 있어 미세한 조정이 가능하고 또한 연결 부위 끝을 받쳐주어 육각볼트 조임 시에 틀어지는 걸 방지하는 역할도 하기 때문이다.

영점 조정을 목수들은 '조시 맞춘다'고 말한다. 조시는 목수마다 약간씩 다른데 나는 딱 맞게 하지 않고 뒤쪽이 살짝 벌어지게 하는 편이다. 잘린 재목을 그냥 뒀을 때 스르르 밀려나는 정도로 하고 있다. 조시가 세면 스르르 밀려나지 않고 쏜살처럼 뒤로 튕겨 나가게 된다. 그 위력은 대단해서 석고보드로 된 벽을 뚫을 정도이다. 실제로 다치기도 한다. 명심할 사항이다.

'현장 몇 개만 돌리면 본전 뽑는다'고 할 정도로 효율적인 슬라이딩 조기대지만 이를 외면하는 목수들도 있다. 불편한 구석이 좀 있어서이다. 역시나 휴대성의 문제인데 조기대가 900mm, 레일이 1400mm쯤으로 길이가 너무 길어 차에 싣기에 거추장스럽기 때문이다. 더구나 매번 쓸 때마다 톱다이에 붙였다 떼었다 해야 하니 성가시기도 하다. 못 조기대가 여전히 건재한 이유이다.

나의 톱 조기대 변천사

나도 그중 한 명인데 2013년 초반까지 못 조기대를 사용했다. 이것의 재목은 좀 특이했다. 언젠가 어린이용 원목 침대가 골목에 버려져 있길래 목재가 쓸 만하다 싶어서 주워다 놓은 적이 있었다. 개 눈에는 뭐만 보인다고 나도 그런 셈이었다. 그 침대에는 폭 50mm, 너비 1m쯤 되는 반듯한 쇠목이 있었는데 조기대로 쓰기에 딱 알맞아 보였다. 그래서 침대에서 분리를 해서 조기대로 활용한 것이었다. 그때가 2011년이었으니까 한 2년 정도 쓴 셈이다.

원시적인 못 조기대를 사용해도 됐던 것은 재단할 일이 많지 않았기 때문이다. 당시에 한 1년가량 집장수(민간 건축업자) 밑에서 반장 일을 한 적이 있었는데 주요한 업무가 원룸 주택의 마감이었다. 신축 중인 건물에서 거의 혼자서 일하다시피 했는데 층층마다 옮겨 다니며 하는 일이다 보니 짐을 줄이기 위해 가볍기도 하고 간편하기도 한 못 조기대를 사용했다. 내 전용 톱다이와 함께 말이다.

그러다가 2013년 2월엔 새로운 업체의 일을 하게 되었다. 문화재 수리 일을 전문으로 하는 회사였는데 당시에 '부암동 전통문화시설(구 오진암) 건립 공사'를 하고 있었다. 현장에서 본 공사 안내판에는 이렇게 쓰여 있었다.

종로구 익선동 오진암은 본디 조선 말기 서화가 이병직이 살았던 집으로 1953년 최초의 근대 요정으로 새로이 문을 열었다. 그 후 1972년 분단 27년 만에 남북 대표가 오진암에서 만나 7·4 공동성명에 대해 논의하였고 오진암은 1970~1980년대 요정 정치의 산실로 제3공화국 정치사의 단면을 그대로 간직한 역사적인 장소가 되었다.

이와 같은 역사적인 장소를 보존하기 위해 오진암의 사랑채 일부를 이건하고 한옥 두 채를 새로 짓는 공사였다. 거기서 나는 내부 마감공사를 담당했다. 공사 중에 블로그에 기사를 올리기도 했는데 이렇게 쓰여 있다.

한옥에서 일을 해보기는 이번이 처음이다. 우리가 할 일은 천정과 가벽을 조성하는 것이다. 한옥은 천장이 높아서 방에는 천정을 조성하는 것이 보통이고, 이 집은 수장 폭이 3치여서 벽 두께가 얇기 때문에 단열을 위해서는 가벽을 해야 한다.

실내건축을 하는 내장목수에게는 신축 현장은 재미가 없다. 모양을 내야 만드는 재미가 나는데 신축공사에는 그런 일이 드물기 때문이다. 더구나 여기는 관공서 일이라 천정도 평천정이라서 더욱 그렇다. 그런 데다 아직 창호가 달리지 않아 사방이 트여 있어 추워서 죽을 맛이다.

천정 일은 실내 목공 작업 중에서 가장 힘들다. 하루 종일 고개를 쳐들고, 우마를 오르내리고, 두 팔을 쳐들고 하는 일이라 온몸이 아프다. 그래서 두세 사람이 함께 일을 한다.

당시엔 나도 내장목수란 말을 썼군. 부암동 현장은 모양내는 일이 없었기 때문에 못 조기대를 써도 충분한 일이었다. 하지만 원청회사 사장이 한옥문화원 출신이다 보니 서로 안면이 있던 터라 원시적인 못 조기대를 쓴다는 건 자칫 프로답지 않은 인상을 줄 소지가 있다고 판단해 조기대를 바꿀 마음이 생겼다. 그러던 차에 작업실에 쓸모없이 방치된 '기계톱 조기대'에 생각이 미쳤다. 진짜 기계톱에 쓰이는 조기대 말이다. 이걸 쓸 수 있게 내 전용 톱다이에 장치를 하면 어떨까 하는 생각을 한 것이었다. 그 장치는 기계톱에 있는 걸 본따면 되었으므로 만드는 건 그리 어렵지 않았다. 가지고 있던 참나무 판재를 알맞은 크기로 켜서 凹 형으로 물홈을 내서 톱다이 상판에 나사로 부착만 하면 되는 일이었다. 그러자 세상에 둘도 없는 톱다이가 만들어졌고 버려져 있던 기계톱 조기대도 부활하는 계기가 되었다.

그 후로 쭉 사용하고 있는데 매우 만족스럽다. 기계톱 조기대는 바퀴가 없어 작동이 빠르지도 않고 레일이 나무라서 꺾임이 생기기도 하지만 크게 문제 되진 않는다. 그보다 슬라이딩 조기대처럼 레일을 따로 챙길 필요 없이 조기대만 갖고 다니면 되므로 훨씬 간편해서 좋고 무엇보다 독창적이어서 자랑스럽기까지 하다. 한번은 신기하다고 사진까지 찍는 원청회사 실장이 있었을 정도였다.

하지만 톱 조기대란 걸 모르는 목수도 있는 듯하다. 2013년인가 양구로 출장을 간 적이 있었다. 저녁밥을 먹고 나오는데 건너편 가게 앞에 사팔(4×8尺)짜리 작업대가 놓여 있는 게 보였다. 직업병이 발동해서 가까이 가보니 상판 위에 무수한 톱자국이 나 있었다. 틀림없이 8자짜리 조기대를 대고 원형톱으로 재단을 한 흔적이었다. 원형톱을 손으로 들고 쓰면 재목을 관통한 톱날이 지나간 자리가 그렇게 남게 된다. 슬라이딩 조기대가 나오는 세상에 아직도 이런 방식으로 쓰는 목수가 있다니 놀라운 일이었다. 기계톱 방식을 아는 목수라면 절대로 그렇게 쓰지는 못한다. 작업대에 원형톱을 거꾸로 매달기만 하면 기계톱이 되는데 손으로 들고 쓸 이유가 없기 때문이다. 실목수들도 가끔 사용하는 방식이긴 하지만 그것은 현장용 기계톱을 만들기 전이거나 재목이 너무 무거워 반으로 쪼갤 때나 쓰는 정도일 뿐이다. 그 주인공의 정체는 알 수 없었지만 프로가 아닌 것만은 분명해 보였다.

요즘은 저렇게 쓰는 방식의 조기대도 판매 중이다. 국산은 없는 것 같고 모두 외국산이다. 광고 사진을 보면 목조건축 현장에서 받침대 위에 오에스보드OSB(지향성 합판)를 올려놓고 거기에 조기대를 물려 원형톱으로 목수가 재단을 하고 있다. 조기대는 손잡이를 꺾으면 재목에 물리게 되는 구조이다. 원형톱은 물론 직소기나 루타 용으로도 활용된다고 한다. 그렇다면 외국 목수들은 저런 식으로 재단을 한다는 얘기가 된다. 우리로서는 상상하기 어려운 일이다. 재단을 빨리할 수 없으니까 말이다. 갑자기 외국 목수들이 부러워진다. 일을 느리게 해도 우리보다 잘 먹고 잘 살지 않는가.

커팅기

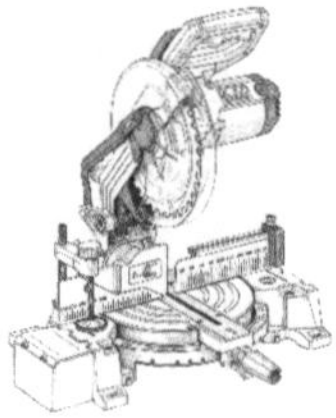

작두

각도에 맞게 절단하는 데 쓰인다. 가끔 '각도기'라 부르는 목수가 있는 이유이다. 하지만 커팅기나 각도기로 검색을 하면 엉뚱한 게 나온다. 이걸 찾으려면 '각도절단기'로 검색해야 바로 나온다. 비슷한 이름을 가진 물건들이 많다 보니 생긴 현상으로 보인다. 건축 분야에서는 커팅기라고 하면 저것인 줄 다들 알아듣는다.

커팅기는 작두를 연상시키는 물건이다. 작두란 받침대에 걸어놓고 쓰는 칼의 일종이다. 칼끝을 받침대와 연결된 회전축에 걸어놓고 물건을 회전축에 바싹 끼워놓고 눌러서 자르는 식이다. 그러면 지렛대의 원리가 적용되어 큰 힘 들이지 않아도 물건이 싹둑싹둑 잘린다. 어려서 동네 아저씨가 작두로 짚을 썰고 있던 모습이 생각난다. 가마솥에 넣고 소여물을 쑤기 위해 그러는 것이었다. 작두는 한약방에서 약재를 썰 때도 사용되고 사진관에서 사진을 자르는 데도 사용된다. 물론 생김새도 다르고 크기도 각자 다르기는 하다

커팅기는 크게 전동톱, 회전축, 받침대로 구성된다. 전동톱 부분은 모터, 둥근톱, 작동용 손잡이로 구성된다. 스프링으로 받쳐져 있어 평상시엔 고개를 쳐들고 있고 고정하려면 회전축 옆에 있는 걸쇠를 걸면 된다. 걸쇠는 운반을 할 때 이용된다. 톱날은 모터와 직결되어 있는데 수직으로 설치되어 있다. 톱날은 고정된 커버로 반쯤 덮여 있고 반쯤은 안전 커버에 씌어 있다. 고정 커버는 알루미늄, 안전 커버는 플라스틱으로 되어 있다. 안전 커버는 작동 손잡이로 조작되는데 내리면 벗겨지고 올리면 원래대로 씌워진다. 작동 손잡이를 쥐는 부분에는 작동 버튼이 있는데 안전 버튼이 따로 있어 이것을 누르지 않으면 작동되지 않는 구조이다. 안전 버튼을 밀거나 쥐고서 작동 버튼을 누르면 톱날이 회전하기 시작하는데 제 속도에 이르려면 시간이 좀 걸린다. 제 속도에 이르지 않은 상태로 쓰면 이상한 소리가 난다. 모터에 과부하가 걸리기 때문이다.

받침대 부분은 겉틀과 속틀로 구성된다. 겉틀은 고정돼 있고 속틀은 좌우로 회전된다. 속틀 바닥엔 톱날이 드나드는 홈이 있고 전방에는 각도 조절용 손잡이가 있고 후방에는 회전축이 있어 전동톱 부분과 연결된다. 회전축은 위아래로도 움직이지만 좌우로도 움직인다. 좌우의 움직임은 회전축 뒤에 있는 조정 손잡이로 조작된다. 속틀에는 각도 눈금이 좌우로 표기돼 있는데 최대 각도는 45°이다. 표기된 각도가 그렇고 실제로는 2~3° 쯤 더 틀어진다. 겉틀 뒷면엔 약간 높은 턱이 있다. 재목을 대고 고정하는

부분이다. 톱날이 뒤쪽으로 회전하기 때문에 재목이 이탈되지 않게 받쳐 주는 구실을 한다. 그러니까 재목을 받침대 턱에 밀착시켜야지 들뜨거나 하면 튕겨 나가는 수가 생긴다. 그러면 위험해지므로 명심해야 할 사항이다.

좌판

받침대는 너비가 작아서 보조 받침대를 부착해 사용하는 게 보통이다. 각재나 판재로 길게 만들어 받침대 턱에 나사로 고정하는 식이다. 이런 걸 목수들은 그냥 받침대라 부르는데 나는 '좌판'이라 칭하고 있다.

커팅기는 작두처럼 쓴다. 받침대에 재목을 올려놓고 싹둑싹둑 썬다는 말이다. 하지만 톱날이 10인치(250mm)밖에 안 되므로 그 반 이상인 두께는 자르지를 못한다. 실목수들에겐 필수품이지만 다른 목수들에겐 별 소용이 없는 이유이다.

커팅기는 반복 재단과 각도 재단이 특장이다. 반복 재단은 재목을 동일한 치수로 반복해서 자르는 것이고, 각도 재단은 원하는 각도로 재목을 자르는 것이다.

반복 재단은 가벽 공사, 칸막이 공사 등에 주로 이용된다. 가벽이나 칸막이를 설치하려면 먼저 '호네'라 부르는 골조를 짜야 된다. 골조는 눈 목자 형태를 이룬다. 目 자를 옆으로 뉜 모양도 있다. 目 자에서 가운데 있는 一 자는 일정한 간격을 두고 여러 개가 배치된다. 이것은 수량이 많아서 일일이 치수를 재서 자르는 게 아니라 좌판에 해당 길이로 표기를 하거나 못을 박아 거기에 대고 자르는 방법을 쓰게 된다. 전자는 대충 자를 때 쓰

커팅기 받침대와 좌판

는 방식이고 후자로 하는 게 보통이다. 별것 아닌 기술 같지만 처음 봤을 땐 '오호' 하는 감탄사가 절로 나올 정도였다.

각도 재단은 몰딩 공사에 주로 사용된다. 몰딩은 천정과 벽이 만나거나 벽이 바닥과 만나는 지점의 마감재로 쓰이는 자재이다. 액자의 테두리와 같은 자재라고 보면 된다. 액자 테두리를 보면 모서리 부분이 45°로 맞춤되어 있다. 이런 걸 연귀맞춤이라 하고 그런 모양으로 그리는 자를 연귀자라 부른다. 이제는 연귀자가 필요 없다. 커팅기가 있기 때문이다. 45°에 맞추고 누르기만 하면 되니까 말이다.

커팅기는 일제가 가장 많이 사용된다. 요즘은 미제를 쓰는 목수들도 있기는 한데 일제만 못하다. 품질이야 거기서 거기지만 일제가 더 가볍기 때문일 것이다. 일제도 어떤 건 허리가 휠 정도로 무겁지만 일반적인 제품이 그렇다는 말이다.

일제는 상당히 고가라서 구입이 망설여진다. 더구나 현장에서는 여러 사람들이 쓰다 보니 쉽게 망가지기도 해서 저가품을 구입하는 경향도 있다. 나도 그런 목수인데 내 것은 대만제와 중국제이다. 떨림도 있고 소음도 심하지만 아주 못 쓸 정도는 아니다. 일거리가 많다면 모를까 그런대로 쓸 만하다. 사실 현장에서 정밀한 재단보다는 단순한 재단들이 더 많다. 어떤 이는 각도가 맞지 않는다고 투정 부리는데, 쓰기 나름이다. 커팅기에는 각도를 맞추는 조정장치가 있기도 하고 시공 부위가 정확히 90°를 이룬 곳도 많지는 않기 때문에 요령껏 쓰면 된다는 말이다. 그런 말을 한다는 건 자신의 실력이 부족하다고 스스로 자인하는 꼴이다. 자기만 모를 뿐이지.

헤어질 결심

그러고 보니 초짜 때 생각이 난다. 임 반장이란 목수 밑에서 1년쯤 일을 배우다가 막 독립을 한 때가 2002년 3월이었다. 아는 사람들은 알겠지만 1년짜리 초짜 목수가 독립을 결심하기란 쉬운 일이 아니다. 하지만 나는 성격이 맞지 않는 사람과는 교류를 끊어버리는 별난 구석이 있어서 앞뒤 가리지 않고 '헤어질 결심'을 했던 것이다. 그 무모함은 지금도 변함이 없어 몇 안 되는 목수들마저 정리를 하고 일을 안 한 지 1년 반(2023년 6월 현재)이 되어간다. 이 바닥에서 살아남으려면 '고분고분'하거나 '서글서글'

해야 한다는데 그렇지 못한 내가 목수로 20여 년씩이나 일을 할 수 있었다니 참 신기한 노릇이다.

그건 그렇고 독립해서 처음 일하러 간 곳이 분당 아파트 인테리어 현장이었다. 문선 몰딩을 시공할 때의 일이다. 문선 몰딩이란 문틀 가장자리로 붙는 몰딩으로 문틀 안쪽 모서리에서 9mm를 띄워 설치된다. 그래야 경첩이 닿지 않기 때문이다. 모서리는 연귀맞춤을 하는 게 보통이다.

문선 몰딩 시공은 그때가 처음이었다. 그래도 본 게 있고 커팅기가 있으니 못 할 것도 없었다. 하지만 막상 해보니 연귀맞춤이 잘 되지 않았다. 커팅기를 45°도에 맞추고 잘랐는데도 연귀가 딱 맞지를 않고 안쪽이 미세하게 벌어지는 것이었다. 닿는 부분을 대패로 깎으면 되겠지 싶어 열심히 대패질을 해서 맞추었다. 보통 이럴 경우 커팅기 각도를 살짝 조정하거나 몰딩을 약간 들어서 자르면 되는데 그런 요령을 모르던 때라 대패를 사용했던 것이다. 대패는 선수들도 잘 쓰지 않는다. 대패도 잘 들어야 되지만 미세하게 깎기가 쉽지만은 않기 때문이다. 당연히 시간도 더 걸리게 되므로 웬만한 건 커팅기로 맞추고 정 안 될 때만 대패를 사용하는 식이다.

실내건축 현장은 '세월아 네월아' 하는 곳이 아니다. 한국 사회가 대체로 그렇겠지만 우리 일은 유독 심한 편이다. 일을 제때 끝내지 못하면 따가운 눈총을 받거나 욕을 먹기도 한다. 그런데도 그 당시 반장이란 분은 말 한마디가 없었다. 게다가 초짜라면 제값을 주지 않는 게 보통인데 그렇지도 않았다. 나중에 입금된 걸 보니 당시 일당인 12만 원으로 계산되어 있었다. 그걸 확인한 순간 얼마나 기뻤는지 모른다. 전에는 반만 받다가 그 2배를 받았으니 오죽했겠는가. 참 고마운 사람이었다.

몰딩 중에는 크라운 몰딩이란 게 가장 어렵다. 크라운 몰딩은 천정과 벽 사이에 45°로 부착된다. 요즘엔 촌스럽다고 잘 안 쓰는데 한때는 아파트 천정 몰딩으로 인기가 많았었다. 폭이 반 뼘쯤 되는 게 보통이고 한 뼘이나 되게 큰 것도 있다. 재단법이 특수해서 보지 않고서는 상상이 되지 않는다. 일반 몰딩처럼 잘라봐야 맞지를 않는다.

재단법은 천정에 설치된 모양과 반대로 커팅기에 거치해서 자르면 된다. 시공 방향과 거꾸로 해서 커팅기 받침대에 45°로 걸친다는 말이다. 그냥 하면 미끄러질 염려가 있으므로 좌판을 설치해서 해당 위치에 쫄대를 박아 사용하면 편리하다. 쫄대도 바닥 쪽에 박는 방식과 턱 쪽에 박는 방식 두 가지가 있다. 장단점이 있으므로 상황에 맞는 걸 골라 쓰면 된다.

하지만 한 뼘이나 되는 큰 것은 방법을 달리해야 한다. 너무 커서 일반 커팅기로는 되지도 않는다. 슬라이딩 커팅기를 사용하면 되는데 몰딩도 세우지 않고 눕혀서 해야 하고 받침대 각도는 45°가 아니라 31.6°에 맞추고 회전축 각도도 33.9°에 맞추어야 된다. 이 각도는 예전에 보던 목재신문에 난 기사를 보고 알게 된 사실이다. 실제로 시공을 해본 적은 딱 한 번밖에 없을 정도로 아주 희귀하다. 신문 기사에는 각도를 좌우로 돌려가며 하도록 되어 있었는데 그때는 왼쪽 방향으로만 고정해놓고서 사용했다. 이 방향으로 맞지 않는 곳은 몰딩을 뒤집거나 좌우를 바꾸는 식으로 했다. 각도를 바꾸면 다시 맞추기가 어렵기 때문에 한쪽으로만 고정해서 쓰는 것이다. 물론 받침대를 31.6°에 맞출 수 있게 장치된 제품도 있기는 하다. 내가 가진 대만제 커팅기가 그런 제품인데 받침대만 그런 장치가 있을 뿐 회전축에는 없으며 한 방향으로밖에 회전되질 않는다. 신문 기사처럼 쓰려면 두 가지 기능이 있는 슬라이딩 커팅기가 필요한데 굳이 살 필요는 없을 것 같다. 그런 기능이 없더라도 앞서 말한 방식으로 쓰면 되니까 말이다.

톱날 근처엔 손을 넣지 않는 게 상책

커팅기는 위험해 보이지만 다치는 경우는 의외로 많지 않다. 안전 커버가 있어서일 것이다. 어떤 연장은 안전 커버가 있어도 작업에 방해가 된다고 떼버리기도 하는데 커팅기는 그럴 필요가 없다. 사용 시에 저절로 벗겨지고 사용 후에는 다시 씌워지기 때문이다. 그래도 사고는 일어난다. 사고의 유형을 보면 다음과 같다.

첫째, 안전 커버 파손. 날일 하러 여기저기 돌아다니다 보면 안전 커버가 없는 커팅기를 만나기도 한다. 일부러 떼어낸 것은 아니고 부서졌을 가능성이 높다. 안전 커버가 플라스틱이라 뭐에 맞으면 부서지기도 하기 때문이다. 내가 쓰던 대만제 커팅기도 사용 중에 나무토막이 튀면서 안전 커버를 때려 부서져버렸다. 12년이나 된 것이라 수리하기 뭐해서 그냥 쓰고 있다. 너무 위험해 보여 합판으로 톱날을 반만 가릴 수 있게 조치해두기는 했다.

안전 커버 없는 커팅기를 쓰려면 겁이 덜컥 난다. 특히 작동 버튼을 놓아도 톱날은 바로 멈추지 않고 원심력으로 좀 돌다가 멈추기 때문에 조심해야 된다. 무심코 뭘 집으려고 몸을 틀다가 무릎이 톱날에 닿을 수 있기 때문이다. 재목이 길면 커팅기를 바닥에 놓고 쓰는 경우가 많아서 무심코 무얼 집으려고 몸을 돌리다가 무릎이 닿을 수가 있는 것이다. 지인 목수가 이런 식으로 해서 다친 적이 있어서 하는 소리다.

둘째, 스프링 오작동. 커팅기의 전동톱부는 스프링으로 지지된다. 사용 후에 제 위치로 가게 하는 장치이다. 그런데 스프링 장력이 매우 센 것이 있어 주의를 요한다. 스프링이 센 것은 전동톱부를 숙였다가 바로 놓으면 튕기듯이 튀어 오르는데 그 반동으로 받침대가 들썩일 정도이다. 현장에서는 받침대에 좌판이 설치되는 게 보통이다. 그러면 좌판의 무게로 인해 받침대는 가만히 있고 그 대신 전동톱부가 튀어 올랐다가 다시 내려오게 된다. 그래서 위험하다. 자른 것을 집겠다고 무심코 톱날 밑으로 손을 넣을 수 있기 때문이다. 이런 식으로 다쳤다는 얘기도 들은 적이 있다.

이런 사고를 방지하려면 커팅기를 천천히 쓰는 게 최선이다. 그래야 기계에도 무리가 가지 않는 법이다. 또 절대로 톱날 밑으로는 손을 넣지 말아야 한다. 설사 커팅기가 멈춰 있더라도 말이다. 습관화시키라는 말이다.

셋째, 튕김 현상. 튕김 현상이란 재단물이 톱니에 걸려 튕기는 것이다. 작은 나무토막을 자르거나 작은 치수로 자를 때 주로 생긴다. 가벼우니까 톱니에 걸리면 튕기게 된다. 보통은 '탕' 소리가 나서 깜짝 놀라고 마는데 재수가 없으면 손에 맞기도 한다. 나도 두어 번 맞아봤는데 어찌나 아프던지 눈물이 핑 돌 지경이었다.

나야 타박상 정도로 끝났지만 모르는 사람은 크게 다칠 수 있다. 내 작업실 이웃에 사는 박씨 성을 가진 분이 그랬다고 한다. 박 선생은 버스 기사 일을 하다 은퇴한 상태인데 오디오에 일가견이 있어서 평소엔 오래된 스피커를 사다가 수리를 하는 게 취미이다. 고장 난 부품을 고치기도 하고 낡은 외관을 보기 좋게 꾸미는 식이다. 자신이 못하는 것은 내게 의뢰를 하기도 하고 마감에 대해 궁금한 게 있으면 이것저것 묻기도 한다. 손재주가 좋으신가 보다 했더니 어려서부터도 책 보는 건 싫어했어도 기계만 보면 눈이 반짝거릴 정도로 좋아했다고 한다.

언젠가는 집 앞에서 스쿠터를 고치고 계셨다. 가끔씩 수리를 하시곤 했는데 그땐 일이 좀 커 보였다. 그 까닭은 오일을 넣는 걸 깜빡 잊는 바람에 엔진이 고장 났다는 것이었다. 기계 좀 만진다는 놈이 그랬다며 한심하다는 표정이었다. 옆에는 어디서 구해 왔는지 모를 중고 엔진이 놓여 있었다. 엔진을 교체하려는 것이었다. 참 대단하다는 생각이 드는 순간이었다.

또 어느 날인가는 스피커 테두리에 붙일 것이라며 기역자 원목 몰딩을 내 작업실로 가져왔다. 재단을 좀 해달라는 것이었다. 이런 솜씨는 없으신가 생각했지만 나중에 작업을 마치고 물건을 건네드리며 말씀을 들어보니 그게 아니었다. 예전에 커팅기를 사용하다가 손을 다쳤던 것이다. 커팅기로 뭘 자르다가 튕길 때 다친 것이라며 왼손을 펴 보이는데 중지엔 흉한 상처가 있었고 뻣뻣해 보였다. 철심이 박힌 탓이라 했다. 커팅기가 무서운 것이더라고 하면서 한숨을 내쉬었다. 역시나 경험이 적다 보니 그런 위험성이 있는 줄 몰라서 생긴 사고였다.

목수인 나도 재단물이 작을 때는 혹시나 튀지 않을까 긴장을 한다. 그래서 쓰는 방법이 자른 다음 작동 손잡이를 바로 들지 않고 누른 상태로 톱날이 멈출 때까지 기다리는 것이다. 바로 들면 원심력으로 돌아가는 톱날에 걸릴 수 있기 때문이다. 또 손으로 잡기에 너무 짧은 재목은 막대기로 눌러서 잡는 방법을 이용한다. 손을 톱날에서 최대한 떨어뜨리기 위함이다. 어쨌거나 손은 톱날 가까이 두지 않는 게 상책이다.

톱날이 무뎌지면 교체하게 된다. 그런데 푸는 방향을 몰라 헤매는 목수들이 가끔 있다. 커팅기 톱날은 왼나사로 체결되어 있어서 오른나사처럼 왼쪽으로 돌려서는 풀리지가 않는다. 이런 사실을 알고 있더라도 헷갈리기 십상이다. 어쩌다 푸는 것이다 보니 자꾸 잊어먹기 때문이다. 헷갈리지 않으려면 '회전방향으로 푼다'는 말만 기억해두면 된다. 자동차 바퀴에도 적용되는 얘기니 알아두면 요긴할 것이다.

루타

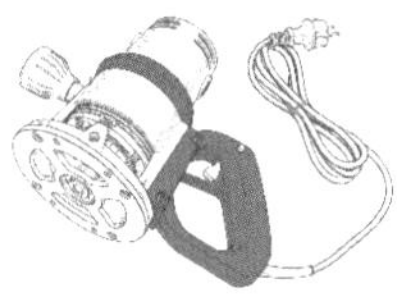

팔방미인

루터Router가 바른말이겠지만 워낙 입에 붙어서 루타로 표기했다. 현실을 따라서 말이다.

모양을 이루는 선에는 원, 직선, 자유곡선 등이 있다. 그 외에도 자연이 만든 불규칙한 선도 있긴 하지만 그건 인간이 구현할 수 없는 영역의 것이다. 목수의 일이란 결국 선을 구현하는 것이다. 목수가 연장을 사용하는 것도 선을 효과적으로 구현하기 위함이다. 연장에는 제각기 구현할 수 있는 선이 있는데 대개는 한 가지 이상이 되기 어렵다. 그런데 루타는 세 가지 선을 모두 구현할 수 있는 특수한 연장이다.

루타의 기능을 살펴보면, 끌처럼 홈을 파고, 톱처럼 절단을 하고, 모탕대패처럼 쇠시리(몰딩 가공)를 한다. 그 외에 루타만이 가진 특별한 기능도 있다. 콤파스와 일대일(1:1)이 그것이다. 콤파스 기능이란 한 점을 중심으로 돌면서 원을 구현하는 것이고, 일대일 기능이란 원본과 똑같은 모양을 구현하는 것이다. 잣대에 대고 선을 긋듯이 말이다. 이것을 종합하면 루타는 끌, 톱, 모탕 대패, 콤파스, 복사기의 기능을 갖춘 것이라고 볼 수 있겠다.

이렇게 루타가 팔방미인이 될 수 있는 이유는 여러 모양의 날을 장착할 수 있기 때문이다. 대표적인 모양을 옮겨보면 일자형, 사각형, 역사다리형, 반원형, 4분원형, 삼각형, 박쥐문형 등이 있다. 일자형이 가장 많이 쓰이고 그다음이 삼각형, 4분원형 순이다. 같은 모양이라도 크기가 또 여러 가지라 루타날 종류는 정말 많다. 그래서 시중에는 '루터비트 세트'라고 하는 상품까지 판매되고 있는데 여기에는 12~30개나 되는 루타날이 들어 있다. 게다가 시중에 없는 모양은 주문 제작도 가능해 그 다양함이란 이루 말할 수 없을 정도이다.

루타는 크게 기체, 입구, 손잡이, 밑받침 등으로 구성된다. 기체에는 모터가 있고 모터축엔 입구가 바로 연결된다. 입구는 직경이 12mm쯤 되고 1개 또는 2개의 전용 스패너로 개폐된다. 입구에 루타날을 끼우게 되는데 사용 중에 진동에 의해 풀릴 수 있으므로 반드시 꽉 잠가야 된다. 밑받침은 높낮이가 조절되는데 나사선으로 조절되는 것이 있는가 하면 2개의 홈통으로 조절되는 것도 있다. 전자는 손잡이가 하나이고 후자는 2개인 특징이 있다. 내가 쓰는 젭슨Jepson 루타는 전자의 방식이다. 이것은 2004년도에 구입했고 지금(2024년)까지 쓰고 있다. 다른 제품은 거의 써보질 않아서 앞으로 하는 얘기는 젭슨 루타에 국한된 것임을 미리 밝혀둔다.

루타의 쓰임

루타를 처음 구입해 보면 그 안에 부속품이 참 많이 들어 있다는 사실을 알게 된다. 전용 스패너 외에도 서니 가시나 될 성노이나. 부속품의 대부분은 루타를 제어하기 위한 것들이다. 루타를 그냥 쓰면 고삐 풀린 망아지처럼 제멋대로 움직인다. 그래서 반드시 부속품을 장착해야 된다. 이런 걸 조기대라 부르는데 부속품으로 든 것 외에도 목수들이 만드는 자작품도 있고 상품으로 나오는 기성품도 있다. 조기대는 루타 밑받침에 달기도 하고 외부에 설치하기도 하고 또는 두 가지를 혼합해 사용하기도 한다. 루타가 팔방미인이 될 수 있는 또 다른 이유이다. 그럼 팔방미인을 만나보자.

첫째, 원 따기.

루타날: 일자형.

조기대: 자작품(주걱).

사실 루타는 실내건축에는 거의 소용이 없다. 그래도 꼭 갖춰야만 되는 이유가 있다. 원 따기가 바로 그것이다. 원 따기란 루타를 콤파스처럼 쓰는 걸 말한다. 전동공구 중에 원 따기를 할 수 있는 건 루타가 유일하다. 작은 원 말고 큰 원 말이다. 가구나 벽체 중에는 원형인 것들이 있는데 큰 것은 몇 미터씩 되기도 한다. 게다가 수량이 많은 경우가 보통이라 원 따기는 기계적으로 할 수 있어야 된다. 그래야 모양이 일률적으로 되고 작업 속도도 빨라지기 때문이다. 원 따기에 쓰이는 조기대를 목수들은 '주걱'이라 부른다. 조기대는 루타 밑받침에 부착되는데 그 부분은 크고 자루 부분만 홀쭉하다 보니 그 모양이 주걱과 비슷해 붙여진 별칭이다. 주걱

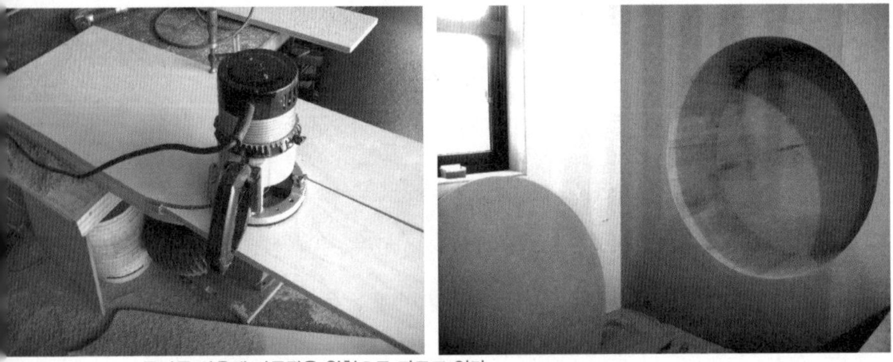

루타를 사용해 나무판을 원형으로 자르고 있다

은 합판이나 MDF를 써서 만드는 게 보통인데 나사 박을 걸 감안해 두께는 18mm짜리를 쓰는 게 좋다. 그게 없다면 주걱의 머리 부분만 2장을 겹치거나 그것도 귀찮다면 그냥 쓰기도 한다. 나사가 튀어나오면 그라인더로 자르는 식으로 말이다.

주걱은 그냥 쓰기도 하는데 자루 밑면엔 중심선을 표시하는 게 보통이다. 그래야 정확한 원 따기를 할 수 있기 때문이다. 특히 원환(도넛) 모양의 원 따기를 할 때는 반드시 필요하다. 원의 반지름은 루타날을 기준으로 하는데 외경은 루타날의 안쪽이 되고 내경은 루타날의 바깥쪽이 된다. 또 원환은 중심선이 일치하지 않으면 찌그러지게 되므로 중심선이 반드시 필요한 법이다.

원환 따기는 연속해서 작업하게 되는데 매번 외경과 내경을 바꿔가며 해야 돼서 좀 복잡하다. 그에 비하면 원탁의 경우는 일도 아니다. 원도 작은 데다 한 번만 맞춰놓으면 몇 번이고 쓸 수 있기 때문이다.

둘째, 본 따기.

루타날: 일대일 날.

조기대: 자작품(원본).

본 따기란 원본을 따라 오려낸다는 뜻으로 내가 지은 명칭이다. 본 따기도 원 따기만큼이나 희소하다. 목수 생활 20여 년 동안 해본 건 서너 차례뿐이다. 이것도 많은 축에 속할지 모른다. 그만큼 희소하다는 말이다.

그중에 생각나는 게 2012년 4월에 한 길음동 아파트 수리 공사이다. 그 공사엔 멍텅구리문을 유리문으로 개조하는 일이 있었다. 가끔 있는 일인데 네모난 모양으로 하는 게 보통이다. 그런데 그 집주인은 특이하게도 유리 구멍을 뾰족한 아치 모양으로 해달라는 것이었다. 미대 출신이라 그런지 감각이 남달랐던 것이다. 반원도 아닌 뾰족아치라니 그게 어디 쉬운 일인가. 못한다는 소리는 못 하고 궁리를 했다. 일대일 날로 불리는 루타날을 이용하면 될 듯싶었다. 일대일 날이란 일자형 끝에 베어링이 달린 것을 말한다. 날과 베어링이 1 : 1 로 같다는 뜻도 되고 원본과 똑같이 절단할 수 있다는 뜻도 된다. 일대일 날을 사용하려면 반드시 원본이 필요하다. 원본이 조기대가 되는 셈이다. 그래서 뾰족아치 모양을 MDF에 그려 직소기로 오리고 사포로 부드럽게 다듬어 원본을 만들었다. 이것을 문짝에 붙이고 근처에 드릴로 구멍을 뚫고 여기에 루타날을 끼워 원본을 따라 돌리면 된다. 그러면 신기하게도 똑같은 모양으로 절단이 된다. 누가 생각해낸 것인지 참으로 놀라운 물건이다.

셋째, 모 따기.

루타날: 삼각형, 4분원형, 박쥐문형 등.

조기대: 자작품(막대).

루타는 가구 만드는 소목 일에 적합하다. 소목들은 원목을 사용하는 게 보통인데 가구 부재에는 모양을 내는 수가 많아 그런 것이다. 나도 가끔 원목 가구를 만들곤 하는데 그중엔 아기 침대라는 것도 있었다. 아기 침대는 2004년에 판매할 요량으로 내가 설계한 것인데 거기엔 박쥐 문양의 부재가 있었다. 난간동자(난간 기둥)와 위아래로 결구되는 부재였는데 1대당 총 40개가 소용됐다. 수량이 많은 데다 크기가 손가락 두 마디 정도밖에 되질 않아 실톱으로 잘라 만드는 건 거의 불가능했다. 그래서 찾아낸 방법이 루타를 이용하는 것이었다. 거기엔 그 모양에 맞는 날도 필요했는데 일반 공구 가게에선 구할 수가 없었다. 그래서 아는 목수에게 물었더니 청계천에 가면 된다고 막연히 알려주는 것이었다. 그 말만 믿고 청계4가 근처에 가서 쇠 깎는 공장들을 찾아다니며 수소문해 보았다. 그랬더니 한 곳에서 청계3가 근처로 가보라고 일러주었다. 다시 청계3가를 찾아가 상인들에게 물었더니 어떤 상인이 명우톱이란 곳을 가르쳐주었다. 그곳은 상가들이 즐비한 청계천 둑방길 뒤편에 있었다. 작고 오래된 가게였는데 나무로 된 미닫이문이 인상적인 그런 곳이었다. 명우톱은 루타날 외에도 톱날과 각종 알 수 없는 날물들도 제작하는 회사였다. 그 작은 가게는 본사인 셈이었다. 미닫이문을 밀치고 들어서니 좌측 편에 역시나 나무로 짠 진열장이 보였고 거기서 뜻밖에도 내가 찾던 루타날을 만날 수 있었다. 루타날과 함께 톱니가 아주 촘촘한 원형톱날도 하나 구입했던 기억이 떠오른다.

박쥐문형이란 말도 자작한 명칭이다. 적당한 이름이 없어 이렇게 궁여지책으로 작명을 하고 있는 점 이해해주기 바란다. 이것은 루타날 양쪽으로 4분원이 중첩된 꼴이다. 목재 모서리를 깎아 모양을 내는 용도이다. 이럴 땐 루타를 손으로 들고 쓰기보다 작업대에 고정해놓고 쓰는 편이 훨씬 편하다. 더구나 목재가 작은 것이라면 더욱 그렇다.

작업대에 루타를 걸어놓으면 일자형 조기대를 쓰게 되는데 길이 800mm쯤 되는 반듯한 막대면 된다. 한쪽 끝엔 못을 박고 다른 쪽 끝엔 조임쇠(클램프)를 걸어 쓰는데 루타날을 기준으로 조기대 중심을 배치하고 먼저 한쪽에 있는 못을 박아 작업대에 고정하고 그것을 회전축 삼아 조기대를 돌려 알맞은 위치에 자리 잡아 조임쇠로 단단히 조여 사용하는 식이다. 하지만 말처럼 간단치는 않다. 루타날과 조기대를 원하는 위치에 맞추어야 제대로 된 모양으로 깎이는데 한 번에 맞춰지는 경우는 거의 없고 수차례의 시험 과정을 거쳐야 비로소 맞출 수 있기 때문이다. 조기대는 망치로 살살 쳐서 맞추면 되지만 루타는 그럴 수 없어 애를 먹이기 일쑤이다. 쭈그리고 앉아 작업대 밑으로 손을 집어넣어 루타 높낮이를 조절해야 되기 때문이다. 그래도 별도의 장치가 필요 없어 많이들 사용하는 편이다. 유튜브를 보면 저절로 조절되게 작업대를 기가 막히게 만든 걸 볼 수 있는데 우리 목수들은 저렇게 쓴다는 점을 알아줬으면 좋겠다.

박쥐문형 루타날을 구하게 되자 비로소 아기 침대 제작에 착수할 수 있었다. 현장 일이 없을 때 틈틈이 만들곤 했는데 2005년 중순께를 마지막으로 끝이 났다. 그때까지 총 20대를 만들었으니까 박쥐문형 부재만 해도 최소 800개 이상을 만든 셈이다. 계산하고 보니 참 엄청난 양이다. 그 덕분에 루타 쓰는 실력이 늘었는지도 모르겠다.

넷째, 사개장부 따기.

루타날: 일자형, 역사다리형.

조기대: 부속품(원반) + 자작품(사개장부 조기대) 또는 도브테일 지그.

가구 결구법 중엔 사개맞춤이란 게 있다. 판자를 결구할 때 사용되는 기법인데 판자 끝을 사각형 또는 역사다리형으로 잘라 서로 엇갈려 끼워 맞춤하는 기법이다. 톱질이 성패를 좌우하는 상당히 고난도의 기법인데 이런 것도 루타를 사용하면 손쉽게 실행할 수 있다. 전자에는 일자형 날을, 후자에는 역사다리형 날을 사용하면 된다. 이 작업에도 역시나 조기대가 필요한데 하나로만 되는 게 아니고 두 가지가 필요하다. 하나는 루타에 장착하고 다른 하나는 외부에 장착하게 된다.

먼저 것은 루타에 장착되는 원반이라는 조기대이다. 부속품으로 들어 있어서 따로 구입할 필요는 없다. 그것은 원반형의 철물로서 중앙엔 날이 들어가는 원통이 10mm쯤 솟아 있고 가장자리엔 나사선이 있어 밑받침에 돌려 끼우게 되어 있다. 그러면 날이 목재에 직접 닿지 않게 된다.

나중 것은 목재에 고정되는 '도브테일 지그'라고 하는 조기대이다. 이것은 생선뼈 모양의 철물로 구성된 일종의 기계이다. 일정한 간격으로 홈이 나 있는데 거기에 원반 조기대를 대고 루타를 사용하게 되어 있다. 그러면 사개장부가 저절로 형성되어 맞춤이 딱딱 들어맞게 되는 기가 막힌 물건이다.

하지만 도브테일 지그는 좀 비싼 편이라 돈이 없는 사람은 스스로 만들어도 된다. 나도 그렇게 만들어 쓰고 있다. 이걸 만들려면 생선뼈 사이의 간극을 맞추는 게 핵심이다. 간극이 틀리면 결구가 딱 들어맞지 않기 때문이다. 빈틈이 생긴다는 말이다. 나는 2009년 봄쯤에 도브테일 지그를 보고 영감을 얻어 이것을 만들게 되었는데 간극을 맞추는 데만 한나절 정도 걸린 것 같다. 잘 맞는지 시험하는 과정을 반복해야 했기 때문이다. 애써서 만든 보람이 있어 그 후론 아주 요긴하게 써먹고 있다. 18mm 집성판으로 책상이나 침대 만드는 데 쓰고 있는데 결구가 튼튼하기도 하고 보기도 좋아 아주 만족스럽다.

다섯째, 홈파기.

루타날: 일자형.

조기대: 부속품(원반) + 자작품.

루타 밑받침에 장착되는 원반 조기대는 아주 유용하다. 직선으로든 곡선으로든 마음대로 홈을 팔 수 있기 때문이다. 하지만 실내건축 현장에서는 사용할 기회가 거의 없다. 원목 쓰는 일도 별로 없는 데다 곡선 작업은 품이 많이 들어서 기피되기 때문이다. 그런데 나는 운이 좋아 그런 일을 두 번씩이나 해보았다. 한 번은 2010년에 한 '상암동 일본군 관사 복원 공사'였고, 또 한 번은 2013년에 한 '여의도 홈 시네마 스튜디오 공사'였다.

먼저 한 일은 문화재로 지정된 건물을 수리하는 일이었다. 상암동에는 '월드컵파크'라는 아파트 단지가 들어서기 전에 일본군 관사들이 몇 채 있었다고 한다. 그중에 두 채를 보존하기 위해 공사를 했던 것이다. '홍인건설'이라는 문화재 보수업체에서 공사를 맡았는데 골조는 대목들이 했고 나는 내외부 마감공사에 참여했다.

관사 외벽엔 '미늘판'이라 부르는 좁고 기다란 판자가 있었고 벽체가 꺾이는 곳엔 미늘판 마구리(끝면)를 가리기 위한 기둥 비슷한 모서리 마감재가 있었다. 모서리 마감재는 거의 썩어서 다시 만들어야 했는데 각재 양편에 물결모양의 홈이 파져 있는 것이었다. 손으로 만들어 끌 자국이 선명했다. 현장소장님은 그걸 루타로 할 수 없겠느냐고 넌지시 내게 물어왔다. 나는 가능하다고 대답했다. 문화재 보수업체 사람들도 목공엔 빠꾸미(전문가)다. 대부분의 업무가 한옥을 고치는 일이기 때문이다. 한옥 일에는 루타도 제법 쓰인다. 특히 홈을 파서 음각하는 작업에 많이 쓰인다. 끌질하는 것보다 훨씬 빠르기 때문이다. 그러니 못한다고 했으면 무슨 망신이었겠나.

아무튼 루타를 쓰려면 먼저 원반에 대고 쓸 조기대부터 만들어야 된다. 조기대는 12mm짜리 MDF를 써서 그 위에 물결모양을 그리고 직소기로 오려서 만들고 뒤편에 턱을 붙여 조임쇠로 물릴 수 있게 했다. 이처럼 홈 파기는 자작품 조기대를 만드는 게 가장 큰 관건이다.

나중에 한 일은 설계자가 나의 블로그를 보고 현장으로 찾아와 의뢰한 일이었다. 도면을 보니 사각형이 중첩된 형상이었다. 천장에 매다는 조형물인데 설계자는 '피라미드'라 불렀다. 피라미드는 멀바우 각재로 직사각형을 짜 천장에 층층이 매다는 아주 어려운 일이었다. 직사각형으로 짜는 일은 간단했지만 거기에 소용되는 목재 양이 2.5톤 트럭 한 대 분량이나 되었기 때문이다. 도면을 보고서 미리 시공법을 생각해둔 상태였지만 막상 실물을 보았을 땐 과연 저걸 매달 수 있을지 덜컥 겁부터 났던 기억이 떠오른다. 처음 하는 일이었으니 당연했다. 그래도 며칠씩 밤잠을 설쳐가며 시공법에 대해 궁리해둔 덕분에 공사를 무사히 마칠 수 있었고 피라미드는 지금껏(2024년) 건재하다. 그런데도 자꾸 무너지면 어쩌나 하는 생각이 드는 건 왜일까?

그건 그렇고 피라미드를 이루는 직사각형 부재는 장부법으로 맞춤했다. 장부법에는 양장부와 음장부 두 가지가 필요한데 전자는 기계톱으로 하고 후자에 루타를 사용했다. 음장부는 직육면체형의 홈을 말하는데 그 수량이 자그마치 600개가 넘었다. 루타를 사용하지 않고선 엄두가 나지 않는 일이었다.

음장부용 조기대도 역시나 MDF로 오려내 만들었다. 음장부는 양장부와 빈틈없이 들어맞아야 하므로 그 홈의 크기가 정확해야 된다. 조기대 홈에 원반이 닿았을 때 루타날과 떨어진 간극을 더해 그 크기가 정해지는데 계산상으로는 되지만 실제로 해보면 미세하게 맞지 않는 수가 많다. 조기대 홈을 너무 크게 정하면 재목을 망치게 되므로 좀 작다 싶게 해서 조금씩 키워가는 게 요령이다. 그리고 아까와 마찬가지로 시험 과정을 거치면서 조정하면 된다. 이 과정만 지나면 홈파기는 일사천리로 진행된다.

피라미드 조성 당시에 600개가 넘는 홈을 파면서 내 루타는 골병이 든 듯하다. 30×30×28mm나 되는 음장부를 한 번에 팔 욕심으로 루타날을 길게 뽑아 썼기 때문이다. 루타날이 부러질 것이 예상되어 여분을 더 사두기도 했는데 한 차례만 부러지는 것으로 끝이 났다. 그렇지만 그 후로 상태가 이상하더니 급기야 2018년 수원에서 '행궁맨션'이란 카페 공사를 할 때는 망가지고 말았다. 수리점에 가봤더니 베어링이 망가진 상태였다. 지금 생각해 보면 무리가 가지 않게 한 번에 파지 말고 두 번에 걸쳐서 해야 했다. 아니면 루타날이라도 새것으로 자주 바꿨어야 했다. 그러면 기계에 무리가 덜하지 않았을까 생각된다.

이와 같이 루타는 쓰기에 따라 목수의 수고를 덜어주는 고마운 존재이다. 이는 루타날이 팽이처럼 돌기 때문에 가능한 일이다. 팽이가 잘 돌게 하려면 회전방향으로 채찍질을 해줘야 한다. 이와 마찬가지로 루타도 회전방향을 잘 알아서 사용해야 효과적이다. 그런데 이게 참 헷갈린다. 그래서 어떤 목수들은 거꾸로 쓰고 있는 경우를 종종 보게 된다. 사실 나도 초짜 때는 그 사실을 몰라 거꾸로 쓰는 바람에 반장에게 욕을 먹기도 했었다. 공구란 자주 써보지 않으면 제대로 알기가 어려운 법이다. 누가 들어 잡고 가르쳐주지 않는 이상 어깨너머로 배울 수밖에 없는 것이 목공의 세계다. 대부분 사람들이 다 그런 과정을 통해 목수가 되다 보니 잘못 터득하는 기법도 더러 있는 것이다.

각설하고 루타의 사용 방향은 날이 선 쪽이다. 회전방향 어쩌고 하는 말들이 있는데 그럼 헷갈린다. 그냥 날이 선 방향으로 쓴다고 기억하면 된다. 이 법칙은 대패를 생각해 보면 이해가 쉬워진다. 대패를 날이 선 방향으로 써야지 반대로 하면 나무가 깎이던가.

트리머

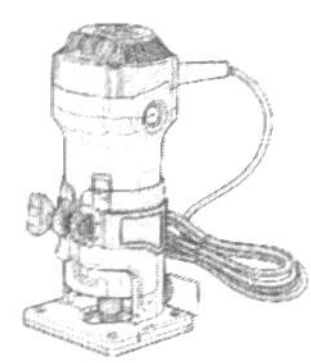

작은 루타

작은 루타이다. 그래서 '손루타'라 부르기도 한다. 손이란 말이 붙은 연장으로는 손톱, 손도라이바 등이 있는데 이들은 수동이란 뜻이지만 여기서는 작다는 의미로 쓰였다.

한 손에 쥐어지는 앙증맞은 모습이다. 소리도 작아서 쓰는데 전혀 겁이 나지 않는다. 대신 힘찬 맛은 없어서 쓸모가 많지는 않다. 그래도 한 덩치 하는 루타보다는 가지고 다니기 편해서 많이들 사용한다.

트리머는 크게 기체, 입구, 받침대로 구성된다. 기체를 잡고 쓰는 것이라 따로 손잡이는 두지 않았다. 입구는 2개의 전용 스패너로 조절된다. 직경은 6mm쯤 되어 날이 가느다랗다. 그래서 홈 좀 팔라치면 부러지기 십상이다. 얕은 홈이나 파지 깊은 홈은 어렵다는 말이다.

문목수

다른 목수는 몰라도 문목수에게 트리머는 필수품이다. 문목수란 문짝만 시공하고 다니는 목수를 말한다. 아파트나 신축 건물이 그들의 주요한 시장이다. 품삯은 일당으로 받지 않고 문짝당 얼마 하는 식이다. 많이 달수록 많이 버는 구조인 셈이다.

문목수가 일하는 모습을 딱 한 번 본 적이 있다. 실목수와 문목수는 마주칠 기회가 거의 없다. 실목수 일이 끝나면 문목수가 일을 시작하는 게 순서이기 때문이다. 2011년도에 집장수 밑에서 반장으로 일을 한 적이 있었다. 주로 중곡동에서 활동했는데 낡은 집들을 매입해 원룸 주택이나 다세대 주택 짓는 일이 주업이었다. 실목수 일과는 좀 동떨어진 분야인데 가끔 그런 일에 참여하기도 한다. 한번은 하자보수를 하러 갔다가 문목수가 일하는 걸 보게 되었던 것이다.

문짝을 설치하려면 문틀과 약간의 틈이 있어야 된다. 상황에 따라 다르긴 하지만 보통 3mm쯤 떨어진다. 틈새는 일정해야 되는데 이를 맞추기 위해 연필로 그려서 하는 게 보통이다. 문짝을 깎아야 할 만큼의 두께로 된 조기대를 문틀에 대고 그리는 것이다. 이를 우리말로 그렝이질이라 하는데 현장에서는 '시가레 뜬다'라고 한다. 문목수들은 그런 법도 없이 눈대중만으로 깎아서 맞추었다.

문짝이 맞으면 경첩을 단다. 경첩은 홈을 파서 다는 것도 있고 그냥 다는 것도 있다. 전자를 나비경첩 또는 일반 경첩이라 하고, 후자를 이지경첩이라 한다. 당연히 나비경첩 시공비가 더 비싼데 문틀 재목에 따라서 또 값이 달라진다고 한다. 참나무로 된 문틀 같은 것은 아주 단단해서 나사를

트리머로 둥근 창구멍을 낸 문짝

박으려면 드릴로 먼저 뚫어야 해서 품이 더 들기 때문이란다. 나사 박는 일도 충전드릴로 하지 않았다. 전기드릴로 했는데 '윙윙' 하지도 않고 '윙' 하면 끝이었다. 나사를 한 번에 박기는 쉽지 않은데 달인이라 남달랐던 것이다.

문짝이 달리면 손잡이를 단다. 손잡이에는 문이 열리지 않게 하는 걸쇠가 있는데 암수 두 가지가 있다. 암놈은 문틀, 수놈은 문짝에 설치된다. 걸쇠 자리에는 홈이 파진다. 홈의 깊이는 걸쇠 두께와 1 : 1 이 되도록 한다. 그래야 보기도 좋고 여닫을 때 문짝에 걸릴 염려도 없어지기 때문이다.

걸쇠의 홈을 파는 일에는 트리머가 사용된다. 시간이 돈이니까 빨리하기 위함이다. 이 작업에는 일자형 날과 함께 두 가지 조기대가 필요하다. 트리머에 장착하는 원반, 문에 대는 경첩 조기대가 그것이다. 경첩 조기대란 경첩과 암수 걸쇠 모양으로 구멍이 나 있는 것인데 플라스틱으로 된 제품이다. 시중에서 쉽게 구할 수 있다. 이것을 문짝이나 문틀에 대고 홈을 파면 되는데 말처럼 쉽지는 않다. 나도 몇 번 해봤는데 정확한 위치 잡기가 아주 까다로웠다. 문목수들은 거침없이 하던데 어떤 노하우가 있는지는 잘 모르겠다.

실목수들도 트리머를 가끔씩 사용한다. 특히 '루바'라는 걸 만들 때는 꼭 필요하다. 루바란 좁고 기다란 판자를 말하는데 실내건축에서는 미송 합판이나 낙엽송 합판을 켜서 만든다. 기계톱으로 일정한 크기로 켜고 트리머로 모를 접어 만드는 식이다. 또 그렇게 하면 품이 많이 드니까 골만 내는 방식으로 하기도 한다. 트리머에 삼각형 날을 끼워 같은 크기의 합판을 조기대 삼아 차례차례 잇대어가며 작업하면 일정한 간격으로 V형의 홈이 형성된다. 그런 걸 잘라다 벽에 붙여 치장을 하는 것이다. 루타로 하려면 무거워서 힘든데 트리머로 하면 가벼워서 아주 좋다.

작은 원을 따기도 한다. 위의 사진과 같은 곳인데 문짝에 둥근 창구멍을 내는 데 트리머가 사용되었다. 재목이 5mm로 얇아서 가능한 일이다.

호마이카

본 따기에 쓸 때도 있다. 다음 사진의 장소는 후암시장 근처에 있는 '다자인'이란 카페이다. 원탁과 주문대 윗면이 검게 보이는 이유는 호마이카 Formica라는 마감재를 붙여서 그런 것이다. 호마이카란 플라스틱 같은 재

호마이카 붙인 탁자

질로서 아주 얇고, 색상이나 무늬가 다양해 합판 같은 값싼 재목에 붙여 치장하는 데 쓰이는 마감재이다. 신영훈 선생님의 책 《한옥의 고향》에는 이에 대한 얘기가 나온다. "1960~70년대엔 엿장수와 고물장수들이 집집마다 다니며 반닫이, 나무궤, 엽전궤, 심지어 제주도의 나무방아까지 싹싹 쓸어다 팔았다"며 이렇게 말한다.

생각나는 일이 있다. 1960~70년대에 갑자기 어디에서인지 철제 캐비닛이라 부르는 세간이 등장하였다. '챙~' 하고 열리는 소리가 매력적이라 했고 대유행을 하였다. 시골집에서도 반닫이나 장롱 내주고 그 신기한 세간을 집집이 장만하였다. 들여다 놓을 방의 천장 높이가 낮으면 방바닥을 깨고서라도 들여다 놔야 유행에 뒤지지 않는 가정주부로 행세하였다. 얼마 지나지 않아 쓰다 보니 습기 차고 다치거나 하면 입혔던 법랑이 떨어지면서 녹이 스니 몰골이 말이 아니었다. 오래 두고 사용할 것이 못 되었다.

넌더리가 날 즈음에 재빠른 장사꾼들은 '포마이커 장'이라 부르는, 베니어판에 무늬판을 입히고 코팅한 제품을 들고 나와 이번엔 웃돈 얹은 캐비닛과 교환하라고 애교를 떨었다. 한동안 가정주부들의 우매 정책이 지속되었다. 알고 속는지 모르고 속는지 우매한 세월이 지났다. 그러자 역시 포마이커로 코팅한 부분이 박락되면서 흉한 치부를 드러내었다. 비로소 '통나무로 만든 것이 역시 좋은 것이여' 하고 생각하는데 티크 나무로 제작하였다는 목제 가구가 이번엔 호된 가격을 달라고 손을 벌렸다. '아차! 우리 집에도 통나무 궤짝이 있었는데' 싶어 정신이 번쩍 들어 골방에 들어가 보니, 빈대 나온다고 내다 판 자리엔 먼지만이 쌓였다. 그랬구나 싶어 혹시나 해서 골동품 가게에 나가 보니 그 값이 500만 원 주고는 만져보지도 못하게 한다.[15]

우리나라의 가구 변천사를 듣는 듯해서 재미있다. 포마이커는 호마이카(포마이카)와 같은 말이다. 당시에는 그렇게 부른 모양이다. 한동안 유행했던 호마이카는 2000년대 이후 인테리어 필름이 등장하면서 거의 사라졌다. 하지만 요즘도 식당에서는 호마이카 입힌 식탁을 여전히 많이들 사용하고 있다. 물기에 강하고 내구성이 좋아 식탁 마감재로는 그만이기 때

15 신영훈, 《한옥의 고향》, 대원사, 2000.

문이다.

나는 2018년 7월에 다자인 카페 공사를 하면서 호마이카를 처음으로 다뤄봤다. 이 공사는 '마인드 핸드 건축설계 사무소'를 운영하는 30대쯤으로 보이는 젊은 건축가 부부의 의뢰로 이뤄졌다. 공사는 두 명이서 했는데 까다로운 일들이 많아 다른 목수에게 맡길 수 없어 거의 내 손으로 하다 보니 너무 바쁜 나머지 사진 한 장을 찍지 못했다. 하청 일을 하다 보면 종종 생기는 일이다. 그런데 나중에 고맙게도 원청에서 준공 사진을 보내주어 자료로 삼을 수 있게 되었다. 그 사진을 바탕으로 블로그에 올린 글이 있어 그 일부를 옮겨본다.

부부 건축가는 죽이 잘 맞았다. 현장 한구석에서 계속해서 뭔가를 상의하고 있는 모습이 보였다. 먼지도 많고 좁은데 현장을 떠나지 않고 지키는 모습이 좋아 보였다. 한편으론 집을 지어야 할 건축가가 일거리가 없어 실내건축을 하는 것이 안타까워 보였다. 그래서 더 열심인지도 모르겠다. 실내건축도 설계를 기본으로 하는 일이니 여기서 경험을 쌓는 것도 내실을 다지는 데 도움이 될 것이다. 어쩌면 나중에 집을 짓는 데 큰 밑거름이 될지도 모를 일이다. 옛말에 '대목은 소목일 못해도 소목은 대목일 한다'는 말이 있지 않은가. 작은 일은 그만큼 신경 써야 할 부분이 많기 때문에 사고가 체계적이고 정밀해질 수 있다는 말이겠다.

이 카페는 부부 건축가가 자주 가는 곳인데 장사가 잘돼 옆 가게로 확장 이전을 하게 되어 공사를 의뢰받게 된 것이라고 한다. 상가 건물은 후암시장 안에 있는데 모양이 특이하다. 오래된 시장 건물들이 대개 그렇지만 이 건물도 개조를 해서 그런 듯하다. 어떤 벽체는 샌드위치 판넬(패널)로 돼 있고 어떤 곳은 블록으로 된 곳도 보인다. 일부에 작은 목재 창들이 남아 있는 걸로 보아 원래는 살림집이었나 보다.

이 카페는 아기자기한 일거리들이 많아 재밌었다. 여기 있는 사진들은 설계 사무소에서 나중에 보내온 것이다. 마감된 모습을 보니 나보다 부부 건축가가 더 재밌었을 것 같다.

그건 그렇고 원래는 가구를 집성판으로 짤 계획이었다. 그랬는데 공사가 시작된 당일에 갑자기 코아판(코어 합판) 위에 호마이카를 붙이는 것으로 마감이 변경되었다. 호마이카를 붙여야 관리가 편하다는 가게 주인의 의견이 반영된 것이었다.

그래서 호마이카를 처음으로 시공하게 되었지만 그 시공법에 대해서는 익히 알고 있었다. 초짜 때 들어둔 풍월이 있었기 때문이다. 그것은 돼지본드를 발라 붙이고 나중에 줄로 다듬으면 된다는 것이었다. 쇠 가는 줄로 다듬었던 것이다. 이는 1990년대 시공법이라 좀 바꿀 필요가 있었다. 줄 대신 트리머를 쓰기로 한 것이다. 트리머에 일대일 날을 끼워 쓰면 줄보다 훨씬 정확하고 신속하게 마름질을 할 수 있을 것 같았기 때문이다. 그래서 부랴부랴 14년 만에 명우툴을 다시 찾아가 날을 준비했다. 강질이라니까 날이 쉬 무뎌질 것 같아 여분까지 하나 더 준비하는 치밀함마저 보였는데 웬걸 막상 써보니 술술 잘도 잘리는 것이었다. 그렇게 해서 호마이카 시공은 신속하고 깔끔하게 마무리되었다. 지금 생각해 보면 아무것도 아닌 일 가지고 괜히 긴장했던 내가 우습기만 하다.

직소기

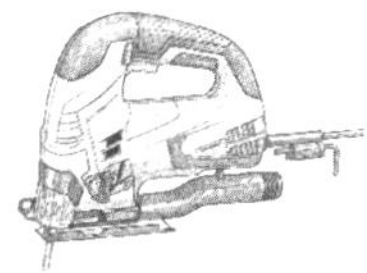

直saw機

지금까지 直saw機로 알고 있었는데 사전을 찾아보니 jigsaw機로 되어 있다. 영어 jigsaw는 실톱을 뜻한다는데 이건 전동톱이라 '기' 자를 붙인 모양이다. 묘하게 한자랑 발음이 똑같아 오해를 했던 셈이다. jig를 直으로 생각한 이유는 톱날이 곧게 서 있기 때문이다. 그러면서 위아래로 움직인다. 재봉틀의 바늘처럼 말이다. 톱날도 바늘만큼은 아니어도 아주 가는 편이다. 이는 직선보다는 곡선 재단에 유리한 구조이다. 사전에서 "주로 판자 따위의 재료를 곡선형으로 다듬는 데에 쓴다"고 한 이유이다.

사전에서 '판자 따위'라고 여지를 둔 이유는 목재뿐만 아니라 철판도 자를 수 있기 때문이다. 물론 두꺼운 것은 자르지 못하고 함석처럼 얇은 것을 자를 수는 있다. 당연히 여기에 쓰이는 톱날은 목재용과는 다르게 생

나무를 자르는 데 사용되는 직소기

졌다. 목재용 톱니는 뾰족뾰족하면서 비교적 큰 반면 철재용은 날카롭지 않으면서 자잘하다. 톱날 끝에는 턱이 있어서 직소기 입구에 끼우면 걸리게 되어 있다. 체결법에는 가늘고 긴 도라이바를 이용해 기체 깊숙이 든 나사를 풀어 끼우는 방식과 입구에 마련된 장착 기구를 옆으로 돌려 끼우는 방식의 두 가지가 있다. 요즘 것은 후자의 방식이 대부분이다. 그래서 아주 편리해졌다. 옛날 것은 도라이바까지 꼭 챙겨 다녀야 했는데 말이다. 일반 도라이바는 맞지도 않아서 그것이 없으면 무용지물이 되곤 했더랬다.

직소기는 무척 안전한 편이다. 우선 작동속도를 마음대로 조절할 수 있어 안심이 된다. 다른 전동공구들이 작동 버튼만 누르면 고속으로 회전하는 게 보통인데 직소기는 작동 버튼을 누르는 세기에 따라 움직이는 속도가 조절되기 때문이다. 작동 버튼을 살짝 누르면 천천히 왕복하고, 세게 누르면 빨리 왕복하는 식이다. 또 작동 소리도 부드러워 겁을 주지 않는다. 어떤 건 그 소리만 들어도 접근할 마음이 싹 사라지지 않던가. 그래서 취미로 목공을 즐기는 사람들에겐 안성맞춤인 연장이다.

직소기는 어떤 프로에겐 필수 연장이 되기도 한다. 바로 싱크대공들이다. 싱크대공의 3대 연장이라고 하면 드릴, 원형톱, 직소기가 될 것이다. 여기서 직소기의 주요한 용도는 타공이다. 싱크대를 주로 설치해서 싱크대공이라 부르는데 이것을 설치하려면 뚫어야 할 구멍들이 참 많다. 벽에는 수도꼭지, 콘센트, 연통 등이 있고, 바닥에는 수도 배관, 하수구, 보일러 분배기 등이 튀어나와 있는데 이런 것들은 해당 자리를 타공해줘야 설치가 가능하다. 타공 자리는 크기도 하고 작기도 한데 가장자리보다는 중간쯤에 있는 게 보통이다. 타공 자리는 드릴로 미리 구멍을 뚫어줘야 된다. 그래야 직소기 톱날을 끼울 수 있기 때문이다. 그렇지 않고 기술적으로 바로 뚫기도 하는데 얇은 것은 가능해도 두꺼운 것은 어렵다. 또 잘못하면 흠집을 남길 수도 있어 구멍을 뚫어서 하는 게 속 편한 방법이다.

목공 반장이 되는 법

그러고 보니 직소기를 기가 막히게 쓰던 목수가 생각난다. 김 반장이란 목수인데 그를 만난 건 2006년 봄이었다. 목수란 직업이 자유스럽게 돌아다니는 것 같아도 실상은 그렇지 않다. 대목수들이 말하는 어떤 기문까지는 아니어도 실목수들은 한 반장 밑에서 고정적으로 일을 하는 경우가 많다. 설령 성격상 맞지 않는 구석이 좀 있더라도 일거리만 꾸준하다면 오래도록 함께하는 것이다. 회사에 소속되는 것처럼 말이다.

반장이 되는 과정은 거의 운이라고 볼 수 있다. 이는 현장기사와의 인연으로 시작되는 게 보통이다. 현장기사들은 대부분 사회 초년생들이라 정말 아무것도 모르는 수가 많다. 그런데 목수들은 실내건축의 주축이 되는 인력들이라 함께 하는 시간도 많고 이것저것 가르쳐주는 것도 많아서 현장기사들이 많이 의지하게 된다. 그러다 보면 친해지는 목수가 생기게 되고 현장기사가 경력이 쌓여 회사를 옮기거나 창업을 하게 되면 자신이 맡은 공사에 그 목수를 부르게 되면서 반장이 되는 것이다. 반장이 되면 그럴 가능성은 더욱 커진다. 현장기사와 접촉할 기회가 많아지기 때문이다. 세상 물정을 좀 아는 반장들은 현장기사에게 용돈을 줘가며 관리를 하기도 한다. 이는 내가 현장기사로 있을 때 실제로 겪은 일이기도 해서 잘 아는 사실이다. 물론 고지식한 나는 절대 받지 않았지만 말이다. 월급보다 큰돈이었지만 그걸 받으면 왠지 반장의 말을 잘 들어야 될 것 같아 거절을 했던 것이다.

아무튼 운 좋은 반장들은 그런 식으로 해서 자신이 감당하기 힘들 만큼 거래처가 늘어나기도 한다. 그러면 부반장을 보내 일을 처리한다. 김 반장을 만난 곳도 그런 경우였다. 총반장이 어찌나 일이 많던지 한 번인가 잠깐 보았을 뿐 두 명의 부반장하고만 일을 했다. 한 4개월쯤 그들을 따라다니며 치과 일을 했는데 당시 달력을 찾아보니 명학동(안양), 광명, 유성(대전), 죽전, 청담동, 주안(인천), 교문리 등 모두 여덟 군데서 공사를 한 것으로 나온다. 4개월간 공사한 게 그 정도였다. 치과 공사가 그렇게 큰 시장인 줄은 그때 처음 알았다.

치과 병원은 신도시에 개원하는 경우가 많다. 아무래도 기존 시장은 포화 상태라 신도시가 상대적으로 입지를 굳히기엔 유리하기 때문일 것이다. 치과 병원은 주로 고층 빌딩에 입주하는데 그런 곳은 실내 마감이 모두 되어 있어 바로 쓸 수 있는 여건을 갖추고 있다. 하지만 대대적인 공사를 하는 게 보통이다. 경쟁이 심하다 보니 우선 쾌적한 환경으로 고객(?)을 유치하기 위함일 것이다.

치과 공사는 내가 '목공 종합 세트'라고 부를 만큼 일거리가 다양하다. 그중엔 우물천정이란 것도 있다. 우물천정이란 천정 일부가 움푹 들어가 있는 것을 말한다. 밋밋하면 볼품이 없으니까 단차를 주어 예쁘게 꾸민 천정이다. 목수들은 보통 '등박스'라 부른다.

등박스는 천정을 조성하기 전에 먼저 설치하는 게 원칙이지만 기존 천정이 있을 땐 그 일부를 잘라서 설치하게 된다. 치과 공사에서는 후자인 경우가 대부분이다. 왜냐면 치과 병원이 주로 입주하는 빌딩들은 천정이 이미 시설되어 있어서이다. 그 천정은 텍스tex라는 천정재로 마감된 게 보통이다. 사무실 천정에 보이는 흰색을 띤 직사각형의 그것 말이다. 여기에 등박스를 설치하려면 천정 일부를 잘라야 된다. 하지만 텍스는 엠바M-bar라는 경량철골에 나사로 고정된 것이라 그 일이 만만치가 않다. 철을 잘라야 되니까 말이다.

등박스를 설치하는 데는 보편적으로 두 가지 방식이 있다. 하나는 등박스 크기보다 훨씬 크게 텍스를 떼어내는 것이고, 다른 하나는 등박스 크기대로 먹줄을 치고 먹선에 따라 손톱으로 텍스를 잘라 필요 없는 텍스만 떼어내는 것이다. 뭘 모르는 반장들은 전자 방식으로 하는데 대개는 후자 방식을 취하게 된다. 여기서 간혹 일을 빨리 하겠다고 그라인더로 텍스를 자르는 대단한 목수들도 있기는 하다. 하지만 먼지가 너무 많이 나 올바른 방법은 아니다. 아무튼 재량껏 텍스를 제거하고 나면 경량철골이 드러나게 되는데 그럼 그라인더로 필요 없는 경량철골을 잘라 본격적인 등박스 설치 작업에 돌입하면 된다.

하지만 김 반장은 그렇게 하지 않았다. 등박스 크기대로 먹줄 치는 것까지는 같았지만 손톱을 쓰지 않고 직소기를 사용한 것이다. 직소기에 철재용 톱날을 끼워 텍스와 경량철골을 단번에 잘라버리는 식이다. 그게 가능한 이유는 손톱으로 써는 것처럼 먼지가 거의 나지 않기 때문이다. 김 반장의 말로는 자주 하다 보니 요령이 붙어서 톱날에 피스가 걸렸는지 안 걸렸는지까지 느낄 수 있게 되더란다. 이 방식은 김 반장만의 전매특허였다. 아무도 그런 식으로 하는 걸 보지 못했으니까 말이다.

이처럼 김 반장은 창의적이면서 일도 열심히 하는 사람이었다. 하지만 성질이 고약한 게 큰 흠이었다. 자기 맘에 들지 않으면 마구 쏘아붙였다. 마지막으로 일한 교문리에서는 '멍청한 놈' 어쩌고 하면서 내게 욕을 하길래 참다못해 "에이씨, 못해먹겠네" 하고 못주머니를 벗어서 내팽개치고 그 길로 보따리를 싸서 현장을 떠나버린 적이 있었다. 그것으로 그와의 인연은 끝이었다. 그래도 직소기의 새로운 쓰임을 개척한 점만은 높이 평가하고 싶다.

방음공사

직소기의 또 다른 쓰임이 있으니 방음재 자르기가 그것이다. 이 용도는 내가 생각해낸 것이다. 방음재는 음향 시설이 있는 곳에 사용되는 자재이다. 노래방이 대표적일 것이고 강연장, 나이트, 녹음실, 악기 연습실, 춤 연습실 등이 그런 곳들이다. 방음은 전문가가 있을 정도로 꽤 까다로운 일이다. 그냥 단순히 소음만 차단하는 게 아니라 좋은 소리가 들리도록 해야 한다는데 듣기로는 손뼉을 쳐보면서 소리의 반향이 어떤지 가늠한다고 한다. 나야 무슨 말인지 모르지만 소리의 세계에는 그런 게 있는가 보다.

방음재는 종류가 아주 다양하다. 목재, 고무, 플라스틱, 섬유, 석고보드, 비닐 등 음을 차단하거나 흡수하는 재료들이 그에 속한다. 그중에 '폴리에스테르(폴리에스터) 보드'란 게 있다. 규격은 가로세로가 1×2m에 두께가 25mm인데 앞면은 두께 1mm쯤 되는 천으로 덮여 있고 뒷면은 솜처럼 생긴 합성섬유로 되어 있다. 보통 '흡음판'이라 부르는데 벽 속에 넣거나 벽면에 붙여 쓴다.

흡음판을 쓰려면 당연히 재단도 하게 되는데 이게 잘 안된다. 커터칼로 자르는 게 보통인데 칼질을 여러 번 해야 겨우 잘리는 정도이다. 그래서 마루톱으로 켜기도 하지만 길게 켜는 것은 가능해도 짧게는 잘 안된다. 톱날이 무디면 섬유가 씹혀서 위험하기도 하다. 자주 쓰이는 자재는 아니어서 목수들은 재주껏 잘라서 쓰고 있는 실정이다.

방음하는 것을 방음공사라 한다. 요즘은 어떤지 모르지만 2000년대 초반에는 노래방 공사를 하면서 방음하기 위해 벽 속에다 비닐을 쳤다. 그때라고 방음재가 없지는 않았겠지만 비용을 줄이기 위한 고육지책이었을 것이다. 좀 오래된 노래방이 떠들썩한 이유이다.

2013년에는 서울대에서 강의실 공사를 한 적이 있는데 그때는 벽체 속에 흡음판을 넣었다. 장마철에 공사를 해서 곰팡이가 잔뜩 슬어 재공사를 했던 기억이 난다. 또 기억나는 곳은 BTS 사옥 공사이다. 2020년 10월에 강남에서 용산으로 사옥을 이전하기 위해 19층 건물 전체를 뜯어고치다시피 한 대규모 공사였다. 대규모 공사 현장에서는 안전 교육을 위해 아침에 조회를 하는데 모인 인원만 해도 100여 명이 넘을 정도였다. 안전모 쓰고 각반 차고 줄 맞춰서 손 흔들면서 안전관리자의 선창에 따라 구호를 외치곤 했는데 어찌나 어색하던지 볼이 빨개질 지경이었다. 나는 3층인가에 있던 춤 연습실 공사에 참여했는데 방음공사의 진수를 거기서 경험했다. 관계자의 말로는 소리란 물과 같아서 틈이 있으면 흐른다면서 모서리에서는 반드시 자재들이 어긋나게 붙여야 된다면서 신신당부를 했다. 타카 편에도 나오는 얘기지만 반장과의 불화로 완성을 보지 못하고 중간에 나온 점이 못내 아쉽기만 하다. 그만큼 배울 게 많은 공사였단 말이다.

나도 몇 차례 방음공사를 한 적이 있다. 지인 중에 싱크대 일을 하는 친구가 있는데 그의 처남이 악기 관련 일을 하고 있었다. 그의 주업은 악기 매매이고 부업으로 악기 연습실을 운영했다. 처남의 지인들도 음악 하는 친구들이 많아 싱크대 하는 친구는 자연스럽게 여러 군데 악기 연습실 공사를 수주하게 되었고 나에게 목공사를 의뢰하곤 했다. 이 친구는 일 욕심이 어찌나 많은지 웬만한 건 자신이 직접 하는 스타일이다. 전기는 기본이고 화장실 기구며 바닥재까지 제 손으로 다 한다. 단지 전문적인 것들만 다른 이의 손을 빌리는데 이를테면 목공, 필름, 도배, 타일 같은 것들이다.

처남은 2016년 4월에 악기 연습실을 구의동에 처음 개설했다. 악기 연습실은 연주자를 꿈꾸는 학생들을 가르치기도 하고 연습할 공간을 제공해주기도 하는 곳이다. 그렇다 보니 방음은 필수적인데 BTS 춤 연습실처럼 철저하게 할 수는 없고 약식으로 할 수밖에 없었다. 그곳은 벽 속에 두께 3mm짜리 발포지를 붙이고 벽면에 흡음판을 붙이는 식으로 했다. 흡음판은 내벽과 천정에만 붙였는데 1~1.5평쯤 되는 방이 9개나 되어 그 양이 많았다. 더구나 흡음판은 노출되는 것이다 보니 재단을 정확히 해야 했다. 그 많은 양을 커터칼로 하자니 엄두가 나지 않았다. 궁리 끝에 직소기를 활용하기로 했다. 철재용 톱날을 사용하면 가능하겠다는 생각이 들었던 것이다. 반듯한 재단을 위해 직소기에 맞는 조기대를 만들어 시도해봤는데 다행히 성공적이었다. 공간이 워낙 협소해서 마루톱을 쓸 수가 없었는데 오히려 그 때문에 직소기를 사용할 생각을 할 수 있었다. 말하자면 전화위복이었던 셈이다.

그라인더

우공이 못 되는 이유

우리말로는 절삭기, 영어 그라인더Grinder는 가는 기구라고 한다. 즉 무엇인가를 갈아서 자르는 연장이란 걸 알 수 있다. 다만 좁게 가느냐, 아니면 넓게 가느냐에 따라 상황은 달라진다. 좁게 갈면 절단이 되고 넓게 갈면 연마가 된다. 그래서 절단을 할 땐 날을 세워서 쓰고 연마를 할 땐 눕혀서 쓰게 된다.

그라인더의 종류는 대형, 중형, 소형 세 가지가 있다. 여기서 말하고 건축 현장에서 주로 사용되는 것도 소형이다. 다른 것들은 주로 절단용으로만 쓰이지만 이것은 절단과 연마를 함께 할 수 있다. 이는 별도의 손잡이가 없어서 가능한 일이다. 기체가 원통형으로만 되어 있을 뿐이라 360° 전방위로 사용이 가능한 것이다. 작업하는 모습을 보더라도 절단할 때는 날을 세워서 쓰다가도 연마할 땐 바로 눕혀서 쓰는 등 수시로 방향 전환을 해가며 쓰는 걸 볼 수 있다.

그라인더는 필뚝만 한 길이의 원통형으로 생긴 기체 끝에 둥근 날이 달린 단순한 꼴이다. 일꾼들이 쓰는 것이 그렇다는 말이지 원래는 안전 커버도 있고 보조 손잡이도 갖추고 있어 다소 복잡한 형상이다. 하지만 일꾼들은 작업에 방해가 된다며 대부분 떼어버려 '단순한 꼴'이 된 것이다. 안전관리자가 보면 당장 못 쓰게 하겠지만 원상태로 쓰면 일이 안 되니 어쩔 수 없는 노릇이다. 그건 나도 마찬가지다. 원상태로 쓰려면 산을 옮길 만한 인내심을 가진 우공이 아니고서는 불가능하다. 가령, 절단을 하다가 연마를 하려면 날을 눕혀야 하는데 안전 커버가 날의 반을 가리고 있으므로

1 대형 그라인더
2 중형 그라인더
3 소형 그라인더

안 된다. 안전 커버를 반대로 옮기면 되지만 또 절단을 하려면 다시 옮겨야 되는 문제가 생긴다. 이 짓을 어떻게 매번 하느냔 말이다. 그건 보조 손잡이의 경우도 마찬가지다. 우공이 아니고서는 절대 불가능한 일이다.

나는 실내건축 현장에서 20여 년을 일해봤지만 안전 커버 끼운 건 일부 봤어도 보조 손잡이까지 끼운 건 보지를 못했다. 안전 커버를 끼운 경우도 반 정도 잘라내 손 쪽만 보호할 수 있게 개조된 것이었다. 아마도 우리나라 일꾼들은 우공이 되기엔 애초에 틀린 모양이다.

남들은 어떤지 모르겠지만 나는 그라인더를 쓰려면 겁부터 난다. 일단 스위치를 켜면 굉음을 내면서 작동되는 것이 기를 죽이는 데다 기체를 잡은 손 바로 앞에서 날이 고속으로 회전하고 있으니까 금방이라도 손에 닿을 것만 같아 그런 것이다. 숙달된 연장이 아니기 때문이다. 목수들은 경량철골 자를 때에 그라인더를 주로 사용한다. 천정이나 벽체 중에는 경량철골로 된 것들이 있는데 이런 곳을 일부 잘라내서 목공으로 마감하는 작업들이 있다. 그러자면 경량철골을 잘라내야 하는데 그런 곳은 대부분 옹색하다. 벽체의 경우엔 좁아서, 천정의 경우엔 높아서 그런 것이다. 게다가 경량철골을 자르다 보면 날이 튀는 경우가 많아 위험하기도 하다. 경량철골을 어느 정도 자르면 꺾이게 된다. 이때 날이 끼면서 역전되거나 부러지기도 해서 몹시 위험스럽다. 그래서 한 번에 자르지 않고 두 군데를 잘라 절단해서 공간을 넓히거나 하중을 받는 아래쪽을 먼저 반쯤 잘라 벌어지게 한 다음 위쪽을 자르는 방식을 쓰기도 한다. 이 방법은 모든 절단 작업에 통용되는 기본적인 상식이다.

그라인더 스위치는 머리 쪽에 있기도 하고 꽁무니에 있기도 한데 머리

쪽에 많은 게 보통이다. 기체를 잡은 채 엄지로 작동시킬 수 있게 하기 위함이다. 그라인더는 스위치를 앞으로 밀면 켜지고 뒤로 당기면 꺼지게 되어 있다. 다른 공구들은 눌렀다 놓으면 켜졌다 꺼졌다 하는데 말이다. 이 또한 그라인더를 자유자재로 쓰기 위한 조치이다. 스위치를 잡고 있을 필요가 없다는 말이다. 하지만 이로 인해 가끔 위험한 상황이 닥치기도 한다. 우연이나 실수로 스위치가 켜질 수 있는데 그걸 모르고 플러그를 꽂았다가 그라인더가 돌아가는 경우가 종종 있다. 플러그를 꽂기 전에 스위치 상태를 확인해야 하는 이유이다.

또 주의할 점은 사용한 후에는 반드시 날이 위쪽으로 가게 놓아야 된다는 것이다. 이는 습관이 되어야 한다. 스위치가 켜진 채로 날이 바닥에 닿아 있는데 무심코 플러그를 꽂게 되면 '웽' 하고 돌면서 바닥을 손상시킬 수 있으니까 말이다. 이런 안전 수칙은 날을 가진 모든 회전 공구에 해당되고 반드시 지켜야 한다.

그라인더날은 원형너트로 고정된다. 원형너트엔 두 개의 구멍이 나 있어 열쇠를 끼워 풀도록 되어 있다. 하지만 날을 잡고 돌려도 풀리는 것이라 대개는 열쇠를 쓰지 않는다. 날을 교체할 때는 당연히 플러그를 뽑고서 해야 한다.

그라인더에 끼울 수 있는 날은 아주 다양하다. 다른 공구들의 용도가 특정 재료에 한정돼 있는 반면 이것은 그렇지도 않다. 그 용처를 보면 철재, 석재, 목재 등 거의 모든 재료의 절단과 연마가 가능하다. 그만큼 다양한 날이 있다는 얘긴데 인터넷을 검색해 보면 깜짝 놀랄 만큼 다종다기한 제품들이 판매 중이다. 나도 처음 보는 게 있을 정도로 아주 다양하다.

그라인더의 쓰임

그라인더가 필수적으로 사용되는 건축 분야는 금속, 타일, 설비, 인조대리석, 깎기, 하스리(콘크리트 깍아내기) 등이 있다. 그 외에도 필수적으로 쓰진 않더라도 금속성 물질이 많은 현대에는 모든 일꾼들이 하나쯤은 갖춰야 할 연장이기도 하다. 날의 종류에 따라 살펴보면 다음과 같다.

첫째, 절단석. 금속에 사용되는 날이다. '절단석'은 상품명이 그럴 뿐 일꾼들은 대개 '그라인더날'이라고 부른다. 얇은 원반 모양으로 표면이 거칠고 딱딱하고 구부리면 쉽게 부러지는 특성이 있고, 크기는 4in와 5in 두 종류가 있고, 색상은 검다. 이것과 비슷하게 생긴 '연마석'이 있는데 색상이 초록이나 노랑이어서 구별된다. 광택을 내는 특수한 일이 아니면 '절단석'으로 연마까지 병행한다. 절단된 면은 날카로우므로 이것으로 간단히 연마까지 해주는 것이다.

'절단석'은 쇠를 조금씩 갈아 자르는 원리로 된 것이다. 쇠를 자르는 동안 '절단석'도 함께 갈리면서 조금씩 작아진다. 좀 굵은 쇳덩이라도 자를라치면 줄어드는 건 시간문제다. 게다가 절단면에 끼기라도 하면 부러지기 일쑤다. 그러다 보니 한 장만 달랑 사서는 수요를 감당할 수 없으므로 적어도 2~3장은 준비를 해야 안심이 된다.

'절단석'을 쓰면 불꽃이 튄다. 돌이 쇠를 갈면서 마찰열이 일어나 쇳가루가 달궈져 밝게 빛나는 것이다. 나중에 보면 시커먼 가루들이 바닥에 떨어져 있는 걸 볼 수 있다. 쇳가루와 돌가루들인 것이다. 코에서 비릿한 냄새가 나고 콧구멍이 시커멓게 되는 것도 다 그것들 탓이다.

불꽃은 날의 위치에 따라 튀는 방향이 달라지는데 손잡이를 기준으로 왼쪽에 있으면 몸 안쪽으로 튀고, 오른쪽에 있으면 바깥쪽으로 튀게 된다. 작업 상황에 따라 적절한 방향을 선택해 쓰면 되는데 아무래도 불꽃이 몸 바깥쪽으로 튀게 하는 것이 낫다. 불꽃은 그리 뜨겁지는 않지만 옷에 닿으면 구멍이 나기도 하고 눈으로도 달려들어 성가시니까. 보호구를 착용하면 불꽃의 방향에 연연할 필요는 없지만 그런 일꾼은 거의 없고 이런 식으로 해서 불꽃을 피한다. 또한 불꽃은 옷만 태우는 게 아니고 건물을 태울 수도 있으므로 각별한 주의가 필요하다. 그리고 절단면은 아주 뜨거우므로 바로 만져서는 안 된다. 나도 멋모르고 만졌다가 데인 적이 있어서 하는 말이다.

둘째, 타일날. 별다른 명칭은 없고 타일에 사용된다고 해서 '타일날'로 불린다. '타일날'은 얇은 원반 모양의 금속으로 된 4in 날로서 가장자리 둘레에 약간의 돌기된 다이아몬드가 빙사형으로 촘촘히 박혀 있다. 딘딘한 다이아몬드로 타일을 자를 수 있는 것이다. 이 역시 연마를 통해 절단하는 원리지만 '절단석'과는 달리 '타일날'은 강해서 마모가 거의 없어 오래 쓸 수 있어 하나만 있어도 충분하다.

타일은 유리 같은 성질이 있어서 흠집을 내서 꺾으면 그대로 절단된다. 직선의 절단은 '타일 커터기'라는 공구를 사용하고 구멍을 낸다거나 특정한 모양으로 자를 때는 '타일날'을 사용하게 된다. '타일 커터기'는 먼지가 나지 않지만 '타일날'은 먼지가 엄청나서 민폐를 끼치기 일쑤다. 이럴 때는 우공이 되는지 그 먼지 속에서도 묵묵히 일들을 잘한다.

셋째, 빼빠. 인조대리석이나 목재에 사용된다. '빼빠'란 사포(샌드페이퍼)의 한국식 표현으로 종이나 천에 돌가루를 붙여 만든 연마재이다. 그라인더용 '빼빠'는 원형이고 그라인더에 전용 기구를 달아 거기에 붙여 쓰게 되어 있다. 빼빠 뒷면이 접착성 재질이라 가능한 일이다.

인조대리석은 싱크대 상판으로 각광받는 재료이다. 사실은 석재가 아닌 아크릴 같은 일종의 플라스틱 재질이지만 우리나라에선 그렇게들 부른다. 진짜 돌로 만들어진 인조대리석이 있어서 오해의 소지가 있는 명칭이라 할 수 있겠다. 어쨌든 여기서는 시류에 따른 명칭을 쓰기로 하겠다.

고용보험 직종 코드를 보면 인조석공과 대리석공으로 구분되어 있다. 인조대리석을 시공하는 기술자를 '인조석공'으로 부르는 모양이다. 고용보험의 직종에는 생소한 직종명이 많은데 그중에 내장목공, 인테리어공, 내장공 등도 보인다. 도대체 어떻게 구분되는지 모를 일이다.

그건 그렇고 인조석공의 주된 업무는 인조대리석을 이어 붙이고 연마를 하는 것이다. 인조대리석은 가구 상판으로 주로 쓰이는데 크거나 모양이 복잡한 것들은 통째로 만들 수 없어 몇 개로 나뉘어 제작된 후에 현장으로 공급되는 게 보통이다. 그러면 현장에서 인조석공들이 모양을 이어 붙여 조립을 하는 것이다. 신기한 것은 이어 붙인 자리를 연마하고 나면 감쪽같이 하나의 원판으로 보인다는 사실이다. 이음매가 보이지 않아 보기 좋은 데다 물이 스며들지 않고 때가 잘 묻지 않는 장점으로 해서 각광을 받는 것이리라.

인조대리석 이음은 전용 접착제로 한다. 전용 접착제를 바르기 전에 인조대리석끼리 면을 맞추고 고정하는 작업을 먼저 하게 되는데 이 작업에는 '하다'라는 것이 사용된다. '하다'란 10×10mm인 쇠막대에 손가락 한 마디쯤 되는 조임발이 2개 끼워져 있고 꽃잎 모양의 손잡이로 조임을 하는 기구를 말한다. 길이에 따라 300, 600, 1200mm 등이 있는데 인조대리석 이음에는 300mm짜리가 사용된다.

하다는 1970~80년대 가구 세작에 많이 쓰였다고 하는데 요즘은 '클램프'로 지칭되는 좋은 제품들이 판매되고 있어 보기가 어려워졌다. 그 이유는 조임발이 너무 짧고 조임발을 지지하는 횡대가 가늘어 힘을 받으면 휘어버리기 때문이다. 하지만 이런 약점들은 인조대리석 이음 작업에는 전혀 문제가 되지 않는다. 이는 인조대리석의 특징과 관련된다. 인조대리석은 평평해서 조임을 하기가 마땅치 않다. 인조석공들은 이 문제를 이음매 양쪽에 인조대리석 조각을 붙이는 것으로 해결한다. 인조대리석 조각을 순간접착제로 붙여 하다를 걸 수 있는 턱을 만들어주는 것이다. 인조대리석 두께는 6, 9, 12mm로 얇다. 그래서 조임발이 짧아야 되는 것이다. 이런 식으로 턱을 촘촘히 만들고 하다로 조이면 끝이다. 사라져가던 하다의 부활이다.

이음 작업 후에는 '빼빠'로 열심히 간다. 이 작업이 거의 절반을 넘는다. 연마 작업을 하면 먼지가 폴폴 날린다. 거기다 냄새까지 고약하다. 주변에서 일하던 일꾼들이 멀찌감치 도망가는 이유이다. 그런데도 인조석공들은 그에 아랑곳하지 않고 일만 잘한다. 역시 직업이란 타고나야 하나보다.

'깎기'라는 작업에도 '빼빠'가 사용된다. '깎기'란 오래된 한옥의 묵은 때나 칠을 벗겨내는 일을 말한다. 서울에 남아 있는 '도시 한옥'으로 불리는 집들은 일제강점기인 1920~30년대에 주로 지어졌고 1960년대까지 계속 건축되었다고 한다. '도시 한옥'은 한 때는 '헐려야 할 대상'으로 천대받기도 했지만 2000년대에 들어서는 돈 주고도 살 수 없을 정도로 희귀한 집이 되었다. 그와 함께 '도시 한옥' 수리가 증가하면서 잊혀가던 '깎기'라는 업종이 세상에 알려지게 되었다. '도시 한옥'들은 대부분 백여 년 가까이 되어 나무 빛깔이 거무튀튀해 지저분해 보이고, 갈색의 '니스(바니시varnish)'라 불리는 칠을 도장해놓아 현대인의 미감과 불화되고, 썩은 부재를 새것으로 교체하다 보면 신부재와 구부재의 빛깔을 맞추기 위한 목적 등 여러 이유로 '깎기'를 하게 되어 그 일이 다시금 호황을 맞이하게 된 것이다.

'깎기'공들이 일하는 모습을 직접 보지는 못했지만 그 작업의 흔적은 본 적이 있다. 2016년의 일이다. 북촌에서 '도시 한옥' 수리 전문가로 유명한 황인범 씨를 따라 그가 수리한 집들을 둘러보기도 했고, 수리 공사에도 두어 차례 참여한 적도 있었다. '깎기'한 목재를 가까이서 보면 목재 표면에 나선형의 연마 자국이 남아 있는 걸 볼 수 있다. 연한 '빼빠'로는 묵은 때나 '니스'가 벗겨지지 않아 거친 것을 사용했기 때문에 회전 자국이 남은 것이다. 자국을 없애려면 곱게 갈아야 하는데 품이 많이 드니까 그 선에서 작업을 멈춘 것이리라.

넷째, 평컵. '하스리'에 사용되는 날이다. 누가 만든 명칭인진 몰라도 중앙이 오목하게 들어간 모양이 그릇을 닮아 영어를 가져다 그렇게 지은 모양이다. '평컵'은 4in 둥근 그릇 모양의 쇠로 된 날로서 가장자리에 회오리 모양의 다소 융기된 다이아몬드 돌기가 달려 있다. 석재나 콘크리트를 연마하는 데 사용되는 날이다.

아파트 신축 현장엘 가면 실내에서 벽을 갈고 다니는 사람들을 볼 수 있다. 거푸집 이음매에 생긴 작은 돌기들을 그라인더로 갈아 평평하게 만드는 일을 하는 사람들이다. 이런 작업을 '하스리'라 한다. 벽면이 거칠면 도배하기가 곤란하므로 미리 평던 작업을 하는 것이다. 나는 이 작업을 1995년에 보았는데 지금은 어떤지 잘 모르겠다. 기술이 아무리 좋아졌다고 해도 완벽할 순 없을 테니 아마도 사라지진 않았을 것 같다.

나도 '평컵'을 하나 가지고 있다. 2013년 봄에 일산에서 아파트 수리 공사를 하다가 '하스리'를 할 일이 있어 구입하게 된 것이다. 아마 2010년대 중반까지 주택 몰딩은 거의 크라운 몰딩을 사용했던 것 같다. 크라운 몰딩이란 벽과 천정에 비스듬히 걸쳐 시공되는 마감재를 말한다. 젊은 사람들은 이게 보기 싫다고 뜯어내고 다른 단순한 몰딩으로 바꾸기도 하는데 이것을 제거하고 나면 벽에 단차가 생기게 된다. 몰딩을 먼저 시공하고 벽에 미장을 했기 때문에 몰딩이 있던 자리에는 '미장법'이 채워지지 않아 그런 것이다. 그 상태로 도배를 할 순 없으므로 '하스리'를 해줘야 했다. 작은 일에 사람을 사서 할 수도 없는 노릇이라 '평컵'을 구입해 직접 할 수밖에 없었다. 모든 연마 작업이 그렇듯 '하스리'도 먼지가 엄청나게 발생된다. 그 점이 염려스러워 목공 작업에 쓰이는 집진기까지 준비해 가 일을 해준 적이 있었다.

다섯째, 돌날. 석재를 자르는 데 사용되는 날이다. '타일날'과 거의 흡사한데 가장자리가 갈라져 이빨을 이루고 있는 점이 다르다. 석공들은 두꺼운 석재를 자를 때는 중형 그라인더를 사용하지만 얇은 석판이나 면치기 같은 정교하고 세밀한 작업에는 소형 그라인더를 사용하고 있다.

4. 마름질용 연장
55-2

대패

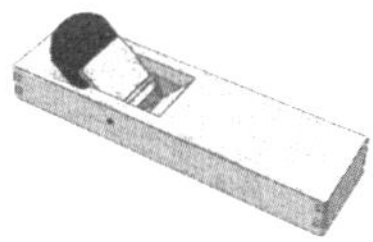

대패삼겹실

나무를 깎는 물건이다. 한국인은 얇게 자른 삼겹살을 '대패삼겹살'이라 부른다. 얇은 것으로는 종이도 있을 텐데 엉뚱하게도 공구 이름을 갖다 붙인 이유는 뭘까? 그것은 대패로 나무를 깎으면 나오는 대팻밥과 도르르 말린 삼겹살의 모양이 꼭 닮았기 때문일 것이다. 그러니까 여기서의 대패는 공구를 의미하는 게 아니고 거기서 나온 대팻밥을 닮았단 뜻인데 뒤에 '밥' 자는 떼버리고 대신 삼겹살을 붙여 지은 명칭이라고 볼 수 있겠다. 대패삼겹살은 냉동 삼겹살의 일종인데 그 모양이 달라서 구별하기 위해 다르게 부르는 것이리라. 누구의 생각인지 참 재치가 넘친다. 아무튼 대패삼겹살이란 이름이 지어진 것처럼 대패는 나무를 아주 얇게 깎는 연장이다. 얇게 깎는 이유는 그래야 힘이 덜 들고 목표치에 더 정밀하게 도달할 수 있기 때문이다.

대패는 목공 연장 중에서 가장 뒤늦게 개발되었을 것으로 추측된다. 요즘 사람들은 영화에서 등장인물이 목수라고 하면 꼭 대패질하는 장면이 나오곤 해서 나무 깎는 데 대패만 있는 줄로 생각하기 쉬우나 그렇진 않다. 나무 깎는 연장으로는 칼, 끌, 도끼, 자귀 등도 있다. 이런 연장들은 나무를 툭툭 쳐서 깎는 데 이렇게 만들어진 목재를 '도끼벌', '자귀벌'이라 한다. 도끼벌로 만든 사다리나 마룻장은 지금도 남아 있는데 좀 오래된 한옥 건물에 가면 볼 수 있다.

나는 2014년 가족 여행으로 단양향교에 갔다가 대문 격인 풍화루 밑에서 자귀로 다듬은 마룻장을 본 적이 있다. 마룻장의 윗면은 대패질을 해서 매끈했지만 아랫면은 툭툭 쳐낸 자귀 자국이 그대로 남아 있었다. 빛깔이 거무튀튀해진 게 나이를 먹은 티가 역력했다. 현대인의 눈으로는 말끔하게 다듬지 않고 왜 보기 싫게 울퉁불퉁한 채로 두었는지 의구심이 들 수도 있겠다. 하지만 그 당시 일꾼의 입장이 되어보면 금방 이해할 수 있는 문제이다. 인력으로만 다뤄야 하는 연장을 쓰던 옛날에는 매끈하게 다듬기란 그만큼 힘이 드는 일이었기 때문이다. 그러니까 눈에 잘 띄지 않고 피부에 닿지 않는 곳은 굳이 매끈하게 다듬을 필요가 없다고 생각했던 것이리라.

하지만 건축물이 아닌 사람이 항상 만지고 보아야 하는 가구나 창호는 그럴 수가 없다. 이런 것들은 보기에 좋게 하려는 의도도 있지만 그보다 먼저 목재를 정교하게 다듬지 않으면 제작 자체가 불가능하기 때문이다. 툭툭 쳐서 만든다는 건 어림도 없을뿐더러 톱질만 해서도 안 된다. 가구나

다양한 크기와 모양의 나무 대패들

창호는 다들 보아서 알겠지만 원래 한 몸인 것처럼 짜임이 정교하다. 이렇게 하려면 대패 없이는 불가능하다. 결국 이런 정교한 작업은 목공의 발달 과정상 맨 나중이었을 것이므로 대패가 맨 나중에 개발되었을 것이란 생각은 틀림이 없을 것이다.

대패의 구조는 날 선 쇠붙이를 모양 진 틀 속에 비스듬히 꽂아놓은 게 기본이다. 이 구조는 어느 나라나 똑같다. 하지만 손잡이의 유무와 위치에 따라 약간의 차이를 보인다. 손잡이는 일본만 제외하면 모두 있는데 조선 대패는 앞쪽에만 있고 서양 대패는 앞뒤 양쪽에 다 있다.

그런데 조선 대패는 손잡이만 떼어버리면 일본 대패와 똑같아진다. 이런 사실을 통해서 보면 일본 대패도 처음엔 손잡이가 있었을지도 모르겠다. 그러다가 거추장스럽다고 생각해 사라진 게 아닐까? 거꾸로 일본 대패에 손잡이를 달아 조선 대패로 개조해서 쓰는 한국 목수가 있는 걸 보면 무리한 생각은 아닌 것 같다.

손잡이가 있는 대패를 흔히들 밀어 쓰는 대패라 말하는 데 그건 손잡이 없이도 충분히 가능하다. 또 손잡이가 있다고 해서 당겨 쓰지 못할 이유도 없다. 다만 대패의 사용 방향에 따라 힘의 우열이 달라질 뿐이다. 밀어 쓰면 체중을 실을 수 있어 힘이 덜 들긴 하지만 정교함은 떨어지고 당겨 쓰면 그 반대가 된다. 이런 걸 감안해서 목수가 선택해서 쓰면 될 뿐이다.

손잡이 달린 대패를 써본 적이 없어 당겨 쓰면 어떨지 모르겠지만 일본 대패는 밀어 써도 전혀 문제가 없다. 대패를 거꾸로 해서 머리 쪽을 잡고 밀면 되니까 말이다. 나는 현장에서 문짝을 깎을 때 전기 대패가 없을 경우 가끔 이런 방식으로 쓰곤 한다. 문짝이 문구멍보다 다소 크게 되면 많이 깎아야 하는데 이럴 때 힘이 훨씬 덜 드는 밀어 쓰기를 하는 것이다. 그런 다음 어느 정도 맞았다 싶으면 틈새를 일정하게 다듬어야 되는데 이때는 다시 원래대로 잡아당기는 방법으로 한다. 미는 것보다 더 정교하게 깎을 수 있기 때문이다.

이런 행동은 나만 하는 건 아니다. 실목수들이 대패 사용하는 걸 가만히 보고 있으면 대패질을 하다가 공중으로 휙 던져 반대로 잡는 모습을 볼 수 있다. 대패를 휙휙 돌려 잡는 모습이 별나게 보일 텐데 재미 삼아 그러는 건 아니고 거기엔 다 이유가 있다. 몸에 가까운 쪽을 깎을 땐 밀어 쓰는 게 편하고 먼 쪽은 당겨서 쓰는 게 편해서 대패를 빨리 돌려 잡기 위해 그러는 것이다. 서양 대패도 방향을 바꾸면 당겨서 쓸 수는 있겠지만 저런 묘기(?)를 부리기는 어려울 것 같다. 손잡이가 걸릴 테니 말이다.

손잡이가 없으면 사용 방향에 구애되지 않아 편리하기도 하지만 보관상 유리해지는 것도 큰 장점이다. 네모난 나무토막에 쇠붙이만 살짝 튀어나와 있는 워낙 단순한 형태라 짐을 싸는 데 전혀 지장을 주지 않기 때문이다. 특이 이동이 잦은 실목수들에겐 너무나 요긴한 점이다.

이렇게 편리한 점이 많은 일본 대패만 써서 그런지 서양 대패를 보면 어떻게 저런 걸로 일을 하나 싶은 생각마저 들기도 한다. 뭐가 그리도 복잡하게 생겼는지 기계 같아 보일 정도이다. 우리가 개발한 것도 아닌데 사용자라는 이유만으로 괜히 우쭐해져서 그러는 것이다. 물론 서양 목수가 일본 대패를 보면 나와 똑같은 생각을 할지도 모르겠지만 말이다. 어쨌든 일본 대패의 단순성만은 인정해줘야 한다.

대패의 세계는 오묘하다. 겉보기엔 나무토막에 쇠붙이를 박아놓은 형상일 뿐이지만 그 속엔 도달하기 어려운 묘리가 숨어 있다. 기계 공구를 주로 쓰는 현대 목수들에겐 알기 어려운 세계이다. 부끄럽지만 나도 그런 수준이다.

"어른들의 장난감"

목수들은 이젠 대패의 묘리를 '취목인'에게 배워야 한다. 국내 대패의 달인으로는 전북 익산시에 사는 이근수 씨가 단연 으뜸이다. 그분은 2014년부터 '대패로 얇게 깎기 수련'을 했는데 2016년 말 '전국 얇게 깎기 동호회'라는 포털 카페를 개설했고 2025년 7월 현재 회원 수가 2900명이 넘는다.

'평대패 얇게 깎기 동호회' 카페 창에는 '대패는 어른들의 장난감이다'라는 문구가 적혀 있다. 대패질이 무슨 재미가 있다고 저러나 싶지만 나름의 묘미가 있나 보다. 나도 한 수 배우기 위해 몇 차례 이근수 씨의 작업 영상을 본 적이 있는데 대패가 얼마나 정교한지 혀를 내두를 정도였다. 대팻밥이 무슨 습자지처럼 투명했기 때문이다. 물론 여기에 사용되는 나무는 단단하지 않은 무른 소나무류이다. 아마 단단한 참나무류는 어려울 것이다.

습자지 같은 대팻밥이 나오려면 대패의 조시가 잘 맞아야 한다. 조시는 피아노의 조율 같은 것이다. 피아노가 음을 제대로 내려면 조율이 잘 돼야 하듯이 대패도 조시가 맞아야 나무가 잘 깎이는 것이다. 조시가 잘되면 대패질이 나무에서 미끄러지는 듯한 느낌이 든다. 나는 초짜 때 어떤 소목이 운영하는 공장에서 일을 하면서 그분의 대패를 써본 적이 있어서 그 느낌을 알고 있다. 내 대패에서는 느낄 수 없는 감각이었다. 단순히 대팻날만 잘 간다고 되는 문제는 아닌 듯한데 무엇이 문제인진 잘 모르겠다.

하지만 그 소목의 대패도 이근수 씨의 대패에는 미치지 못할 것이다. 그래도 그 정도면 충분하다. 일을 하면서 나무를 습자지 정도로 얇게 깎을 필요까진 없기 때문이다. 또 그런 대팻밥이 나올 수 있는 목재는 한정적이다. 우선 재질이 무른 소나무류여야 하고 옹이도 없고 결도 곧아야 한다.

그러니까 얇게 깎기는 취미에나 어울리는 일이지 일꾼들에겐 그다지 소용없는 기술이란 말이다. 그저 나무가 부드럽게 깎이고 엇결에서도 트집을 부리지 않을 정도면 그만인 것이다.

대패는 여러 가지다. 평평한 평대패, 배가 부른 배대패, 골을 파는 홈대패, 툭 튀어나온 혹대패, 모서리 깎는 변탕대패, 모양내는 쇠시리대패, 홀쭉하게 깎는 훑치기 등등 우리가 볼 수 없어서 그렇지 종류는 상당히 많다. 대패가 이렇게 다양해진 이유는 목재 표면을 여러 모양으로 다듬어 기물을 돋보이게 하기 위함이다.

옛날에 문살이나 장롱에 새겨 넣은 쇠시리는 생각보다 다양하다. 그 종류를 열거해 보면 등미리, 골미리, 배미리(쌍사), 투미리모, 실모, 실오리모, 둥근모, 외사모, 쌍사모, 게눈모 등이 있다. 도구가 발달한 현대에는 볼 수 없는 아름다운 쇠시리가 옛날에는 저리도 많았다니 놀랍기도 하고 아쉽기도 하다. 물론 일부에서는 장인들의 노력으로 아직까지 전수되고 있기는 하지만 고급 기물에나 들어가는 치장들이라 소시민들로서는 볼 기회가 없을 따름이다. 모양을 내기 위해선 역시나 시간과 돈이 많이 드는 일이라 실생활 기물에는 적용하기가 곤란한 것이다. 가장 단순한 모접기만 해도 보기가 좋아지지만 목수 품이 더 들어 우리 주위엔 모난 것 투성이다.

대패 종류가 많다지만 이것도 다 옛날얘기고 요즘에 실질적으로 사용되는 대패는 서너 가지밖에 안 된다. 설사 특이한 대패를 가지고 있다 하더라도 그저 소장용일 뿐이지 작업에는 거의 사용되지 않는다고 보면 된다. 왜냐면 전기 대패나 루타 같은 기계 공구가 그 기능을 대신하기 때문이다. 취미나 보여주기 위해서 하는 사람 말고 '프로'의 세계에서는 그렇다는 말이다.

숫돌 사용법

쇠로 된 연장을 쓰는 목수에게 연마는 필수적인 기술이다. 날이 있는 연장들은 모두 연마를 해야 비로소 제 기능을 발휘하게 되므로 제일 먼저 익혀야 하는 기술이기도 하다. 연마를 해야 하는 연장으로는 톱, 끌, 대패 등이 있다. 톱은 1990년대 초반까지 연마해서 쓰는 양날톱을 썼다고 하는데 내가 실건축계에 입문한 1999년에는 일회용 톱을 쓰고 있었으므로 1990년대 중반쯤부턴 톱날을 연마하지 않은 것으로 보인다. 그러니까 톱날의 연마 기술은 익힐 필요가 없어졌고 대팻날만 잘 갈면 되는 시대가 된 것이다.

연마 기술은 눈으로 보고 배울 수 있는 게 아니다. 스스로 수많은 연마질을 통해 저절로 숙달되는 것이다. 그런데 목수는 '평대패 얇게 깎기 동호회'의 회원들처럼 재미 삼아서 연마할 수는 없는 노릇이다. 날이 무뎌져야 연마를 할 게 아닌가. 그것도 어쩌다 대패를 사용하는 실목수라면 연마 기술 익히기란 요원하다. 내 대패 수준이 향상되지 않는 것도 다 이유가 있었던 셈이다.

그래도 나름 초짜 때부터 숫돌을 사다가 집에서 연마 연습을 했던 사람이다. 어쩌다 쓰는 대패일지라도 어쨌든 쓰긴 쓰는 거니까 잘 들어야 무시당하지 않을 거란 생각을 했었기 때문이다. 하지만 어디 그게 쉽나, 날이 곡면이 되기도 하고 한쪽으로 삐뚤어지기도 하고 갈긴 한 것 같은데 잘 들지는 않고 우여곡절이 참 많았다.

처음엔 대팻날을 어떻게 잡아야 하는지도 난감했다. 작은 대팻날을 두 손으로 쥐어야 하는데 손가락을 어떻게 위치시켜야 좋을지 몰랐던 것이다. 곁눈질로 보았던 것을 흉내 내서 어렵사리 잡고서 숫돌에 열심히 갈았지만 날이 서기는커녕 모양이 이상해지기 일쑤였다. 대팻날을 앞뒤로 움직일 때 일정한 각도를 유지해야 날의 면이 평평해지는데 자세가 안정되지 않아 그런 것이었다.

잘못된 연마질은 숫돌에도 영향을 미친다. 숫돌을 오래 쓰다 보면 가운데가 움푹 꺼지는데 보통 이를 가리켜 '배가 고파졌다'고 말한다. 아무래도 역학상 가운데 부분이 제일 먼저 닳을 수밖에 없긴 해도 지나치게 숫돌의 중앙 부분만 사용했기 때문에 일어나는 현상이다. 숫돌을 골고루 쓰면서 힘의 안배도 일정해야 배가 고파지는 현상은 줄어들게 된다.

'배고픈' 숫돌에 연마를 하게 되면 대팻날은 반대로 '배부른' 형태가 된다. 어느 정도 숙달된 상태에서도 이런 현상은 일어나게 마련인데 심하지 않으면 문제 될 것은 없다. 숫돌이 너무 '배가 고파졌다'면 평평하게 잡아줘야 하는데 반듯한 바닥에 사포를 깔고 거기에 갈면 된다. 숫돌이 어떻게 갈리나 싶겠지만, 여기서 말하는 것은 자연산이 아니기 때문이다. 목수들이 주로 쓰는 숫돌은 인공적으로 만든 것으로 성능도 우수하고 사포에 갈릴 정도로 좀 연한 편이다. 이런 숫돌은 일본산이 주류를 차지하고 있다.

연마를 하면 숫돌에 진흙물이 생기는데, 너무 많아지면 연마에 방해가 되므로 중간중간 물을 끼얹어 씻어내야 한다. 씻긴 물이 흘러내리기 좋으라고 숫돌을 경사지게 하는데 우리는 뒤쪽을 괴어서 내리막지게 한다. 그런데 일본은 그 반대이다. 직접 보지는 못했지만 《배가본드》란 만화책을 통해서 알게 된 사실이다.

《배가본드》는 일본 작가 이노우에 다케히코의 작품이다. 《슬램덩크》를 지은 정말 대단한 만화가다. 모름지기 만화가란 그림을 잘 그려야 한다고 생각하는데 이 양반의 그림은 장면 하나하나가 그냥 작품이다. 붓을 사용하는 점도 특이한데, 단번에 붓을 쳐서 그리는 기법이 김명국 선생의 달마도를 연상케 한다. 게다가 이야기마저 너무 재미있다. 얄미운 사람 같으니.

아무튼 《배가본드》를 보면 도장刀匠(칼 장인)이 숫돌에 칼날을 연마하는 장면이 나온다. 남들이야 그냥 지나쳤겠지만 나는 거기서 흥미로운 점을 발견했다. 숫돌이 우리와는 반대로 앞쪽을 괴어 오르막 지게 한 것이다. 어느 나라나 숫돌 쓰는 방식이 우리랑 똑같을 줄 알았는데 다르다는 게 신기했다. 그 후로 나도 그렇게 하고 있는데 나쁘지 않다. 숫돌의 '배가 고파'지는 현상이 감소하는 것 같다. 한번 써보길 권한다.

실목수에게 대패란 꼭 챙겨야 하는 연장이다. 버스나 전철을 타고 일하러 갈 땐 짐을 최소화하기 위해 꼭 필요한 연장들만 챙기게 된다. 짐에는 작업복과 신발도 있어서 이것들을 배낭에 다 넣으려면 줄일 수 있는 건 연장뿐이다. 물론 간편하게 연장만 들고 가는 사람도 있긴 하다. 매우 깔끔한 성격의 소유자만이 그럴 수 있다. 나는 일하다 보면 뭘 자꾸 묻히는 사람이라 그럴 수가 없다. 연장을 줄인다고 해도 대패는 빠뜨릴 수가 없다. 대패가 없으면 작업을 할 수 없는 일들이 있기 때문이다. 실내건축에서 대패가 자주 쓰이지 않기는 해도 그런 일들이 있다. 대표적으로 문짝 설치나 알판 작업이 그렇다. 문짝 설치에는 전기 대패만 쓰기도 하지만 미세한 맞춤까지는 어려워 손대패를 써야 하는 것이고 알판 작업에는 정말 그렇다.

알판이란 벽면을 치장하는 판재인데 이것의 사이를 띄워 문양을 내는 작업이 있다. 문양은 직선이 대부분이고 사선이 쓰이기도 한다. 문양이 되는 선을 줄눈이라 하는데 이것은 일정해야 보기가 좋다. 까다로운 회사는 줄눈이 조금만 어긋나도 하자로 치기 때문에 매우 신중히 작업해야 한다. 직선이라 기계톱으로만 재단해도 문제가 없을 듯싶지만 막상 맞대보면 미세한 차이가 나게 마련이다. 그 이유는 재단의 오류일 수도 있고 알판의 개수가 많아 생기는 시공상의 오차 때문일 수도 있다. 줄눈의 오차를 수정하는 방법은 대패로 깎아 맞추는 것뿐이다. 그러니 대패를 빠뜨릴 수가 없는 것이다.

나는 대패만 보면 떠오르는 생각이 하나 있다. 내가 중학생 때인데 등굣길에 목공소 앞에 쭈그리고 앉아 대팻날을 갈고 있던 목수를 보았던 기억이다. 그게 뭐라고 머릿속에 그렇게 깊이 각인되어 있는지 나도 모르겠다. 그런 목수가 멋있어 보이지도 않았는데 말이다. 이제는 작업실 앞에서 대팻날을 갈고 있으면 그 목수가 나인 것만 같다. 혹시 보고 지나다닐 어린이를 위해서라도 더 자주 연마를 해야겠다. 목공소가 다 사라져버려 이젠 좀처럼 보기 힘든 장면이 되었으니까 말이다.

전기 대패

오른손잡이 세상

전기 대패를 특이하게 '쌕쌕이'라 부르는 이도 있다. 옛날에 제트기를 그렇게 불렀다는데, '웽웽'거리는 소리 때문인가? 이유는 잘 모르겠다.

대팻날이 회전하면서 나무를 깎는다. 깎인 표면엔 물결무늬가 생긴다. 거칠게 깎으면 표가 나고 곱게 깎으면 잘 안 보이는데 때가 묻거나 칠을 하면 드러나기도 한다. 고급품에 쓰려면 사포로 갈아내거나 손대패로 마감해야 하는 이유이다.

손대패와 비슷하게 생겼다. 특히 서양식 평대패와는 그 모양까지 아주 흡사하다. 밀어서 쓴다거나, 손잡이가 앞뒤로 두 개 있다거나, 손잡이 사이에 대팻날이 위치한다거나 하는 점들이 그렇다.

기능도 같아서 손대패와 비교할 수 있는데 평대패처럼 평평한 게 깎는 전기 대패, 배대패처럼 안으로 둥글게 다듬는 곡면 대패, 홈대패나 변탕대패처럼 홈을 파거나 모서리에 모양을 내는 사쿠리 대패, 이렇게 총 3가지가 있다. 그런데 전기 대패는 평면 대패라 불려야 될 듯한데 그냥 저 명칭으로만 불리고 있다. 보통 대패하면 평대패를 말하듯이 전기 대패도 마찬가지여서 굳이 구분해서 부르지 않는 것이리라. 하지만 다른 것들은 달라서 혼동을 피하기 위해 따로 이름을 붙여두었다.

전기 대패는 오른손으로 작동 손잡이를 잡고 밀고 당기면서 쓰게 된다. 밀 때는 제대로 깎이고 당길 때는 듬성듬성 깎인다. 날이 고속으로 회전하는 것이다 보니 당길 때도 약간씩은 깎이는 것이다. 한 손으로 하기 힘들 때는 앞쪽에 있는 조절 손잡이를 잡고 두 손으로 하면 좀 낫다. 왼손으로도 쓸 수 있는데 그러면 대팻밥에 맞을 각오를 해야 한다. 대팻밥이 오른쪽으로 배출되는 구조이기 때문이다. 왼손잡이라면 오른손 사용법을 익히든지 아니면 세상을 탓하며 제 손으로 쓸 수밖에 없다.

한동안 쓰다 보면 대팻날이 닳아 잘 깎이지 않는다. 연마할 때가 된 것이다. 회전축에는 2개의 대팻날이 대칭으로 장착되어 있는데 둥그스름한 덮개에 덮인 채 날만 살짝 드러나 있다. 볼트를 풀면 이것들이 빠진다. 대팻날 밑에는 걸쇠가 있는데 나사를 풀면 떨어진다. 알몸이 된 대팻날을 연마용 부품에 넣고 나사를 채워 고정한 후에 숫돌에 갈면 된다. 연마용 부품에 대팻날을 앞뒤로 부착하게 되는데 그러면 날의 경사도가 저절로 맞아 연마하기는 아주 쉬워진다. 날이 예리하게 섰으면 마지막으로 귀를 살짝 접어준다. 그래야 깎인 면에 턱이 생기지 않는다. 연마가 끝나면 역순으로 조립을 하면 된다. 먼저 대팻날과 걸쇠를 조립하는데 여기에는 조립용 부품이 이용된다. 대팻날을 연마하고 나면 미세하게나마 키가 줄게 되므로 결쇠와 정확한 위치를 맞추기 위한 것이다. 조립용 부품에 있는 턱에 대팻날을 대고 끝에 결쇠를 걸친 상태로 나사를 조이면 된다. 그리고 나머지는 역순으로 하면 된다.

대자귀

전기 대패는 1980년대 초반부터 사용된 듯하다. 《송광사와 선암사》를 보면 그런 얘기가 나온다. 1983년에 시작된 송광사 제8차 중창불사를 토대로 한 책인데 옛날 사람들의 건축하는 풍경을 엿볼 수 있는 소중한 글이다. '대자귀질'이란 작은 제목이 달린 부분은 이렇게 시작된다.

> 현고도감스님은 아예 절에 제재소를 차리고 필요한 목재를 생산해내었다. 한편에서는 외국에서 수입해다 쓰는 기계 대패 소리가 요란하다.[16]

요란한 소리의 근원은 5in짜리 전기 대패였을 것이다. 당시엔 기계 대패라고 불렀나? 아무튼 일본에서 생산된 제품을 사다 썼을 것이다. 일제는 110V로 되어 있는데 지금도 간혹 볼 수 있다. 글은 이렇게 이어진다.

> 그런 중에서도 옛날 방식으로 일하는 사람도 있다. 대자귀질하는 이도 그중에

16 신영훈, 앞의 책.

속한다.

전에 서울 남대문에서였다. 남대문 2층 문루를 다 해체하고 상한 목재를 교체하여 중수하는 작업을 하였다. 서까래는 상당한 양이 상해서 다시 사용하기 어려워 새 나무를 다듬어 보충하였다.

서까래는 대패질해서 다듬는 것이 아니라 대자귀로 다듬는 것이 보통이며 그런 대자귀질하는 이를 「선장船匠」 혹은 「배 깎기」라고 불렀다. 배의 용골을 비롯한 목재를 대부분 대자귀로 깎는다는 데서 유래된 이름이다.

남대문에서 대자귀질하던 영감 중에 방方씨 성을 가진 분이 계셨다. 키가 작달막하나 다부진 몸매로 힘깨나 쓰는 분이었다.

『방 영감, 오늘 또 출출한가 봐……』

그런 날 방 영감은 대자귀질에 신바람이 난다. 원래 대자귀질은 툭툭 치면서 뭉턱뭉턱 살점을 도려내야 일이 빠르다. 쉬지 않고 다듬으면 그 울퉁불퉁하던 나무가 금세 쪽 골라지면서 말쑥한 모양이 된다. 그때 마감질을 하는데 이 단계에서 방 영감의 진가가 발휘된다.

도리는 꽤 굵은 재목이어서 잘만 하면 얇게 다듬은 자귓밥이 제법 널찍하다. 그것을 이쪽에서 시작하여 12척이 끝날 때까지 같은 두께로 얇게 연속시킨다. 중간에 끊어지면 실수로 친다.

1962년만 해도 생선회를 파는 집에서의 하소연은 싸서 포장할 도시락 그릇이 귀하여서 사들고 가려는 사람의 주문을 다 받지 못한다고 하였다. 그 얇은 소나무 자귓밥을 갖다 주면 몇 개의 도시락감이 되겠다고 몹시 좋아하였다. 남대문에서 멀지 않은 고급 횟집에 몇 장만 둘둘 말아서 갖다 주면 그날 방 영감은 마음 놓고 술과 안주를 즐길 수 있었다.

木壽도 그 어른 따라가서 술 얻어 마신 일이 있어서 대자귀질하는 광경을 보면 그 일이 생각나곤 한다.[17]

그렇게 해서 중건된 남대문 2층 문루는 2008년에 방화로 불이 나 타버리고 만다. 그리고 '복원 공사'를 거쳐 2013년에 완공이 된다. 공사 과정에서 불미스러운 일들이 있었고 나중에 그와 관련된 사람들이 어떻게 됐다는 흉흉한 소식만이 들리던 세태에 비하면 얼마나 훈훈한 얘기인가.

그건 그렇고 방 영감님의 얘기를 신영훈 선생님의 강의에서 들은 적이 있다. 방 영감님은 자신의 기술이 누출될까 봐 날을 갈 때도 남이 보지 못하게 등을 지고 했단다. 도대체 무슨 비법이 있어 저라나 싶어 한번은 오줌 누러 간 사이에 몰래 살펴봤더니 남들과 다르게 날을 고정시키지 않고 살짝 움직일 수 있게 했더란다.

책을 보면 대자귀질하는 선장을 찍은 사진도 나온다. 꼿꼿이 선 채로 양손에 자루를 쥐고 통나무를 내려치고 있다. 그 바람에 오른쪽 팔뚝에 힘줄이 불끈 솟아올랐다. 자루 끝엔 네모난 방망이 같은 게 박혀 있는데 그 아래쪽에 나뭇결을 가르고 있는 부분에는 검은색이 살짝 비치고 있다. 대자귀날이 그렇게 보이는 것인데 그 부분만 쇠로 되어 있어 이색이 지는 것이다.

대자귀날은 도끼날 모양으로 되어 있는데 머리 부분에 홈통이 있어 네

17 신영훈, 앞의 책.

모난 나무토막을 쑤셔 박을 수 있게 되어 있다고 한다. 날의 넓은 면을 앞으로 해서 쓰는 것이라 목재의 측면에 서서 대자귀질을 하게 된다. 신영훈 선생님의 말씀은 이 날이 움직이도록 했다는 것인지 아니면 자루가 박히는 부분이 움직이게 했다는 것인지 확실치 않다. 이제는 돌아가셔서 물어볼 수도 없으니 이를 어쩌나.

신영훈 선생님이 한옥문화원 원장으로 계실 때 한옥 전문인반 3기 신분으로 강의를 들었는데 한옥 현장에서 하는 강의도 있었다. 원래는 없었지만 마침 임실에 신 선생님이 지유指諭하는 팔각원당이란 한옥 건물이 신축 중이어서 한옥문화원에서 현장 강의를 마련했던 것이다. 운이 좋았던 셈이다. 그때가 2003년의 일이다. 도편수는 이광복 대목이었는데 그 분이 강의를 담당했다. 그런 일로 해서 처음으로 한옥 현장을 볼 기회를 얻게 되었는데 대자귀는 보이지 않았고 전기 대패만이 보일 뿐이었다. 그러니까 대자귀는 1980년대까지는 전기 대패와 공존하다가 1990년대 어느 쯤에서 사라진 것으로 보인다.

전기 대패는 목재를 반듯하게 만드는 데 사용된다. 처음부터 사용하는 것은 아니고 먹줄에 따라 톱으로 먼저 켜낸 것을 먹줄만 남게끔 마름질하는 데 쓰이게 된다. 그런데 목재는 대팻날의 폭보다 더 넓은 게 보통이라 전체를 평평하게 깎기란 쉬운 일이 아니다. 잘못하면 중간 부위가 움푹 꺼지기도 하고 턱이 질 수도 있다. 나도 몇 차례 판자를 다듬어본 일이 있는데 생각처럼 잘되지 않았다. 실목수라서 원목을 다뤄볼 기회가 적어 실력이 모자랐던 것이다. 대목들이 하는 걸 보면 감탄이 절로 나온다. 넓적한 목재도 기계로 뽑아낸 것처럼 반듯하기 때문이다. 물결무늬 같은 건 아예 보이지도 않을 만큼 아주 매끈하다. 하기야 전기 대패가 대목을 대표하는 연장이라고 할 수 있으니 그럴 만도 하겠지.

문목수

또 전기 대패를 많이 쓰는 목수로는 문목수가 있다. 문짝만 달고 다닌다고 해서 문목수라 부른다. 그런 일로 돈벌이가 되나 싶겠지만 그 많은 아파트들만 떠올려봐도 이해가 될 것이다. 이들은 노임을 일당으로 받는 게 아니고 문짝을 단 개수에 따라 받는다고 한다. 한 짝당 얼마 하는 식이다. 많이 달수록 많이 버는 구조인 셈이다. 그렇다 보니 작업 속도가 아주 빠르다.

말로만 듣던 문목수를 보게 된 건 집장수 밑에서 반장으로 일을 할 때였다. 2011년의 일이다. 1990~2000년대까지 주춤하던 집 장사 경기는 2010년대에 가서 다시 활기를 되찾게 된다. 산업화 시기에 지었던 집들이 낡아 재건축 시기가 되었기 때문이다. 내가 만난 집장수는 능동과 중곡동에서 주로 활동했다. 낡은 집 한두 채를 사들여 '원룸'으로 불리는 도시형 생활주택을 지어 임대를 하거나 파는 일이 주요한 업무였다. 집 장사 일이 꽤 어려운 일임에도 불구하고 그분의 형님과 아버지까지도 같은 일을 하고 있었다. 서울에서 집 지으려면 자본력도 있어야 되지만 민원도 많고 해서 골치 아픈 일이 한두 가지가 아닐 텐데 참 대단한 사람들이었다.

그건 그렇고 한번은 하자보수를 하러 간 적이 있었다. 건물은 말끔하게 단장되어 있었고 안에서는 문목수들이 일을 하고 있었다. 역시나 전문가답게 속도가 빨랐다. 문짝을 달려면 우선 문틀에 맞도록 깎아야 된다. 문짝은 움직이는 것이라 문틀과의 사이에 약 3mm쯤의 틈새가 있어야 된다. 보통은 그렝이질해서 문틀의 선을 문짝에 표시한 다음 깎는데 문목수는 그런 짓도 하지 않고 눈대중으로만 깎아서 맞추었다. 달인을 보는 듯했다.

달인은 연장도 달랐다. 문목수는 3in짜리 전기 대패를 사용하는데 개조가 되어 있었다. 원래는 기체에 이만큼 긴 전깃줄이 달렸는데 그걸 플러그만 간신히 나올 정도로 아주 짧게 만들어버린 것이었다. 플러그도 제 것이 아닌 110V용으로 되어 있었다. 그러면 당연히 작업선도 개조돼야 하는데 110V용 1구짜리 콘센트가 장착되어 있었다. 나사 박을 때 쓰이는 전기드릴과 걸쇠 홈을 파는 데 쓰이는 트리머도 개조되어 있긴 마찬가지였다. 작업선 하나만 가지고 다니면서 필요한 연장을 그때그때 교체해서 쓰고 있었다. 전기 대패도 날이 들지 않으면 다른 것을 가져다 쓰는 식이었나. 내가 본 것은 2대뿐이었는데 더 있었을지도 모르겠다. 역시 기술이란 필요에 의해 발전되는 모양이다.

곡면 대패는 본 적이 없다. 밑판이 둥글게 생겼는데 최소 지름 600mm까지 곡면을 다듬을 수 있는 곡률이라고 한다. 강한 곡률을 가진 셈인데 원목을 이렇게 다듬는 경우는 우리나라에서는 거의 없다. 물론 기둥 밖으로 벽장 같은 걸 덧달아낼 때 까치발을 곡선형으로 만드는 경우가 있기는 하다.

곡면 대패는 특이하게 일본 제품만이 보이는데 그 이유를 짐작하기란 어렵지 않다. 일본에는 세상에서 유일한 반달지붕이 있기 때문이다. 반달지붕은 신사나 절집에서 볼 수 있는데 마치 사무라이가 쓰는 투구처럼 생겼다. 지붕이 반원이다 보니 서까래도 당연히 곡선을 이루는데 마치 S자를 위아래로 길게 늘여놓은 듯한 형상이다. 《천년을 이어온 궁궐목수의 삶과 지혜》에 따르면 이런 서까래를 일본에서는 메기의 수염을 닮았다 해서 '메기 서까래'라 부른단다.

실제로 반달지붕을 본 적이 딱 한 번 있다. 2016년 3월의 일이다. 일본의 '유니시가와'라는 온천 마을로 여행을 갔다가 근처에 있는 자광사慈光寺란 절에서 보았던 것이다. 자광사 건물의 평면은 丁 자형인데 본체는 앞면에 맞배지붕이 부설된 팔작지붕을 하고 있고 앞으로 튀어나온 툇간은 반달지붕으로 되어 있었다. 본체로 올라가는 목조 계단에 비 맞지 않게 가리려는 시설이다. 밑에서 올려다보니 메기 서까래가 훤히 드러나 있었다. 단면은 네모난 각연인데 휘어져 오른 중간 부위에 뾰족한 돌기의 장식이 있는 꼴이었다. 박공판도 서까래와 똑같은 곡선을 이루고 있었다. 곡면 대패는 여기에 쓰이는 게 아닌가 짐작된다.

사쿠리 대패는 완전히 다르게 생겼다. 차라리 원형톱을 더 닮았다고 할 수 있다. 대팻날 교체 방식이나 밑받침의 구조 등이 그렇다. 대팻날도 다르게 생겨서 사각형 평판이 아니라 둥근 중심축에 장착용 구멍이 있고 그 주위로 2개 또는 4개의 가지가 있는 끝에 초경으로 된 날이 부착된 꼴이다. 날 모양은 용도에 따라 다른데 홈을 파는 一 자형, 쌍봉을 이루는 쌍사형, 오목하게 모를 접는 게눈형[蟹眼形] 등이 있다. 또 크기에 따라서도 여러 가지가 있어서 골라 쓰게 되어 있다. 날의 높낮이는 밑받침으로 조절되고 여기엔 홈이 있어 조기대를 장착할 수 있게 되어 있다. 조기대는 一 자형으로 직선으로 가공할 때 길잡이 역할을 하는 부품인데 길이 조절이 가능하다. 길이를 알맞게 조절해서 목재 측면에 대고 쓰는 식이다.

사쿠리 대패

'사구리'란 일본말로 홈이란 뜻이다. 그 뜻대로 하면 사쿠리 대패란 홈 파는 대패란 소리인데 꼭 그렇지만은 않다. 다른 나라는 어떤지 몰라도 우리나라에서는 이걸로 서까래도 깎는다. 우리나라 서까래는 통나무를 사용해 만든다. 가지만 친 통나무를 가져다가 둥근 모양으로 다듬어 쓴다. 서까래를 만들려면 먼저 울퉁불퉁한 표면을 정리해서 어느 정도 둥근 모양이 되도록 잡아줘야 된다. 그런 다음 곱게 다듬는 것이 순서이다. 이 순서에 따라 사쿠리 대패와 전기 대패가 차례대로 사용된다.

처음부터 전기 대패를 쓰지 않는 것은 그러기엔 통나무가 너무 거칠기 때문이다. 그래서 사쿠리 대패로 초벌 다듬을 하는 것인데 자귀날처럼 생긴 걸 끼우면 거침없이 깎을 수가 있게 된다. 자귀질하듯이 툭툭 쳐내는 효과가 있어서 거친 걸 다듬기에 좋은 것이다. 대목이 작업하는 걸 본 적이 있는데 나무 파편이 팍팍 튀어 오르는 게 겁이 날 정도였다.

또 원형톱날을 끼워 톱으로도 쓸 수 있다. 실제로 본 적이 있어서 아는 사실이다. 그 사례의 주인공은 엉뚱하게도 대목수도 아닌 실목수였다. 2006년에 만나 세 차례 정도 함께 일한 적이 있는 김 반장이라는 목수였다. 이 책 직소기 편에 더 자세한 얘기가 나온다. 실목수에겐 필요하지도 않은 사쿠리 대패를 더구나 원형톱 대용으로 쓰고 있어서 기억에 남아 있다.

그 밖에도 현장에서는 보기 힘든 기계 대패라는 것도 있다. 기계식으로 된 큰 대패를 말하는데 수압 대패, 자동대패, 시야기 대패 등이 그것이다.

수압 대패는 전기 대패를 확대시켜 뒤집어놓은 꼴이다. 대신 상판 옆에 직각으로 선 조기대가 있는 모습이 다르다. 기능도 똑같아서 목재를 반듯하게 잡는 데 사용된다. 목재를 눕혀서 상판에 대고 몇 차례 밀고 당기면 평평해지고 그것을 세워 조기대에 대고 똑같이 작업하면 측면도 반듯해진다. 이렇게 하면 두 면이 반듯해지면서 직각을 이루게 된다.

자동대패는 이름대로 자동으로 목재를 깎아준다. 목재를 입구에 넣어주기만 하면 기계가 저절로 끌어당겨 평평하게 깎아서 배출시킨다. 높이 조절 장치가 있어 목재의 두께를 일정하게 하는 데 유용하다. 또 어떤 건 사쿠리 대패처럼 대팻날에 형상을 주어 목재에 모양을 내기도 한다. 몰딩을 만드는 데 쓰이는 것이다.

시야기 대패는 자동대패의 일종인데 대팻날이 회전하지 않고 고정되어 있다. 그래서 깎인 면이 매끈하다. 손대패로 깎는 효과를 내는 것이다. 흔한 것은 아니어서 아직까지 본 적은 없다.

끌

청동끌

나무를 깎거나 구멍을 파는 데 쓰인다. 날의 모양에 따라 쓰임이 다른데 평평하거나 둥근 게 보통이고 세모진 것도 있는데 흔하진 않다. 평평한 건 구멍 파는 데, 둥근 건 조각하는 데 주로 사용된다.

끌은 아주 오래전부터 사용되었다. 이는 'e뮤지엄'을 찾아보면 금방 알 수 있다. 가장 먼저 사용된 것은 돌끌이다. 석기시대 유물에 보이는데 돌도끼와 거의 비슷하다. 돌끌은 조선시대 것도 11점이나 등록되어 있고 분류상으로는 목공으로 되어 있는데 글쎄, 쇠끌도 있던 시대에 과연 목공에 쓰였을지 의문이 들기는 한다. 돌끌 다음에 나온 것이 청동끌이다. 청동끌은 후대에 나온 쇠끌보다 상태가 더 좋다. 녹이 슬지 않기 때문이다. 청동끌은 '공부'가 있는 게 특징이다. 공부空部란 나무 자루를 끼울 수 있게 홈을 판 부분을 말한다. 청동이 약하니까 나무 자루를 끼워서 쓴 모양이다. 쇠끌은 청동기시대부터 등장한다. 국립경주박물관에 한 점이 등록되어 있는데 공부가 있는 평끌이다. 녹이 심하게 슬었지만 형태는 알아볼 만하다. 청동기시대에도 쇠가 있었다니 처음 알게 된 사실이다. 쇠끌에는 공부가 있는 것과 쇠로만 된 것 두 가지가 있다. 쇠는 깨질 염려가 없으니까 일체형으로도 만든 모양이다. 또 만들기도 그게 더 쉬웠을 것이다. 그래서인지 쇠끌은 일체형이 더 많이 보인다. 나무 자루까지 있는 끌은 조선시대 것만 보인다. '수원화성'이란 표제가 붙은 걸로 보아 보수할 때 나온 듯하다. 일체형 끌도 보이는데 정처럼 생겼다. 이것에는 '전통 끌'이라는 표제가 붙어 있다. 앞에 것은 그냥 끌로 표기되어 있다.

끌 자루 끼우는 공부를 세간에서는 '치맛자락'이라 부른단다. '치맛자락 끌' 하는 식이다. 누가 지었는지 기가 막히다. 학자들이 참고할 만한 작명이다. 치맛자락 끌은 대목수들이 쓰는 끌에서 많이 보이고 대부분의 끌에는 사각뿔이 달렸다. 못처럼 박을 수 있게 말이다. 그냥 박으면 자루가 터지므로 연결 부위엔 가락지가 끼워진다. 이 가락지는 치맛자락 모양이다. 자루 머리에도 가락지가 끼워진다. 역시나 망치의 타격으로 자루가 터지는 걸 방지하기 위한 조치이다. 이 가락지는 반지 모양인데 베어링이 사용되기도 한다. 하지만 밀어 쓰는 끌에는 자루 끝에 가락지가 끼워지지 않는다. 손으로 밀어서 쓰는 것이라 그렇다. 이것에도 치맛자락 가락지는 끼워지기 마련인데 이것마저 없는 것도 있다. 자작한 끌이 그렇다.

동양 끌이 대체로 이와 같고 서양 끌은 좀 다르다. 딱 봐도 구별이 된다. 동양 끌은 수수한데 서양 끌은 현란하다. 동양 끌은 대부분 나무 자루인데 서양 끌은 자루만 해도 나무 자루, 플라스틱 자루, 고무 자루 등이 있고 자루 모양도 가지가지다. 콜라병 모양을 바탕으로 해서 단면이 원형이거나 타원형을 이루는 게 보통인데 그 굴곡이 육삼석인 것도 있고 수수한 것도 있다. 거기다 플라스틱 자루는 더 현란해서 자루 몸통에 고랑을 내기도 하고 색을 다르게 해서 무늬까지 넣을 정도이다. 하여간 서양 사람들 꾸미기 좋아하는 건 알아줘야 한다.

한옥 현장은 처음이야

끌은 대목수들이 가장 많이 쓴다. 한옥 짓는 현장 근처에 가면 웽웽거리는 전기 대패 소리가 요란하지만 그래도 한쪽에선 끌도 많이 사용하는 편이다. 한옥 짓는 현장을 처음 본 건 2003년이다. 당시는 한옥문화원에서 공부를 하던 때였다. 한옥문화원은 평생을 한옥 건축 연구에 몰두하신 신영훈 선생님이 '목수한옥연구소'를 발전시킨 '목수한옥문화원'이 전신이다. 목수한옥문화원에서는 한옥 강좌를 개설하고 실수요자인 어머니들을 대상으로 한옥 이야기를 거듭하다가 2000년 9월부터는 한옥 건축 전문인을 양성하기 위한 2년제 정규교육 과정을 개설하게 된다. 일주일에 이틀씩 저녁에만 진행되는 야학이었다. 나는 2002년 9월 3기로 입학해 공부를 하고 있었다.

2003년에는 과외로 현장 강의가 개설되었다. '대도대한연구회'라는 종교 단체에서 원당을 짓기 위해 신 선생님을 지유로 초빙했고 한옥문화원에서 설계해 착공을 하게 됐는데 그 기회를 살려 현장 강의를 개설한 것이었다. 현장은 임실에 있었고 원당 평면은 팔각형이었다. 이름하여 임실

팔각원당, 고주를 세우지 않고 80명이 들어가 앉을 건물을 지으면서 귀접이 법식에 따라 건축된 특이한 집이다.[18]

현장 강의는 팔각원당이 착공된 7월서부터 준공된 11월까지 총 7회에 걸쳐 진행되었다. 강의는 일요일에만 진행됐는데 강의가 있는 날에는 한옥문화원 근처인 창덕궁 담장 앞에 모여 관광버스를 타고 임실로 향하곤 했다. 새로 뚫린 논산천안고속도로를 타고 호남고속도로를 거쳐 서전주 IC를 나와 27번 국도를 따라 한참을 가다 운암교를 건너서야 비로소 현장에 도착할 수 있는 긴 여정이었다. 팔각원당 터는 산으로 둘러싸인 옥정호가 바라다보이는 언덕 위에 자리하고 있었는데 경치가 장관이었다. 비록 인공 호수이긴 하지만 말이다.

현장 강의는 이광복 도편수가 주로 맡았다. 그분은 조희환 도편수가 투병 중일 때 신 선생님께 천거했던 인물인데 고등학생 때 이미 목공기능장이 되었고 그 후 직업훈련원 목공 교수로 재직하다가 IMF 외환위기를 거치며 실직, 나이 마흔에 다시 목수의 길로 들어섰다고 한다. 불과 목수 생활 4년여 만에 도편수의 지위에 오를 수 있었던 것은 그만한 이유가 있었던 셈이다. 이광복 도편수는 현치도법現寸圖法에 능했다. 임실팔각원당은 중앙에 기둥 없이 도리를 중첩시켜 건축됐다. 그 방법은 이렇다. 45°인 주도리 사이에 다시 22.5°로 귀접도리를 걸고, 이걸 대들보 삼아 그 위에 팔각으로 중도리를 걸고 그 사이에 또다시 22.5°로 귀접도리를 건다. 그리

18 《한옥문화》 통권 제11, 12호

고 중도리가 만나는 팔각 모서리에 8개의 추녀를 걸고 그 사이에 선자서까래를 걸어 지붕을 형성하는 것이다. 어느 유명한 도편수가 그렇게 하면 집이 무너진다고 괴징스러운 소리를 했다지만 그런 일은 일어나지 않았다. 팔각은 그리기도 어려운데 심지어 그 사이에 들어갈 도리를 맞춤했으니 이게 보통 일이었겠는가. 이 도편수도 힘들었던지 '가슴은 타들어가다 못해 흑진주가 되었을 것'이라고 〈나를 있게 한 세분의 스승을 생각하며……〉라는 글에서 그런 심정을 토로하기도 했다. 현장 강의를 다녀와서는 후기를 써두었는데 그중 한 대목은 이랬다.

'비닐하우스'로 된 치목장에는 굵은 통나무로 된 부재들이 모탕 위에 쭉 얹혀 있었다. 곱게 다듬어져 연노란 속살을 드러낸 나무들의 몸통에는 검은 먹줄들이 여기저기 선명하게 그어져 있었다. 그 금을 따라 형성된 장부들의 모습은 감탄을 자아냈다. 연장이 들어가기 힘든 부분들도 있었는데 어쩜 그렇게 하나같이 먹금을 살려가며 똑바로 가공할 수 있는지 신기할 지경이었다. 무슨 연장으로 어떻게 해야 저리되는지 불가사의했다.

당시에 나는 실내건축 일을 하는 2년 차 초짜 목수였다. 그런 데다 말로만 듣던 한옥 짓는 현장을 처음 봤으니 모든 게 신기했을 것이다. 목수 생활 20년이 넘은 지금이라고 별반 다르진 않다. 이론으로 좀 안다 뿐이지 실무에는 문외한이기 때문이다. 그래도 장부를 무슨 연장으로 형성하는지 정도는 안다. 그것은 바로 끌이다. 장부의 형상을 보면 직선이 있는가 하면 사선이 있고, 사선이 있는가 하면 곡선이 있고, 또는 이 모든 게 다 있을 수도 있다. 이런 모든 선을 구현할 수 있는 건 끌밖에 없다. 원형톱은 직선에는 용이하지만 곡선이 안 되고, 전기 대패는 평면 가공은 탁월하지만 좁은 곳에는 쓸 수 없으니 더더욱 안 되고, 체인톱은 직선도 되고 곡선도 되지만 정교함이 떨어져 안 된다. 그러니 아무리 기계 연장이 발달했어도 대목수들은 여전히 끌을 사용하고 있는 것이다.

그러고 보니 2006년에는 최기영 대목장이 모델로 나온 광고 방송에 끌이 등장하던 게 생각난다. 최 대목장이 통나무에 끌질을 하던 모습과 '한국의 명장, 당신께 배우겠습니다'라는 카피가 인상적이던 광고였다. 나무를 운반하기 위해 바다에서 뗏목을 엮으며 '단단히 무꺼야 뒤야' 하고 소리치는 장면이나 개량 한복을 입은 모습은 비현실적이라 눈에 거슬렸지만 둥근끌이 '땅' 하는 소리와 함께 나무를 내려찍는 장면은 보기 좋았다. 목수가 방송광고에 나오기는 처음이라 기억에 남아 있다.

끌가락지 안 빠지게 하는 법

끌은 실목수에게도 필수적인 연장이다. 연장 가방에 끌이 한두 개쯤은 꼭 들어 있는 이유이다. 하지만 실목수 끌에는 생기가 없다. 자루에는 때가 끼었고, 쇠에는 녹이 슬었고, 날은 둔하고, 이빨이 빠졌는가 하면, 또 가락지는 어디 갔는지 민머리이기 일쑤이다. 날이 시퍼렇게 살아 있어야 할 물건이 이런 몰골이 된 이유는 당연히 자주 쓰지 않기 때문이다. 목수 일에 구멍 팔 일이 없겠느냐마는 드릴로 하는 게 더 편하고 빨라서 별 쓸모가 없게 된 것이다.

실목수의 끌이 지저분하거나 날이 무딘 것은 어쩌다 쓰니까 그렇다고

대목이 쓰는 끌

이해할 수 있지만 가락지가 없는 것은 좀 다른 문제다. 끌을 길들일 줄 몰라서 생긴 탓이기 때문이다. 무슨 말인고 하니, 망치로 끌을 치면 가락지가 일그러진다. 일그러짐은 가락지 안팎으로 생기는데 정도가 심해지면 자루 끝을 덮게 된다. 그러면 가락지가 헐거워져 겉돌게 된다. 그러다가 어느 순간 빠져버려 민머리 끌이 되고 만다.

내가 쓰던 끌 중에도 가락지가 헐거운 게 있었다. 가락지 밑자락이 나무에 걸려 그런가 싶어 깎아보기도 했지만 소용이 없었다. 그러다가 목수 생활 20여 년이 지난 어느 날 그 원인을 찾게 되었다. 가락지 안쪽으로 일그러진 부위가 문제를 일으키고 있음을 깨달은 것이다. 그래서 가락지를 빼 안쪽을 갈아내고 자루에 단단히 박아 나무가 약간 솟구치게 하고 망치로 나무를 때려 가락지를 덮게끔 했다. 그랬더니 겉도는 일이 없어졌다. 타격 시 가락지가 먼저 맞아 일그러지는 일이 없어졌기 때문이다. 대목들이 들으면 웃을 일이겠지만 배운 적 없으니 스스로 알아내기란 이렇듯 어려운 법이다.

실목수가 끌을 사용하는 순간은 문짝을 달 때가 거의 유일하다. 문짝 다는 일은 경첩과 손잡이 다는 것이 핵심이다. 이 작업에는 홈을 파는 기계인 트리머를 사용하기도 하지만 트리머를 쓰려면 조기대도 필요하고 작업선도 필요하고 해서 좀 번거로운 편이라 문짝 수량이 많거나 특별한 상황이 아니면 잘 사용하지 않는다. 게다가 반장이 준비하는 것이라 개인은 없어도 된다. 대신 끌 하나쯤은 꼭 가지고 다녀야 한다. 문짝 설치는 언제 생길지 모르는 일이니까.

그런데 끌질을 하다 보면 짜증이 날 때가 한두 번이 아니다. 그 이유는 끌질이 서툴러서가 아니라 문짝 재료의 부실함 탓이 더 크다. 요즘 실내건축에 사용되는 문짝들을 보면 MDF나 합성수지로 만들어진 것이 대부분이다. 이런 재료는 약해서 끌질을 하면 터지기 십상이다. 더구나 문짝 두께가 38mm쯤 되는데 걸쇠의 홈을 제외하고 나면 양옆으로 6mm 정도밖에 남지를 않는다. 이렇게 여분이 작은 곳에 끌질을 해야 하니 아무리 조심한다고 해도 터지기 쉬운 것이다. 이럴 때는 원목을 쓰는 대목수가 한없이 부러워진다.

끌질을 하려면 먼저 밑그림을 그려야 한다. 경첩 달 때는 그것을 대고 그려야 하고 손잡이 걸쇠도 마찬가지로 하면 된다. 밑그림이 잘못되면 작업에 지장이 생기므로 신중하게 그려야 한다. 그리고 선을 벗어나지 않게 끌질을 하면 된다. 끌이 먹금을 넘게 되면 맞춤했을 때 틈이 생기거나 헐렁해져서 실효성이 그만큼 떨어지기 때문이다.

문짝에는 경첩이 3개 달리는 게 보통인데 그러자면 문짝과 문틀에 각각 3개씩, 총 6개의 홈을 파야 한다. 게다가 문짝을 여닫기 위해서는 사방으로 약간의 틈새가 필요한데 그것을 일정하게 하려면 경첩 자리도 일치해야 해서 상당히 까다롭고 시간도 많이 드는 일이다. 그래서 끌질할 필요가 없는 경첩도 등장했다. 이지경첩이 그것이다. 내가 이지경첩을 처음 본 때가 2006년이었으니까 그즈음에 개발된 것으로 보인다.

그러면 손잡이의 경우는 어떤가. 1990년대까지는 '실린더 손잡이'라 부르는 원형이 주류였는데 2000년대 이후에는 '레버 손잡이'라고 하는 일자형이 대세를 이루게 된다. 그래도 설치 방법은 동일하나. 요즘은 공장에 주문만 하면 손잡이 구멍을 미리 따주기도 한다. 또 손잡이 설치 자리가 가공되어 나오는 기성품도 있다. 끌질을 안 해도 된다는 말이다. 차라리 이런 문짝들이 일해먹기는 좋다. 끌질하다 짜증 날 일은 없으니까 말이다.

끌은 날이 한쪽으로 치우쳐 있다. 그래야 수직으로 구멍을 팔 수 있기 때문이다. 끌질은 나뭇결을 따라서 하는데 세워서 하는 끌질을 '찍는다'고 하고 기울여서 하는 것을 '파낸다'고 한다. 먹금 근처에서는 찍고 안쪽에서는 파내는 게 기본이다. 하지만 구멍이 깊어지면 파내기가 쉽지 않다. 끌 몸통이 끌구멍 가장자리에 걸려 파내는 데 한계가 있기 때문이다. 옛날에는 어떻게든 끌로 파냈을 테지만 요즘은 드릴로 파낸다. 먹금 안쪽

각끌기(위)와
끌 구멍을 파는 장면

은 드릴로 파내고 나머지 부분만 끌로 찍어내는 식이다. 그러면 구멍 파기가 훨씬 쉬워진다.

이런 원리로 만든 기계가 각끌기이다. 날이 선 네모난 쇠통 속에 드릴 심이 들어 있는 구조이다. 손잡이를 잡고 내리누르면 네모난 구멍이 뚫린다. 각끌의 크기는 6~22mm까지 있으므로 구멍에 맞는 걸 골라 쓰면 된다. 각끌기는 원목으로 문짝이나 가구를 만드는 곳에서 주로 사용된다. 소목들의 필수 연장으로 보면 된다. 소목 일에 사용되는 끌구멍은 아주 작다. 쌍장부 같은 건 6mm 정도밖에 되지 않는다. 이걸 나란히 두 줄로 파야 한다. 경회루에 달린 문짝에서 그런 걸 본 적이 있다. 경회루는 고종 4년(1867)에 중건되었고 1970년대 서북쪽 추녀가 미송 3본을 포개 교체된 적이 있었고, 1999년에는 그 추녀를 포함해 추녀 3본이 신응수 대목장에 의해 교체되었다고 한다. 그러면 문짝은 고종 때 것이란 얘긴데 그 짜임새가 놀랍다. 쌍장부를 쓴 것은 물론이고 밑면에 홈을 파서 끼워 넣기까지 했다. 순전히 톱과 끌만 가지고 했을 터인데, 저런 걸 볼 때마다 사람 손이 무섭다는 걸 새삼 실감하게 된다.

구두칼

거꾸로 잡는 칼

이름대로 구두를 다루는 칼이다. 어려서 구두닦이 아저씨가 이것을 들고 구두 뒤축을 다듬는 걸 본 적이 있다. 요즘은 '피혁도皮革刀'라고도 한다는데 가죽 재단에 쓰이기 때문이란다. 실목수는 무늬목 재단에 사용한다. 아니 사용했었다. 2000년대 초반까지는 무늬목 시공이 많았는데 이제는 거의 사라져 옛날얘기가 되어버렸다. 당연히 구두칼도 보기 어려워졌다. 나도 하나 가지고 있었는데 언제 없어졌는지 기억조차 나지 않는다.

지금 우리가 보는 구두는 서양이 시원이다. 그럼 당연히 구두칼의 시원도 서양일 것 같은데 그렇지는 않다. 유튜브를 보니 그들은 '티나Tina'라는 폭이 좁고 끝이 뾰족한 칼을 사용하고 있다. 전체가 쇠붙이로 되어 있는데 끝만 비스듬히 잘라 날을 세우고 나머지 부분은 손잡이로 쓰게 되어

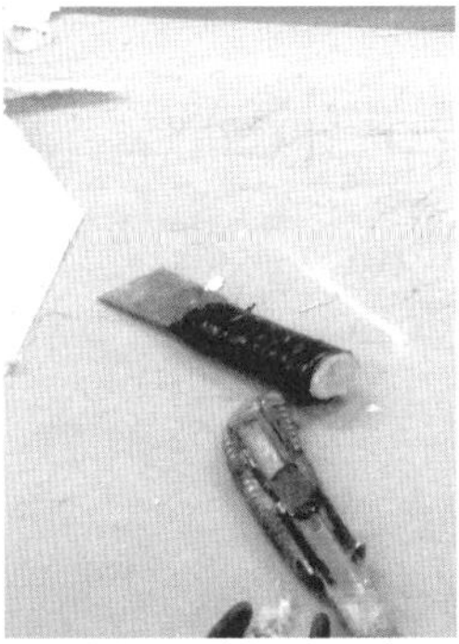
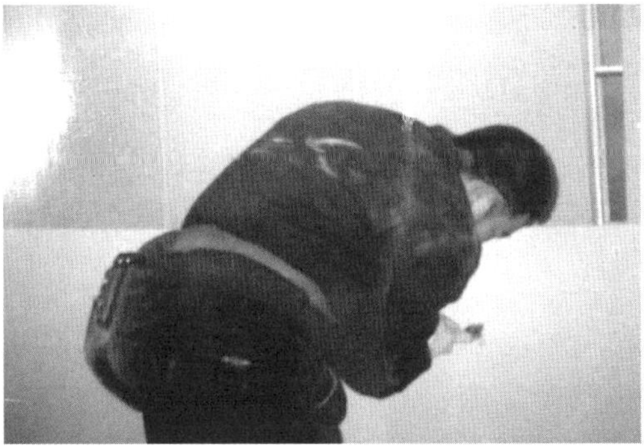

구두칼과 구두칼을 쓰는 목수

있다. 서양에서 발전된 구두 제작 기술은 일본을 거쳐 한국에 전해졌을 것이다. 그렇다면 구두칼의 모국은 일본일 가능성이 크다. 예전부터 있었던 것인지 아니면 구두 제작 과정에서 새로 개발된 것인지는 잘 모르겠다. 한국과 일본의 구두칼은 똑같이 생겼는데 말까지도 우리말로는 구두, 일본말로는 '구츠'로 비슷해서 재미있다. 두 말의 어원이 한국이란 설과 일본이란 설이 있다는데 어쨌든 한 뿌리라는 점만은 분명해 보인다.

구두칼은 거꾸로 잡고 쓰게 되어 있다. 칼날이 옆면에 있는 게 아니라 끝에 있기 때문이다. 끌처럼 말이다. 날은 얇으면서 한쪽 면은 반듯하고 다른 쪽은 불룩한 꼴이다. 불룩한 쪽을 밖으로 해서 거꾸로 쥐게 되어 있다. 그래야 불룩한 쪽에 새끼손가락이 걸려 미끄러지지 않는다. 독특한 형상은 괜히 나온 게 아니었던 것이다.

일반 칼을 거꾸로 쥐기도 하는데 육고기를 해체하는 발골사들이 그런 식으로 많이들 사용한다. 그러면 바로 쥐는 것보다 힘을 더 쓸 수 있고 세밀한 작업을 하는 데도 훨씬 유리하기 때문이다. 구두공들도 마찬가지여서 아예 거꾸로 쓰는 칼을 만든 모양이다. 구두칼 쓰는 걸 보면 손날을 바닥에 대고 그 부분을 지렛대 삼아 칼질을 한다. 엄지를 지렛대 삼는 티나와는 다른 방식이다.

무늬목과 함께 사라지다

이제는 쓸모없어진 구두칼을 목수 연장에 포함시킨 이유는 한때는 목수들도 구두칼을 사용했다는 사실을 남기기 위함이다. 비록 잠깐이었지만 구두칼을 다뤄본 마지막 세대의 목수라서 그나마 남길 얘기가 있어서 다행으로 생각한다.

구두칼을 회상하면 몹시 불편했다는 점이 먼저 떠오른다. 거꾸로 잡는 칼이다 보니 어색했기 때문이다. 그래도 숙달이 되면 나을까 싶어 한동안 애를 써보았지만 결국 이건 아니란 생각에 커터칼을 사용하고 말았다.

구두칼은 무늬목을 재단할 때 주로 사용됐다. 무늬목은 원목을 기계로 깎아낸 것으로 1mm도 안 될 정도로 매우 얇은데 재단을 할 때는 여러 장을 겹쳐서 하다 보니 칼이 잘 들어야 했다. 구두칼은 구두 밑창도 자를 수 있을 정도로 예리해서 웬만한 두께의 재단은 한번에도 가능했다. 잣대를 대고 구두칼을 비스듬히 세워 힘껏 눌러 자르다가 끝에서는 똑바로 세워 꾹 눌러서 끊어내는 식이다. 그래야 끝부분이 갈라지지 않기 때문이다. 왜, 종이 자를 때 끝부분에서 자주 찢어지지 않던가. 그거랑 똑같다고 보면 된다.

또 무늬목을 붙이고 나서 다듬는 데도 사용됐다. 가령 걸레받이처럼 얇은 재목의 측면에 무늬목을 붙일 때는 한 장씩 붙이는 게 아니라 여러 장을 겹쳐서 붙이게 되는데 나중에 하나씩 떼어내면 가장자리로 약간의 턱이 생긴다. 현장 여건상 단단히 밀착시킬 수 없어 틈새로 스며든 본드가 굳어서 그런 것이다. 그 턱은 구두칼로 제거하는데 칼날의 경사진 면을 바닥에 대고 쭉 미는 식이다. 대패처럼 말이다. 잘못하면 칼날이 재목을 파고들어 일을 망칠 수도 있는데 요령이 생기면 그런 일은 잘 일어나지 않는다. 사포를 쓰기도 했지만 그보다 훨씬 효율적이라 보통 저런 식으로 했다.

무늬목 시공은 이음을 잘해야 한다. 이음매에 틈이 생기면 하자로 본다. 틈이 생길까 봐 살짝 겹쳐서 하기도 했는데 올바른 시공법은 아니다. 그 부위가 도드라져 선이 생기기 때문이다. 올바른 시공법은 두 장을 10mm씀 겹쳐서 붙이고 이음매 중간에 잣대를 대고 칼을 넣어 잘린 부분들만 제거하는 식이다. 그러면 한 장처럼 감쪽같이 이어진다. 이때는 구두칼을 쓰지 않고 소형 커터칼을 사용하는 게 보통이었다. 어떤 반장은 칼을 넣을 때는 비스듬히 해야 된다며 누누이 강조하곤 했다. 빗이음을 하란 소린데 일리 있는 말이긴 해도 과연 그 얇은 것에 효과가 있을지는 의문이었다.

합판에 붙여 원목처럼 보이게 하던 무늬목은 2000년대 이후 서서히 자취를 감추게 된다. 인테리어 필름이 그 역할을 대신했기 때문이다. 이것은 무늬목을 흉내 낸 것으로 스티커처럼 뒷면에 접착제가 발라져 있어 보호용 종이를 떼어내고 붙이기만 하면 되는 마감재다. 인테리어 필름은 공사비를 일당으로 받는 게 아니라 '헤베(헤베, ㎡)당 얼마' 하는 식이어서 싼 편은 아니었지만 공사 기간이 짧은 장점 때문에 순식간에 무늬목 시장을 잠식해 버렸다. 그 바람에 실목수들은 큰 일감 하나를 잃어버리게 되었고, 다들 무늬목 붙일 때를 그리워하곤 했다. 구두칼을 잃어버린 것도 그 무렵일 것이다. 쓸모가 없어졌으니 그럴 수밖에.

몇 년간 무늬목이라곤 구경조차 못 하다가 2006년 11월 우리증권 대전지점 개설 공사 현장에 출장을 갔다가 우연히 다시 보게 됐다. 그때 아까 말한 겹치기 이음 하는 것을 처음 보았다. 무늬목 시공은 하급자가 무늬목에 풀칠을 하고 상급자가 붙이는 식으로 한다. 나는 풀칠을 하고 반장의 팀원인 사람이 붙였는데 이음매에 칼을 넣어 1 : 1 로 만드는 게 아니라 2~3mm쯤 겹치고 마는 것이었다. 둘러보니 다른 팀원들도 그렇게 하고 있었다. 저래도 되나 싶었는데 역시나 나중에 보니 이음매에 줄이 생겼다. 무늬목을 붙인 다음 꾸덕꾸덕 마를 즘에 주름이 펴지라고 다리미질을 해주는데 이음매가 두껍다 보니 도드라지면서 선이 생겼던 것이다. 그들도 그 선이 눈에 거슬렸는지 구두칼로 긁어내기도 했지만 별 효과는 없었다. 틈이 벌어지지 말라고 그런 건지 아니면 일을 빨리 하려고 그런 것인지 알 수는 없었다.

그 후로 2010년쯤인가 지인의 부탁으로 작업실에서 무늬목을 붙여본 적은 있어도 현장에서 해본 적은 단 한 번도 없다. 대신 남이 하는 걸 본 적은 딱 한 번 있다. 2011년 1월의 일이다. 당시에 아는 목수를 따라 판교에 새로 지은 아파트로 일을 갔다. 현장은 산자락에 계단식으로 조성된 고급형 아파트였다. 앞집의 지붕이 뒷집의 옥상이 되는 구조의 아파트였다. 아파트는 새것임에도 불구하고 인테리어를 다시 하고 있었다. 아파트는 아무리 고급이라도 내부는 똑같아서 그게 싫은 사람들은 살기 전에 취향에 맞게 많이들 고치곤 한다. 천정에 모양을 내기도 하고, 거실 벽을 치장하기도 하고, 바닥재를 바꾸는 등 다시 공사판이 벌어질 정도이다. 그 집은 문틀도 떼어내고 다시 시설했는데 합판으로 구조하고 무늬목으로 마감하는 식이었다. 이럴 경우 예전에는 실목수들이 모든 일을 도맡아 했었는데 거기는 그렇지가 않았다. 무늬목공이 담당을 했던 것이다. 말로만 들었었지 무늬목공을 보는 건 그때가 처음이었다. 어떻게 일하는지 몹시 궁금했지만 내 일 하느라 바빠서 자세히 살필 수는 없었고 오며 가며 곁눈질로 보는 게 고작이었다. 한번은 무늬목 재단실로 쓰고 있는 방에 들어갔다가 작업대 위에 놓인 칼을 보게 되었다. 자작한 것인 듯했다. 직사각형을 대각선으로 자른 듯한 형상인데 '하이스강HSS(고속도강)'이란 강철로 되어 있었고 길이는 한 뼘쯤 되어 보였다. 무늬목을 재단하는 칼이었다. 구두칼을 쓰지 않는 점이 흥미로워 자료로 쓸려고 핸드폰으로 사진까지 찍어두었는데 재생할 수가 없어 보여주지 못해 아쉽다. 시중에서 파는 창칼처럼 생겼다고 보면 된다. 그 칼은 무늬목 자르기가 훨씬 편해 보였다. 거꾸로 쥐지 않아도 되니까 말이다.

다리미

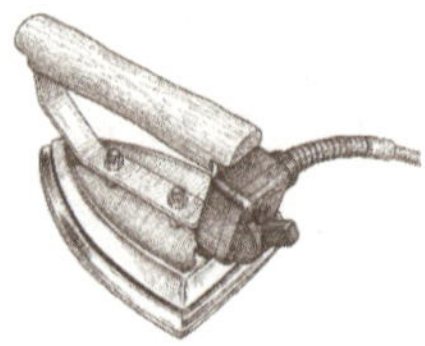

무늬목 다리는 목공 다리미

목공용이라 가정용 다리미와는 형태가 다르다. 이것은 정말 유물이 되다시피 한 연장이다. 다리미를 써본 게 언제던가. 아마 2010년이 마지막이었던 것 같다. 그것도 현장이 아닌 내 작업실에서 말이다. 그 후론 선반에 들어가 나이만 먹어가고 있다.

일반인들은 목수가 다리미로 무얼 할지 궁금할 것이다. 상식에 의하면 옷을 다리는 것인데 말이다. 목공에서도 마찬가지로 다리는 용도로 쓰이고 있다. 다만 그 용처가 옷감이 아닌 무늬목이란 차이점이 있을 뿐이다.

무늬목이란 목재를 거대한 기계 대패로 종잇장처럼 얇게 벗겨낸 것을 말한다. 일종의 커다란 대팻밥으로 보면 된다. 무늬목은 도배지처럼 풀을 발라 붙인다. 보통 합판이나 MDF에 붙이는데 값싼 원목에 붙이기도 한다. 그러면 값싼 재료가 값비싼 원목으로 둔갑되는 효과를 얻을 수 있다. 홍송무늬목을 붙이면 홍송이 되고, 체리무늬목을 붙이면 체리가 되는 식이다. 무슨 말인지 이해되지 않을 독자도 있을 텐데 고급스러운 공간에 가본 기억을 떠올려보라. 벽면 전체가 목재 느낌이 났던 기억이 떠오르지 않는가. 그것이 무늬목이다.

실내건축 현장기사로 일하던 1999~2000년 무렵 무늬목 공장엘 가본 적이 있다. 당시에는 고급 마감재로 무늬목을 주로 쓰던 때라 시장조사 차 방문했던 걸로 기억한다. 경기도 광주 어디쯤이었을 것이다.

마당에는 통나무들이 쌓여 있었고 공장 안에는 커다란 기계에 반듯한 통나무가 물려 있었다. 기계에는 통나무만 한 칼날이 장착되어 있었는데 그것이 회전할 때마다 바닥으로 무늬목이 한 장씩 떨어지는 것이었다. 어떻게 종잇장보다도 얇게 일정하게 깎여 나오는지 신기할 지경이었다. 무늬목이 두껍게 쌓이면 그것을 한쪽으로 들어내서 일꾼이 정글칼 같은 걸로 잣대를 대고 가장자리를 말끔하게 정리하던 모습도 볼만한 광경이었다.

무늬목에는 두 종류가 있다. '마사'와 '이다메'다. 마사는 곧은결, 이다메는 무늬결을 뜻하는 일본말이다. 일본말이지만 현장에서는 그렇게들 부르고 있다.

또 천연 무늬목과 인조 무늬목으로 나뉜다. 전자는 원목에서 생산된 것이고 후자는 인공적으로 만든 것이다. 잘은 모르지만 무늬목 조각을 이용해 만드는 모양이다. 인조 무늬목 중에 다른 것은 몰라도 인조 오크만은 써본 기억이 난다. 많이 쓰였기 때문이다. 은행에 가면 지금도 간혹 보게 되는데 노란 빛깔이 나는 것이 유행을 타지 않기 때문일 것이다.

무늬목 다루기는 의외로 까다롭다. 풀칠해서 붙이는 것은 도배지와 다를 바 없다. 하지만 도배지처럼 잘 접히지도 않고, 엇결 방향으로는 칼질도 잘 안되고, 걸핏하면 결을 따라 찢어지는 등 애로 사항이 많다. 고약한 냄새도 빼놓을 수 없다. 아주 매운 내가 나는데 부패하지 말라고 '포르말린'에 절였기 때문이다.

도배지는 붙이기만 하면 끝나지만 무늬목은 그걸로 끝이 아니라 후속 작업이 더 있다. 꾸덕꾸덕 말라갈 즘에 다리미로 다려주는 일이다. 그래야 마르면서 생긴 주름이 펴지고 들뜬 부위도 다시 밀착시킬 수 있기 때문이다. 옷감도 다려줘야 때깔이 나듯 무늬목도 그와 같다고 보면 된다.

무늬목은 문목紋木에서 나온 말인 듯하다. 호암갤러리 관장을 역임한 이종석의 《한국의 목공예》를 보면 문목에 대한 얘기가 나온다. "…… 결이 곧지 못한 잡목재를 많이 활용하는 가구이고 보니 자연히 그 재질에 맞는 공법을 강구하게 된다. 문목을 사용함에 있어 바탕을 소나무나 오동나무로 하고 그 위에 종잇장 같은 문목판을 부해 쓰는 것은 바로 그러한 기술의 한 가지이다. 판재로서의 문목은 느티나무·들메나무·먹감나무 등이 많이 쓰이는 편이다. 느티나무와 같은 무늬 좋은 고목의 둥치는 속칭 용목이라 일컬어 가구재로서 귀하게 여겨진다."[19]

문목을 알갱이라고도 부른다. 고가구상 정대영의 《한국의 장》을 보면

19 이종석, 《한국의 목공예》, 열화당, 2001.

이렇게 나온다. "'알판'이라고도 불리는 알갱이는 작은 크기의 면판面板으로 나무의 자연미를 표출하기 위해 무늬결[木理]이나 색상을 이용한다. …… 알갱이는 장 전면의 좌측면과 우측면을 대칭적으로 배열하기 위해 반드시 똑같은 한 쌍을 만든다. 배면背面 알갱이판은 표면 알갱이판과는 다른 성질의 재료를 나뭇결이 엇갈리도록 붙임을 한다."[20]

문목은 '톱으로 거듭 켜서' 만들었다고 한다. 통나무는 일정한 두께로 켜서 널빤지로 만든 다음 재목으로 이용되는데 무늬가 좋은 부위는 한정돼 있다. 이런 '무늬 좋은' 널빤지는 귀하니까 그것을 통째로 쓰기보다는 여러 장으로 켜서 가구의 얼굴이 되는 문짝 만드는 재료로 아껴 썼던 모양이다.

그런데 어쩌다 문목이 무늬목으로 말이 변하게 되었을까? 그건 혹시 문목은 톱으로 켠 것이라 어느 정도 두께가 있는 것이지만 무늬목은 칼날로 뜬 것이라 두께가 없다시피 해서 '무늬만 나무'라는 뜻으로 그렇게 부르게 된 것은 아닐까?

무늬목 작업 많았던 모텔 공사

내가 목수 일을 시작하던 2001년까지만 하더라도 무늬목 공사는 목공사에서 큰 비중을 차지하고 있었다. 한 뼘 내외인 무늬목을 풀칠해서 벽면이나 가구 표면에 일일이 붙여야 했으니 오죽 일이 많았겠는가. 더구나 서두

20 정대영, 《한국의 장》, 동인방, 2002.

른다고 되는 일도 아니었으니 말이다. 지금 생각해 보면 실목수는 그때가 호시절이었던 것 같다.

2000년 전후에는 모텔이 우후죽순처럼 생겨나던 시기였다. 아는 사람들은 알겠지만 어떤 곳에 가면 모텔촌이라 불릴 정도로 모텔들이 즐비했다. 나도 그 덕분(?)에 모텔 공사를 감독해 보기도 했다.

당시 모텔에는 침대머리판이란 게 있었다. 모텔업계가 경쟁이 심하다 보니까 손님들을 끌기 위해 멋져 보이라고 가장 눈에 잘 뜨이는 침대머리 쪽에 설치했던 조형물이다. 남들보다 튀어야 했으니 여력이 되는 사장님들은 웅장한 것일수록 좋아했고 무늬목은 당연히 발라야 되는 것이었다. 기본이 5층 정도인 모텔에 객실마다 침대머리판이 설치됐으니 일이 얼마나 많았겠는가.

내가 공사를 맡은 모텔은 수지에 있었던 '스카이모텔'이라는 곳이었다. 그곳에도 당연히 침대머리판이 계획됐고 그것을 만드는 일이 가장 큰 일거리였다. 작업은 크게 3조로 나뉘어 진행됐다. 침대머리판을 조성하는 조, 알판 마구리면에 무늬목을 바르는 조, 알판을 붙이고 거기에 무늬목을 바르는 조 등이었다. 모텔 객실이 좁아서 여럿이 들어가 일할 수 없으므로 한 조가 일을 마치면 다른 조가 들어가는 식으로 공사를 했다. 공사는 1999년 12월 29일에 시작해 2000년 3월 6일에 마쳤고 총 54일이 소요되었다. 초짜 기사로서는 큰 공사였고 많은 걸 배울 수 있는 계기이기도 했다.

당시에 쓰던 작업 노트를 찾아보다 재밌는 사실을 발견했다. 목수들에게 노임을 지급하기 위해 적어놓은 인적 사항이 있어서다. 총 13명의 성명, 주민번호, 휴대폰 번호 등이 적혀 있다. 1950년대생들이 가장 많고, 48년생과 44년생도 보인다. 당시의 나이로 40대가 태반이고 50대가 2명인 셈이다. 재밌는 사실은 48년생 목수가 지금의 나의 동갑인 점이다. 그분은 앞에서 말한 2번째 조에 있었는데 그 조에는 2명이 있었고 방 하나를 잡아 큰 작업대를 마련해놓고 일을 했는데 거기엔 난로가 있어서 자주 머물던 곳이라 기억에 남아 있다. 특히나 여자 얘기를 자주 해서 또렷이 기억하는데 '영감이 여자 되게 밝히네' 하는 생각이 들곤 했다. 50대를 영감으로 보았다니 참 너무했다. 이제는 20대가 나를 그렇게 볼 테니 피장파장인 셈인가.

작업 노트에는 무늬목 시공법에 대한 내용도 있다. "무늬목에 205 본드를 롤러로 고르게 바른다. 그리고 널어서 말린다. 그렇게 하면 본드가 마르게 돼서 무늬목이 잘 찢어지지 않게 된다." 무늬목을 표면에 붙일 때는 본드를 바르고 바로 붙이지만 마구리면(고부찌)에 붙일 때는 본드를 먼저 발라 건조한 후에 사용한다는 얘기다. 약한 무늬목을 보강하는 비법(?)인 것이다.

"고부찌는 여러 장을 겹쳐서 바른다. 고부찌 두께로 자르는 것은 자를 만들어 자르면 정확하게 그 두께로 자를 수 있다." 알판 마구리면은 한 장씩 붙이는 게 아니라 여러 장을 겹쳐놓고 한 번에 붙인다는 얘기다. 그리고 한 장씩 떼어낼 때는 '자', 즉 조기대를 사용한다는 말이다.

여기서의 비법은 조기대에 있다. 조기대는 알판과 같은 재목을 손에 쥘 만한 크기로 세 조각을 겹쳐서 만든다. 두 조각을 일치시키고 그 사이에 칼날을 끼워 고정한 다음 나머지 조각을 약간 튀어나오게 해서 붙이면 된다. 튀어나온 조기대 부위를 맨 가에 있는 알판에 밀착시키면서 그으면 일정하게 무늬목이 잘리면서 알판이 분리된다. 이 장면을 처음 봤을 때 "오호" 하는 감탄사가 절로 나왔던 기억이 떠오른다.

목공용 다리미에는 두 가지 기종이 있다. 하나는 전기로 작동되는 것이고 다른 하나는 난로에 달궈서 쓰는 것이다. 후자는 옛날 여인들이 숯불에 달궈서 쓰던 다리미를 연상시킨다. 이 방식은 가구 공장에서 주로 쓰인다. 왜 그러는지는 잘 모르겠다. 어느 회사에 다닐 땐지 기억도 가물거리지만 볼일이 있어서 마석인가 싶은 가구 공장에 들렀다가 그 다리미를 본 적이 딱 한 번 있었다.

현장에서는 전기다리미를 사용한다. 전기다리미는 내부에 전열판이 들어 있어 전기를 연결하면 가열되는 구조이다. 손잡이 뒤쪽에 온도조절 레버가 달려 있어서 그것으로 온도를 조절한다. 이것은 정밀하지 못해서인지 단선이 잦은 편이다. 따라서 여분의 전열판을 준비해두는 게 좋다. 공장에서 전기다리미를 사용하지 않는 원인도 고장 때문이 아닐까 하는 생각이 든다. 또 전깃줄을 달고 다녀야 하는 불편함도 한몫을 했을지도 모르겠다.

다리미는 온도조절이 중요하다. 차가운 나무판을 다려야 하니 매우 뜨거워야 한다. 온도가 약하면 다려지지도 않지만 뻑뻑해서 잘 움직이지도 않는다. 또 너무 뜨거우면 무늬목이 타버려서 못쓴다. 적정한 온도를 유지해야 하는데 경험이 없으면 어려운 일이다. 다리미 온도를 알아볼 수 있는 방법이 있다. 다리미 바닥에 침을 뱉어보는 것이다. 온도가 약하면 침이 들러붙으며 지글지글 끓게 되고 아주 뜨거우면 침이 곧바로 튀겨진다.

침이 튀겨질 정도는 되어야 사용이 가능한 것으로 보면 된다.

다리미가 이렇게 뜨겁다 보니 전깃줄이 닿으면 피복이 금방 녹아 버린다. 내화 전선이 아닌 일반 전선으로 돼 있기 때문이다. 그래서 목수들은 다리미 손잡이에 긴 막대를 달아 전선을 묶어두는 방법을 쓴다. 전선이 다리미에 닿지 않도록 멀리 떨어뜨려 놓는 것이다. 이 방법은 간단하긴 한데 썩 보기 좋은 모습은 아니다. 그래서 나는 다리미 닿는 전선 부위에 사포를 감아두는 방법을 쓰곤 했었다.

무늬목은 2000년대 초반까지 사용되다가 현장에서 자취를 감추게 된다. 무늬목을 내체하는 인테리어 필름이란 자재가 출현했기 때문이다. 인테리어 필름이란 무늬목이 인쇄된 넓은 테이프 같은 것으로 보면 된다. 너비는 1m가 넘는데 뒷면에 붙여진 보호용 종이를 벗겨내고 붙이도록 되어 있다. 스티커처럼 말이다. 무늬목처럼 도장을 할 필요가 없어 공기 단축에 효과적이라 대유행 중인 마감재이다.

하지만 인공적인 자재다 보니 생기가 없어 고급스러워 보이지는 않는다. 그래서 좀 고급스럽게 하려면 미장 합판이란 걸 쓰기도 한다. 미장 합판이란 합판이나 MDF(두께 9mm)에 무늬목을 바르고 칠까지 한 공산품 자재를 말한다. 재단해서 실타카로 고정만 하면 되는 것이라 간편하다. 나도 2013년 7월에 서울대 강의실 공사를 하면서 한 번 시공해 본 적이 있는데 널리 쓰이지는 않는 것 같다.

진짜로 고급스럽게 하려면 무늬목이 최선이다. 2011년엔 근 10여 년 만에 현장에서 무늬목 시공하는 걸 보게 되었다. 판교 산자락 밑에 신축한 고급 아파트였는데 입주하기 전에 인테리어 공사를 하고 있었다. 거기서

무늬목(위)과
다리미질로 무늬목을
붙이는 모습(아래)

5일을 일했는데 마지막 날 무늬목공이 일을 하기 위해 현장에 들어왔다. 무늬목공이 있다는 얘기는 들었지만 현장에서 보기는 처음이었다. 일하는 모습을 보니 역시나 전문가답게 우리들보다는 솜씨가 나아 보였다. 문틀에 무늬목을 붙이고 있었는데 안쪽 면을 통으로 붙이는 기법이 인상적이었다. 문틀 안쪽엔 문턱이 있으므로 무늬목 1장으로 붙이기 위해선 2번을 꺾어야 되는데 그 두께는 10mm 정도밖에 되지 않아 무늬목 꺾기가 쉽지 않다. 설사 꺾는다고 해도 터지거나 들뜨기 십상이다. 기술이 없고서는 엄두 내기 힘든 일이라 목수들은 따로 붙이는 게 보통이다. 어떤 요령이 있을 테지만 내 일하느라 바빠서 자세히 볼 수가 없어 알아내지는 못하고 말았다.

나한테는 가끔씩 무늬목 공사 의뢰가 들어오곤 한다. 블로그에 올려둔 무늬목 기사를 보고서 연락이 오는 것이다. 무늬목을 검색하면 인테리어 필름에 대한 정보만 있지 천연 무늬목 관련 기사는 거의 없다. 내 기사는 보이지도 않는데 어떻게들 찾아내는지 참 신기할 노릇이다. 하지만 그럴 때마다 거절을 한다. 무늬목 공사는 전문가들이 하는 게 정석이라 생각하기 때문이다.

5. 시공용 연장

콤프

삼위일체

바람을 만드는 물건이다. 정확히 말하자면 '에어 컴프레서air compressor', 우리말로 하면 공기 압축기, 하지만 그렇게 부르는 사람은 거의 없고 '콤프레서' 혹은 더 줄여서 '콤프'라 부르는 게 보통이다. 여기서는 많은 목수들이 부르는 '콤프'를 쓰기로 한다.

전기모터로 작동되는 엔진이 공기를 빨아들여 그 밑에 있는 탱크에 공기를 압축하게 되어 있다. 압력이 한계치에 이르면 저절로 멈추고 한계치 이하가 되면 다시 작동되는 식이다. 이렇게 압축된 공기는 배출구를 통해 밖으로 나오게 되면 강력한 바람이 된다. 하지만 이것만 있어서는 무용지물이라 바늘에 실 따라가듯 바람을 전달해주는 공기줄도 있어야 하고, 또 이 바람을 이용하는 연장도 필요하다. 말하자면 '삼위일체'가 되어야 비

3.5마력 콤프

로소 제구실을 하는 셈이다.

콤프는 마력 수에 따라 구분된다. 마력 수가 높을수록 당연히 부피도 커진다. 그래서 5마력 이상이면 운반이 힘들어 자동차 정비소나 공장 같은 큰 업소에선 붙박이로 놓고 사용하는 게 보통이다. 목공에는 2.5, 3.5, 4.5마력 등이 주로 사용된다. 3.5마력이 가장 많이 쓰이고, 그다음이 2.5마력, 4.5마력 순이다. 2.5마력은 가볍긴 한데 여럿이 쓰기엔 힘이 부족하고, 4.5마력은 힘은 세지만 너무 크고 무거워서 그 중간인 3.5마력이 가장 선호되는 셈이다.

나는 2.5마력 두 대와 4.5마력 한 대를 가지고 있다. 전자는 현장용이고 후자는 작업실용으로 쓰고 있다. 소규모 일을 주로 하는 터라 2.5마력을 써도 상관없고, 4.5마력은 스프레이 도장을 위해 구입해둔 것이다.

콤프에는 배출구가 두 개뿐이다. 그래서 2인 이상이 쓰려면 그 수를 늘려야 한다. 여기에 사용되는 것이 휴대용 배출구이다. 휴대용 배출구에는 2구와 3구가 있는데 3구를 쓰는 게 보통이다. 이것을 '삼발이'라 한다. 삼발이 1개를 끼우면 총 4명이 사용할 수 있고 2개를 끼우면 총 6명이 사용할 수 있다. 그러므로 인원수가 2명씩 늘 때마다 삼발이는 1개씩이 더 필요한 셈이다. 결국 삼발이 1개는 기본적으로 갖추고 있어야 하고, 일거리 많은 반장이라면 더 많아야 된다는 얘기다. 말하자면 삼발이도 실목수의 필수품인 셈이다.

성질 급한 한국인

콤프를 쓰다 보면 탱크 안에 물이 찬다. 공기를 압축하면 물이 생기기 때문이다. 탱크 밑에는 물을 뺄 수 있는 배수구가 마련되어 있다. 주의 사항에는 사용하기 전에 매일 물을 빼주라고 되어 있지만 그러는 사람은 아마 없을 것이다. 찰랑찰랑 물소리가 날 때나 빼주는 게 보통이다. 배수구가 저 밑에 있어 쪼그리고 앉아야 해서 귀찮기 때문이다. 콤프에서 물을 뺄 때는 조심해야 한다. 잘못하면 물벼락 맞는 수가 있다. 이는 배수하기 전에 바람을 충분히 빼지 않아서 생기는 변이다.

콤프의 배수구는 대개 돌려 막는 나사식으로 되어 있다. 손으로는 풀리지 않고 연장을 사용해야 된다. 연장을 사용해 돌리면 바람이 '쉬이익' 소리를 내며 빠지기 시작한다. 그러면 다 빠질 때까지 기다려야 하는데 '성질 급한 한국인'이 어디 그런가. 도중에 참지 못하고 완전히 열어버리기 일쑤다. 그러면 '펑' 하는 소리와 함께 갑자기 물이 뿜어져 나온다. 깜짝 놀라 얼른 일어서지만 신발이며 바짓가랑이는 이미 젖은 상태다. "에이씨" 하면서 손도 털고 발도 털고 나서 콤프를 이리저리 흔들며 물을 뺀다. 물이 다 빠지면 배수구를 잠가야 하는데 이번엔 마개가 보이지 않는다. 탱크 물이 폭발(?)하면서 어디로 날아가버린 것이다. 게다가 탱크에 든 물은 말갛지 않고 녹이 섞인 누런 녹물인데 마개가 황동이라 눈에 잘 띄지도 않아 찾기는 더욱 어렵다. 더러운 녹물 속을 이리저리 뒤져가며 간신히 마개를 찾아 배수구를 막고 나면 한숨이 절로 나온다. 그래서인지 콤프에서 물을 뺄 때면 항상 마음이 조마조마하다.

콤프의 무게는 2.5마력이 26kg, 3.5마력이 40kg쯤 나간다. 설비공이 쓰는 나사 깎는 '파이프 머신'이 44kg 정도 나간다고 한다. 그러니 일꾼들이 가지고 다니는 연장 중에서는 아마도 콤프가 두 번째로 무거울 것이다. 이렇게 무거운 데다 부피까지 커서 운반하는 일이 만만치 않다. 일단, 일할 때마다 매번 상하차를 해야 한다. 둘이서 들면 문제없지만 혼자서 하는 경우도 많아 힘이 든다. 그래서 상차하다 허리를 다치는 경우도 흔하다. 또 하차해서는 현장으로 끌고 가야 하는데 이 일도 결코 쉽지는 않다. 앞쪽에 손잡이가 있고 뒤에는 바퀴가 있어 앞을 들고 끌면 되는데 너무 많이 들면 뒤로 넘어가버리므로 허리를 수그린 채 끌고 가게 되는데 손잡이가 짧아 발뒤축이 자꾸 콤프에 걸려 종종걸음을 치게 되어 걷는 게 몹시 불편하기 때문이다. 주차장에서 현장이 멀기라도 하면 이 일도 꽤 힘들어진다. 어떨 땐 건물에 엘리베이터가 없어서 계단으로 올려야 하는 경우도 있다. 그럼 둘이서 들게 되는데 앞사람은 좀 편할지 몰라도 뒷사람은 죽을 맛이 되기 십상이다. 앞쪽 손잡이는 플라스틱이나 고무가 씌워져 있어 잡기가 편하지만 뒤쪽 손잡이는 연필만 한 굵기의 쇠줄로 된 데다 한 손밖에 들어가지 않아 그걸 잡고 가다 보면 손가락이 끊어질 정도로 아파오기 때문이다. 다 큰 사람이 아프다고 중간에 놓을 수도 없는 노릇이라 현장까지 꾹 참고 가다 보면 그렇게 된다.

실목수의 일과는 콤프 켜는 것으로 시작해서 끄는 것으로 끝이 난다. 콤프는 압력이 충분치 않으면 사용할 수 없기 때문에 일 시작 전에는 켜야 하고, 압력이 떨어지면 저절로 작동되기 때문에 퇴근할 때는 반드시 꺼야 된다. 특히 아파트 공사를 할 때는 주의해야 한다. 깜박 잊고 갔다가는 다음 날 시끄러워서 잠 한숨 못 잤다는 민원에 시달릴 수 있기 때문이다. 콤프에는 스위치가 있어 간단히 끌 수도 있다. 하지만 스위치가 고장 나기도 해서 목수들은 플러그를 아예 뽑아버린다. 그래야 안심이 되기 때문이다.

콤프는 스위치 고장 외에는 거의 고장이 없는 편이다. 내가 2004년에 처음 산 콤프는 아직도 건재하다. 그래도 전력이 달리면 고장을 일으킬 수 있으므로 반드시 건물에 있는 콘센트에 바로 꽂는 게 좋다. 콤프가 고장 나면 실목수의 분신 같은 타카를 사용할 수 없게 되므로 명심할 일이다.

타카

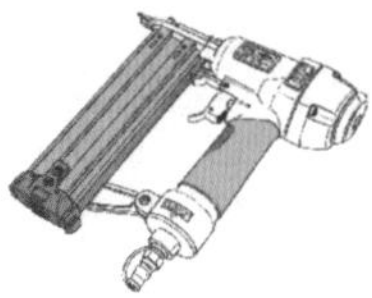

못총

영어로 '태커tacker', 한국인들은 타카라 부른다. 오렌지를 '어렌쥐'라고 해야 한다고 말해 세상 사람들을 웃겼던 어느 장관처럼 '태커'라고 말하는 이를 아직까지 한 번도 보지 못했다. 제일타카라는 회사명도 있는 걸 보면 토착화된 외래어로 보는 게 맞을 듯싶다.

타카를 우리말로 하자면 '못총'이 된다. 국어사전에는 없는 말이지만 실제로 쓰이기도 한다. 이 낱말을 처음 본 건 2016년 일본으로 여행 갈 때 받았던 항공기 탑승 시 주의 사항이 적힌 어떤 안내문에서였다. 거기엔 기내에 소지할 수 없는 물품을 적어놓은 항목들이 있었는데 그중에 '못총'이란 것도 있었다. 타카를 말하는 게 틀림없었다. 언제 작성된 문건인진 몰라도 외래어로 표기하지 않고 우리말로 표기한 점이 신선해서 기억에 남

다양한 종류의 타카

아 있다.

타카를 쓰기 시작한 지는 얼마 되지 않는다. 1990년대 초반까지만 해도 목공사는 망치로 하는 것이었다. 이는 1992년에 지어진 평촌 아파트에서 인테리어 공사를 하면서 알게 된 사실이다. 천정을 보수하기 위해 석고보드를 뜯고 보니 대두못이 보였다. 석고보드를 박았던 대두못이 드러난 것이다. 시대가 어느 때라고 망치를 썼나 싶어 깜짝 놀랐던 기억이 떠오른다.

유리 일

타카를 처음 본 때는 1995년이다. 같은 해 7월에 제대를 하고서 신내동 두산아파트 신축 현장에서 유리 일을 한 적이 있었다. 유리 끼우는 일을 그렇게들 부른다. 유리 일을 직업 삼아 한 것은 아니고 이듬해 복학하기 전까지 시간이 많이 남아 있어 '알바'로 하게 된 일이었다. 휴학생 신분이라 적당한 일자리가 없었는데 마침 한 달 먼저 제대한 고참이 유리 일을 하고 있어서 그에게 부탁해 하게 된 일이었다. 몇 가지 노가대(노가다) 일을 해본 적은 있었지만 유리 일은 그때가 처음이었다.

유리 일은 크게 세 가지로 나누어진다. 각종 유리를 시공 장소로 분배하는 것이 하나, 유리를 창틀에 끼우는 것이 둘, 창틀과 유리 사이에 실리콘을 쏘는 것이 셋이다. 마지막 작업은 기술자들이 하는 것이고 나머지는 조공들이 하는 게 보통이다. 아파트 거실 창에 들어가는 통유리를 페어유리라 부르는데 상당히 무겁다. 이런 유리는 압축기라는 기구를 사용해 들게 된다. 압축기는 원반 모양의 손잡이가 달린 꼴인데 바닥에 있는 고무를 유리에 대고 꺾쇠를 누르면 고무판이 들리면서 유리에 찰싹 달라붙게 된다. 접착면이 진공상태가 되어 그런 것이다. 떼어내려면 꺾쇠를 풀면 된다.

아파트 신축 현장을 보면 각 동별로 호이스트라 부르는 임시 승강기가 설치되어 있다. 사람들이 타기도 하고 건축자재를 실어 나르기도 하는 시설이다. 건축자재는 호이스트에 실어 층별로 수량에 맞추어 하역한 다음 각 세대별로 베란다를 통해 분배하게 된다. 벽을 임시로 막지 않아 가능한 일이다. 신내동 두산아파트는 일렬식 구조라 그렇게 했는데 다른 아파트

들은 어떻게 하는지 본 적이 없어 잘 모르겠다.

베란다를 틔워두긴 했어도 세대 간에는 턱이 있었던 것으로 기억한다. 아마도 방수를 위해 턱이 필요했던 모양이다. 일정한 거리마다 턱이 있어서 걸음이 자유롭지 않았다. 더구나 한 손으로 유리를 부착한 압축기를 들고 걸으려니 더욱 힘이 들었다. 호이스트에서 먼 세대까지 나를라치면 손에 힘이 빠져 놓치지 않으려고 애를 쓰던 기억이 떠오른다.

거실 창을 끼우고 나자 일은 좀 수월해졌다. 방에 들어가는 창유리는 한 장으로 된 것이어서 가벼웠기 때문이다. 당시에 아파트 유리창은 대부분이 플라스틱으로 된 '하이샤시(하이섀시, PVC 창호)'였는데 방만은 예외적으로 목창이었다. 그건 일반 주택들도 마찬가지였는데 목창에는 유리공들이 '미스트'라고 부르는 반투명 유리가 끼워졌다.

목창에는 사방으로 유리 끼우는 홈이 파여 있는데 좌우측 홈의 뒷면은 떼어낼 수 있게 만든다. 그래야 창구멍보다 큰 유리가 들어갈 수 있기 때문이다. 이런 걸 유리공들은 '오사이'라 불렀다. 오사이 없이 실리콘만 발라 유리를 고정하는 방식도 있지만 저 방식이 기본이다.

오사이는 두께 1mm쯤 되는 원형톱날을 이용해 가공하는데 끝부분만 살짝 남겨둔다. 떨어지지 않게 말이다. 이렇게 만든 목창은 도장을 해서 현장으로 배송된다. 그러면 유리공이 구두칼로 남은 쪽을 잘라 오사이를 떼어내 유리를 끼우고서 제자리에 다시 붙이게 된다. 붙일 때는 접착제를 쓰지 않고 못으로만 고정한다. 유리가 깨지면 다시 뺄 수 있게 말이다.

오사이 고정용 못으로는 '무두못'이나 타카못이 사용된다. 타카가 없던 시절엔 무두못을 썼다는데 유리공들은 입안에 못을 잔뜩 넣어두고 하나씩 빼서 썼다고 한다. 더럽긴 하지만 그 방식이 제일 빨라서 그랬다고 한다. 신내동 두산아파트 현장에선 타카를 썼기 때문에 다행히 그럴 일은 없었다. 오래전 일이라 기억이 가물거리는데 타카는 실타카를 사용했던 것 같다.

그 밖에도 어렴풋이 기억이 나는 것은 거실에서 목수가 바닥을 높여 합판을 깔고서 그 위에서 천정 조성 작업을 하고 있던 모습이다. 혼자서 작업하고 있었는데 아마도 타카를 사용했던 듯싶다. 망치로 하려면 혼자서는 할 수 없었을 테니 말이다.

그러니까 적어도 평촌 아파트가 지어지던 1992년까지는 보편적으로 망치가 사용되었다는 얘기가 된다. 그때도 타카는 있었을 것이다. 왜냐면 오래된 문짝을 부수다 보면 몰딩에 박힌 '타카핀'이 발견되기 때문이다. 하지만 공사 현장에서까지 쓰일 정도로 보편화되진 못했던 것 같다. 국내 타카 기업으로는 제일타카와 영우화스너가 있다. 조사한 자료에 의하면 영우화스너는 1999~2002년까지 제작 판매를 하다가 2003년부터는 OEM 방식으로 대만에서 수입해 판매만 하고 있다고 한다. 제일타카는 1984년에 '에어타카 3기종 개발(1013J, 413J, 422J)'을 한 이래로 꾸준히 국내에서 제작 판매 중이며 타카의 대명사라 할 정도로 많이 쓰이고 있다. 그렇다면 내 기억과 제일타카 개발 시점과는 적어도 8년의 격차가 있는 셈이다. 아마도 너무 고가라서 공사 현장에서 사용되기까지는 많은 시간이 필요하지 않았을까 생각된다.

타카 세대

나는 2001년에 목수가 된 타카 세대지만 망치도 더러 쓴 축에 속한다. 그때까지만 해도 각재로 골조를 짜는 데는 길이 64mm 일반못을 사용했기 때문이다. 각재에 쓰이는 타카가 있었지만 가느다란 타카못이 무슨 힘이 있겠느냐는 불신이 앞서 골조만은 튼튼해야 된다는 생각으로 일반못을 사용했던 것이다. 이런 추세는 2~3년간 더 이어지다가 나중엔 타카만을 사용하게 된다. 뭐든지 과도기가 있는 것처럼 목수계에도 수공구에서 기계 공구로 넘어가는 과정에서 두 가지가 혼용되는 양상이 벌어졌던 것이리라.

그러다가 타카에 점차 익숙해지고 공사를 수주하기 위해 더 빠른 공사법을 찾다 보니 일반못은 점차 사라지게 된다. 하기야 타카를 쓰면 일도 빠르고 힘도 덜 드는데 어느 누가 힘든 망치질을 하고 있겠는가. 그리고 타카로 각재를 박아도 내구력에는 문제가 없다는 게 그동안의 경험으로 판명되었기 때문에 불신을 거둘 수 있었을 것이다.

타카가 힘이 덜 드는 건 분명한 사실이지만 편리한 것에는 그만한 대가가 따르기 마련이다. 옛날 같으면 망치 한 자루면 될 일을 타카는 서너 가지는 되어야 작업이 가능해진다. 이것으로 목공사를 하려면 대타카, 일자타카, 디귿자 타카 정도는 기본적으로 있어야 되고 거기에 못 자국이 거의 나지 않는 실타카도 있어야 비로소 구색이 갖춰진다. 타카만 있어서 되는 것도 아니다. 타카는 전기로 움직이는 게 아니라 압축공기로 작동되는 물건이기 때문이다. 압축공기를 만들어내는 것이 '에어컴프레서'이다. 목수들은 간단히 '콤프'라 부른다. 또 압축공기를 전달해주는 것도 필요한데 타카줄이 그것이다. 타카만 있어서는 무용지물인 것이다. 결국 타카를 쓰자면 상당한 비용이 든다는 얘기다.

망치를 쓰던 시절의 못을 보면 대못, 중못, 대두못, 거멀못, 무두못 등 종류가 다양했다. 타카도 똑같다. 타카마다 쓰는 못이 다 다르다. 보통 '타카핀'이라고 부르는데 그 종류를 보면, 대타카에 넣는 에스티사십오(ST-45), 디티육사(DT-64), 일자 타카에 넣는 에프삼십(F-30), 디귿자 타카에 넣는 사둘둘(J422), 실타카에 넣는 실핀(630) 등이 있다. 영문 뒤에 있는 숫자는 타카핀 길이의 최대치를 나타낸다. 이보다 짧은 것들도 더 있지만 종류가 워낙 많아 여기서는 대표적인 것들만 적어놓았다. 그 용도를 보면 에스티(ST)는 콘크리트 벽이나 철판에, 디티(DT)는 각목에, 에프(F)는 두께 9mm 이상 합판에, 사둘둘(J422)은 두께 5mm 이하 합판에, 실핀(630)은 몰딩이나 미장합판에 사용된다.

타카핀은 원청에서 공급해주는 게 보통이다. 따라서 현장기사라면 이 정도는 알고 있어야 현장에 가서 고생을 덜 한다. 현장에 있으면 목수들이 이것저것 사 오라고 시키기도 하는데 모르면 두 번 걸음을 해야 되니까 말이다. 하기야 요즘은 그럴 일도 없겠다. 목재소에서 자재뿐만 아니라 타카핀 같은 부자재들도 주문만 하면 배달해주는 시대가 되었으니 말이다. 나 때는 그랬단 얘기다.

타카마다 제품명이 따로 있지만 목수들은 다르게 부른다. 대타카는 크기가 커서, 일자 타카와 디귿자 타카는 타카못 모양이 그러해서, 실타카는 타카못이 실처럼 가늘다 해서 붙여진 명칭이다. 디귿자와 일자 타카가 제일 많이 쓰이고 다음이 대타카이고 실타카는 가끔씩 쓰이는 정도이다.

타카는 종류별로 적어도 2개 이상은 갖추고 있어야 된다. 고장이라도 나면 대체할 필요도 있고 목수 일은 여럿이 하는 게 보통이라서 그만한 수량은 되어야 하기 때문이다. 타카는 목공 반장이 준비하는 게 보통인데 어떤 지역에서는 개인이 준비하는 것이라고 한다. 물론 그 대신 일당을 더 받는다. 하지만 서울 목수들은 '돈 더 준다고 해도 그 짓을 어떻게 하느냐'며 손사래를 친다. 들고 다니는 게 귀찮기도 하겠지만 현실적으로 봐도 불가능하다. 기본 타카만 준비하려 해도 차가 필요한데 서울은 워낙 복잡해서 여의치가 않다. 주차를 못 하는 곳도 많고 설사 주차장이 있더라도 차량 수를 제한하거나 주차비를 받기 때문이다. 그래서 대중교통을 이용하는 목수들도 많다. 연장 가방 메고 다니는 게 좀 머쓱하지만 첫날과 마지막 날만 좀 감수하면 오히려 그게 편하기도 하다. 퇴근 후에 술 한잔하면서 친목을 다지거나 회포를 풀 수도 있고, 새벽에 일어나느라 모자란 잠을 잘 수도 있으니까 말이다. 이렇듯 여러 가지 제약들이 있어서 서울에선 반장이 모든 타카를 준비하는 실정이다.

타카도 총만큼 위험한 물건이다. 영화에서 가끔 등장하듯이 살상용 무기로 돌변할 수도 있다. 영화에서처럼 총 쏘듯이 막 못이 발사되는 건 아니다. 물론 개조하면 가능하겠지만 과장이 심하다. 아무튼 이렇게 사람에게 해가 될 수 있어서 타카엔 안전장치가 마련되어 있다. 대타카는 주둥이를 대고 눌러야 작동되고, 다른 타카들은 방아쇠 아래 덧붙여진 안전 방아쇠를 잡아야 작동된다. 하지만 안전장치가 몹시 성가시다. 대타카는 겁나게 생겨서 그냥 두는데 다른 타카들은 만만해서 안전장치를 빼거나 전기테이프로 감아서 사용하는 게 보통이다. 위험하게끔 왜 그러나 싶겠지만 써보면 금방 안다. 정말 불편하다. 보통 인내로는 견디기 어려운 수준이다. 모든 목수들이 그런 걸 보면 인내심만의 문제는 아닌 것 같다. 그렇다고 권장하는 일은 아니니 사용자가 알아서 할 일이다. 참고로 타카를 개조하면 안전관리자가 있는 현장에서는 사용할 수 없다는 사실도 알아두기 바란다.

실제로 안전장치가 없으면 그로 인해 다치기도 한다. 한번은 디귿자 타카를 타카줄을 잡아 가랑이 사이에 끼우려다가 어떻게 방아쇠가 옷자락에 걸렸는지 타카가 작동되는 바람에 다친 적이 있었다. '앗 뜨거' 하는 통증이 느껴져서 바라보니 바지 밖으로 피가 번지고 있었다. 동맥이라도 맞았나 싶어 얼른 바지를 벗어보았는데 다행히 그렇지는 않았다. 총(?) 맞은 자리는 허벅지 안쪽이었는데 바지를 적실 정도로 피가 많이 나서 동맥이 터진 줄 알았던 것이다. 타카핀에 한두 번 맞아보는 것도 아닌데 그렇게 피가 많이 나기는 처음이었다. 나중에 보니 총 맞은 자리엔 2개의 작은 피딱지가 생겨 있었고 주위로는 퍼렇게 멍이 들어 있었다.

타카에 자주 맞는 부위는 손가락이다. 타카질은 한 손으로 자재를 잡고 그 근처에 대고 하는 것이다 보니 생기는 현상이다. 망치질을 할 때 한 손으로 못을 잡고 치다가 잘못해 손가락을 때리는 경우와 비슷하다고 보면 된다. 그뿐만이 아니라 목수들의 얘기를 들어보면 누구는 손등에다 타카를 쏘았다는 둥, 어쩌다가 손바닥에 쏘았는데 타카핀이 보이지 않아 병원에 가보니 살 속에 박혀 있었다는 둥, 별 희한하게 다치는 경우도 참 많다. 내가 아는 어떤 이는 땅바닥에 떨어진 대타카에 발이 차이면서 타카핀이 자동으로 발사되는 바람에 엄지발가락을 맞았다고 한다. 그 후로 발을 절더라는 안타까운 사연을 다른 지인에게 들은 적도 있다.

그래서 타카목수군

타카는 실목수의 필수 연장이다. 대목수가 전기 대패가 없으면 일이 안 되듯이 타카 없이는 실목수도 일이 되질 않는다. 오죽했으면 '타카목수'라는 별칭이 다 생겼겠는가. 일을 할 때 항상 타카가 손에 들려 있으니까 그렇게 보이나 보다. 사실이 그렇기도 하다. 실목수는 거의 모든 결합을 타카로 한다. 그렇다 보니 작업 중에 별난 일이 벌어지기도 한다. 그것은 타카를 잡기 위한 몸부림이다.

무슨 말이냐 하면, 실목수의 일은 재단된 부재를 제자리에 맞추는 것이고 면이 일치하고 틈이 없게 하는 게 관건이다. 그러자면 두 손을 쓸 수밖에 없고 됐다 싶으면 한 손으로는 맞춤을 유지한 채 다른 손으로 타카를 집어 박으면 된다. 그런데 깜빡 잊고 타카를 가까이 두지 못하는 경우가 있다. 작업대 같은 데서 일할 때야 맞춤을 풀고 타카를 집어 와서 다시 시작하면 되지만 높은데 올라서서 작업할 땐 얘기가 달라진다. 기껏 맞춰놓은 걸 풀기도 아깝고 다시 내려가서 타카를 집어 오는 게 귀찮기도 하다. 이럴 때 타카줄이 보이면 타카를 잡기 위한 몸짓이 시작된다. 타카줄이 가까이 있을 때는 손으로 잡아당길 수 있어 그나마 수월한데 멀리 떨어져 있으면 발까지 써야 해서 일은 더욱 어려워진다. 어디 발 가지고만 되나 발로 타카줄을 걸어서 손으로 잡았다고 해서 타카를 바로 잡을 수는 없다. 다른 손이 맞춤을 유지하고 있어 손을 바꿔 잡을 수 없기 때문이다. 그러면 남은 게 뭐가 있겠나. 그렇다, 입이다. 입으로 타카줄을 문 다음 타카줄을 다시 잡아당기는 것이다. 이 짓을 보통 2~3번은 반복해야 비로소 타카를 잡을 수 있게 된다. 왜 그러는지 이상하게 생각되겠지만 높은 데서 하는 맞춤은 대개 힘이 많이 들거나 미세해서 맞추려면 시간이 다소 소모되는 일이라 한번에 끝내고 싶은 마음이 있어서이다. 힘든 일을 되풀이하고 싶은 사람은 없으니까 말이다.

이런 몸짓을 남들이 보면 웃을 일이지만 의외로 자주 생긴다. 초짜는 물론이거니와 숙련된 목수라도 마찬가지다. 그것은 타카를 손에 잡히는 곳에 두지 않아 생긴 사달이다. 이런 일을 방지하기 위해 목수들은 타카 소지법을 몇 가지 개발했다. 개인마다 쓰는 방법이 조금씩 달라 그것을 엿보는 재미도 쏠쏠하다. 타카 소지법은 다음과 같다.

첫째, 가랑이 사이에 끼운다. 자신의 신체를 사용하는 방법이라 별다른 게 필요치 않다. 하지만 다리를 움직일 수 없고 자세가 흐트러지면 타카가 빠질 수도 있다.

둘째, 타카 걸개를 만든다. 이 방법은 고소작업 시에 사용된다. 고소작업에는 우마라고 하는 발판이나 사다리 위에 올라 일을 하게 되는데 거기에 타카를 걸 수 있게 못을 박거나 철사로 고리를 만들어 타카를 걸 수 있게 하는 것이다.

셋째, 타카걸이를 착용한다. 시중에서 파는 타카걸이를 구입해서 허리띠에 착용하는 방법이다. 빠질 염려가 없고 행동이 자유로워 편리하다. 한번은 사제를 본 적이 있는데 숟가락을 구부려 만든 것이었다. 숟가락을 乙 자 모양으로 구부려 허리띠에 꽂을 수 있게 했는데 착상이 기발해 감탄하면서 한참을 구경했던 적이 있다.

넷째, 못주머니에 담는다. 내가 '벤또'처럼 생겼다고 하는 큰 못주머니가 있는데 여기에 타카를 담는 방법이다. 대타카는 담을 수 없어 쓰임이 제한적이다.

편리할 것만 같은 타카도 단점들이 많다. 우선 꼬리처럼 달고 다니는 타카줄이 여간 성가신 게 아니다. 특히 타카를 막 쓰려는데 어디에 타카줄이 걸려 못쓰게 되는 경우가 있다. 그럴 땐 정말 짜증이 난다. 이런 일은 대부분 고소작업 시에 발생하는 경우가 많다. 타카줄이 고소 장비 다리에 밟히거나 갈 꼬이기 때문에 일어나는 현상이다. 막 맞춤을 끝내고 타카를 박으려는데 타카줄이 걸려 시공물에 닿지 않을 때의 심정이란 겪어보지 않은 사람은 모를 것이다. 아무리 돌부처라도 버럭 화가 치밀어 오를 것이다.

또 현장은 갖가지 물건들이 산적해 있어 가뜩이나 복잡한데 여기에 타카줄까지 너울너울 넝쿨처럼 엉켜 있어 어수선함을 더한다. 꼬이고 엉클어진 타카줄을 보면 정신이 나갈 지경이다. 먼지를 일으키는 건 또 어떤가. 사람들은 실건축 현장이 얼마나 먼지가 많은지 모른다. 모든 건축의 시작은 철거인데 실건축의 철거는 건물 안에서 이뤄지는 일이라 먼지가 밖으로 빠져나가지 못하고 바닥에 쌓이게 되고 청소를 한다고 해도 빗자루로 한번 쓰는 정도라 먼지가 남아 있을 수밖에 없다. 앞으로 공사를 할 건데 굳이 깨끗하게 치울 필요가 뭐 있겠느냐는 생각도 한몫을 한다. 그런 상황에서 바람을 내뿜는 타카를 사용하니 먼지가 안 날 수 있겠는가. 먼지를 일으키지 않으려고 타카질을 할 때마다 "타 카, 타 카" 하는 식으로 숨을 쉬어가며 바람을 하늘로 향하도록 내뿜게 하지만 완벽하진 않다. 타카를 쏘면 벌써 약간의 바람이 나와 버려 소용이 없는 것이다. 성질 급한 목수라도 있어 마구잡이로 타카질을 해대기라도 하면 현장은 그야말로 먼지구름에 휩싸이고 만다. 그나마 마감된 바닥이라면 좀 덜한데 철거된 맨바닥은 정말 죽을 맛이다. 그냥 도망가고 싶은 심정이 굴뚝 같아진다. 실제로 BTS 사옥 공사 현장에서는 반장과 이런 문제로 다툼이 있어 일을 그만둔 적도 있다. 거기는 맨바닥이었는데 어찌나 먼지가 많던지 비로 쓸고 물을 뿌려도 소용이 없었다. 물 좀 뿌려가며 일하자고 했더니 성질을 버럭 내길래 같이 일할 사람이 못 된다고 판단해 보따리를 쌌던 것이다. BTS의 화려한 군무가 펼쳐지던 무대의 이면에는 이런 얘기도 숨어 있다는 걸 알아줬으면 좋겠다.

타카 수리법

타카는 쓰다 보면 고장이 난다. 기계니까 당연한 일이다. 그래도 구조가 단순해 오래 쓰는 편이다. 내가 2004년에 구입한 대타카는 아직(2023)도 건재하다. 요즘 것보다 무겁고 투박한 형상이지만 힘이 세서 좋다. 당시에 일자와 디귿자 타카까지 한 벌을 구입했었는데 다른 것들은 도둑맞거나 잃어버려 남아 있지 않다. 이런 일이 없는 한 망가져서 못쓰게 되는 경우는 거의 없다. 대표적인 고장은 바람이 새는 것이다. 이는 공이를 밀어주는 부속품에 끼워진 고무가 닳아서 생기는 현상이다. '콤프'에서 압축된 공기가 타카 실린더로 들어가 공이를 밀어주어야 작동을 하는데 고무가 닳으면 방아쇠를 당겨도 '피식피식' 바람 빠지는 소리만 날 뿐 작동을 하지 않는다. 수리 방법은 간단해서 부품만 갈아주면 된다. 부품은 전문

공구점에 가거나 인터넷에서 구입할 수 있는데 공식 명칭은 '타카용 메인 피스톤'이다. 보통은 '타카 혓바닥'이라고 부른다. 작은 타카의 '혓바닥'은 몇천 원이면 사는데 대타카는 만 원이 넘어간다. 이건 좀 부담스럽다. 바람이 세서 고치려고 분해해서 보면 겉은 멀쩡하다. 버리기가 아까울 지경이다. '혓바닥'이 부러지기라도 했으면 어쩔 수 없다지만 겉은 멀쩡하니 괜히 아까운 생각이 드는 것이다. 하지만 별수가 없으니 버려야 했다. 그러다가 2021년쯤인가 엔진오일에 바람이 새는 '혓바닥'을 담가두면 되지 않을까 하는 생각이 번득 들었다. 왜 이런 생각을 했냐면, '콤프'에 쓰기 위해 엔진오일을 가지고 있었는데 어느 날 그게 눈에 띄었기 때문이다. 그래서 혹시나 하는 마음으로 엔진오일을 병에다 덜어서 '혓바닥'을 담가뒀다. 며칠 지나서 다시 조립을 해서 써 봤더니 정말 바람이 새지 않고 작동이 되더란 말이다. 기름에 고무가 불어서 그런 것 같은데 어찌 됐는지 산에 돈을 아낄 수 있게 되었으니 얼마나 좋은 생각인가.

그 밖에 자주 발생하는 고장으로는 혓바닥 끼임이 있다. 이 고장은 타카가 금속이나 콘크리트 면에 부딪칠 때 일어난다. 석재나 금속 면에도 사용 가능한 대타카라도 예외는 아니다. 대타카에 목재용 타카핀이 든 줄 모르고 사용하는 수가 간혹 있기 때문이다. 이런 사고로 인해 혓바닥이 부러지기도 하는데 이런 경우는 드물고 대부분은 타카핀이 주둥이 안에서 구부러지면서 고장을 일으키게 된다. 이 역시 수리법은 간단해서 주둥이 덮개를 열고 끼어 있는 타카핀만 빼주면 된다.

그런데 디귿자 타카는 주둥이 덮개를 열지 않고도 해결하는 방법이 있다. 이는 다른 타카들과는 달리 주둥이 아래턱과 핀창 덮개가 붙어 있기 때문에 가능한 일이다. 즉 핀창 덮개를 열면 혓바닥이 노출되는 구조라 분해하지 않아도 되는 것이다. 그 방법은 먼저 핀창 덮개를 열고 방아쇠를 당기면서 망치로 주둥이를 가볍게 툭툭 때려준다. 그러면 그 충격으로 끼어 있던 타카핀이 빠져 작동을 하기도 한다. 하지만 단단히 끼었을 땐 이 방법으로는 안 된다. 이럴 땐 적당한 도구를 혓바닥 끝에 대고 망치로 쳐서 밀어 넣거나 벌리면 된다. 그래도 안되면 별수 없이 주둥이 위턱을 분해해 고칠 수밖에 없다.

타카는 누구나 쉽게 다룰 수 있는 연장이다. 소리가 크다거나, 날카로운 칼날이 있어서 두려움을 준다거나, 무거워서 들기가 벅차다거나, 또는 망치처럼 힘이 있어야 박을 수 있는 것도 아니기 때문이다. 그냥 손가락으로 방아쇠를 살짝만 건드려도 저절로 못이 박히는 것이라 누구라도 사용하는 데 어려움이 없다는 말이다. 그렇다고 명색이 연장인데 숨은 잔기술들이 없을 수야 있겠는가. '초보' 운전하는 차와 '레이서'가 모는 차가 엄연히 다르듯이 말이다. 그 잔기술들이란 다음과 같다.

우선, 빨리 쏠 줄 알아야 한다. 누구나 허공에 대고 빨리 쏠 수는 있어도 일을 하면서 빨리 쏘기는 어렵다. 이런 능력을 갖추려면 상당한 숙련 기간이 필요하다. 숙련 정도는 소리를 들으면 알 수 있다. 초짜의 타카 소리는 리듬 없이 엇박자 소리를 내지만 숙련된 목수의 것은 '리드미컬'한 소리가 난다. 타카를 쓰는 이유가 시공 속도 향상에 있으므로 실목수가 되려면 속사는 제일 먼저 익혀야 할 기술이다.

다음은 잘 눌러서 박아야 된다. 망치는 타격면이 넓은 데다 못대가리도 큰 편이어서 못질하는 과정에서 저절로 결합면이 밀착되지만 타카는 그렇지 않다. 자재를 순식간에 뚫어버릴 뿐 압착시키는 효과는 거의 없다. 그러니 눌러주지 않으면 자재가 들뜨게 된다. 초짜들이 자주 저지르는 실수다. 눈으로는 확인이 안 되지만 눌러보면 타카핀이 삐죽삐죽 솟아오르는 걸 볼 수 있다. 그래서 초짜에겐 꾹꾹 눌러서 박으라고 잔소리를 해야만 한다.

타카 응용법

끝으로 응용법이 있다. 이것은 타카의 특성을 이용한 기술들이다. 실목수들이 타카를 워낙 오래 쓰다 보니 발견된 기술이라 할 수 있다.

첫째, 손잡이 조성. 작업을 하다 보면 손으로 잡을 데가 없어서 난감한 경우가 있다. 특히 판재 맞춤을 할 때 툭 튀어나온 곳은 밀면 되지만 쑥 들어간 곳은 잡아당겨야 하는데 평평해서 잡을 데가 없어서 문세다. 이때 쓰는 방법이 타카핀이 덜 박히도록 타카를 쏘는 것이다. 판재 표면에서 5mm쯤 띄워 쏘면 된다. 그러면 타카핀이 약간 튀어나오게 되어 손잡이가 형성된다. 이 손잡이를 잡아당기는 방법은 손만으로는 힘이 약해서 안 되고 니빠를 사용하는 게 보통이다. 니빠 주둥이 안쪽에 타카핀을 물고 맞추고자 하는 다른 면에 주둥이 끝을 대서 꺾는 식이다. 대부분은 끌려 나오는데 어쩔 땐 빠져버리는 경우도 있다. 타카핀 1개로는 힘이 모자라 그런 것이니 2개 또는 3개를 박고서 다시 하면 대개 해결된다. 그래도 안 되면 나사를 박는 방법을 이용하는 수밖에 없다. 별것 아닌 기술 같지만 스스로 생각해내기란 쉽지 않을 것이다. 나도 처음 봤을 땐 '오호' 하는 감탄사가 절로 나왔던 기억이 떠오른다.

둘째, 임시로 고정하기. 목수 일에는 부재를 임시로 고정하는 경우가 참 많다. 한 번에 맞춤할 수 없다거나 똑같은 모양의 것을 2개 만들어야 하는 경우 등이 있어서이다. 부재를 임시로 고정했다가 맞춤이 이뤄지면 풀어서 아주 시공하는 식이다. 임시로 고정하는 데 쓰이는 것으로는 쐐기, 조임쇠, 못, 양면테이프, 글루건 등이 있다. 나중에 떼어내기 쉬운 물건이라면 모두 가능하다고 보면 된다. 용접공들은 몇 군데 용접하는 방법을 쓰기도 한다. 이 중에서 실목수들이 주로 사용하는 것은 못이다. 일반못, 나사못, 타카핀 등이 여기에 해당된다. 일반못이나 나사못은 못 자국이 커서 특별한 경우가 아니라면 기피되고 타카핀이 주로 사용된다. 망치로 박을 때는 ST계열의 핀이 사용되고 타카로 박을 때는 일자, 디귿자, 실타카 계열의 핀이 사용되는데 후자로 하는 경우가 대부분이다. 간편하기도 하고 자국도 작게 남기 때문이다. 사용 중이던 타카를 몇 군데 쏘아 부재를 고정시킨 다음 맞춤 작업을 하고 떼어내서 니빠로 타카핀을 뽑아 아주 시공하는 식이다.

셋째, 타카핀 타격하기. 타카를 쏘면 혓바닥이 주둥이 밖으로 살짝 튀어나오는데 이것을 타격용으로 쓰는 방법이다. 타카질을 비스듬히 한다거나 주둥이가 떨어진 상태로 사용했을 땐 타카핀은 돌출하게 된다. 이러면 도장이나 도배를 하는데 걸리적거려 안 되므로 대가리를 완전히 넣어줘야 한다. 이럴 때 망치로 뚜드려 넣는 게 보통이지만 잘 안될 땐 빈 타카를 대가리에 대고 쏘면 된다. 잘 맞지 않으므로 여러 번을 쏘다 보면 맞을 때가 있다. 일자 타카보다는 주둥이가 다소 큰 디귿자 타카가 타격용으론 더 낫다. 대타카도 좋긴 한데 안전장치를 잡고 쏴야 하는 불편이 따른다.

대타카

각재용 타카

타카 중에서 제일 크다. 그래서 大 자가 붙었다. 제품명은 BN16/64. 간혹 '왕타카'라고 부르는 이도 있다. 보다시피 대가리가 큼직해서 힘이 좋다. 대타카의 가장 큰 장점은 콘크리트 벽이나 철재에도 못을 박을 수 있다는 점이다. 콘크리트 건물이 많은 우리나라에서는 아주 유용하다.

망치로 못을 박던 시절에는 콘크리트 벽에 목재를 고정하는 일이 쉽지 않았다. 콘크리트 벽에 '공구리못(콘크리트못)'을 박아본 사람이라면 잘 알 것이다. 얼마나 못질하기가 어려운지 말이다. 공구리못은 못대가리가 둥근 데다 미끄럽기까지 해서 헛방치기가 일쑤이고 또 잘못하면 구부러지기 십상이다.

좀 오래된 집을 철거해 보면 벽에 각목을 고정하기 위해 '몰탈(모르타르)'

을 사용한 것을 볼 수 있다. 각목을 바닥에서 천정까지 닿게 길게 세우고 선 중간중간에 몰탈로 고정해놓은 모습이다. 벽이 똑바르지가 않으니까 각목의 수직을 잡기 위해 몰탈을 이용한 것이다. 타일을 '떠바리(모르타르를 두껍게 발라 타일을 붙임)' 하듯이 말이다. 이렇게 복잡했던 일이 지금은 대타카 몇 방이면 간단히 해결된다.

또 철재에 하는 목공 작업도 쉬워졌다. 대타카는 철재도 뚫을 수 있기 때문이다. 물론 너무 두꺼운 것은 안 되지만 실내건축에 주로 쓰이는 C형강이나 각관 같은 철재라면 무난하다.

대타카 손잡이 앞에는 직사각형 모양의 핀창이 있다. 핀창은 밑에 달린 단추나 걸쇠를 누르면 덮개가 열린다. 그 속에 타카핀을 넣으면 된다. 대타카핀은 용도에 따라 여러 종이 있다. 우선, 각목과 각목을 결합하고 싶거나 두꺼운 판재끼리 결합하고 싶다면 DT-64 또는 DT-50을 사용하면 된다. 뒤에 숫자 64와 50은 길이를 나타낸다. 목재가 이보다 두껍더라도 사용은 가능하다. 옆면에다 박는 식으로 말이다. 이것을 '삔못' 준다고 한다. 결합력이 다소 떨어지긴 해도 공중에 매다는 것이 아니라면 써먹어도 상관없다. DT계열의 타카핀은 저 2종밖에 없고 종이 상자에 포장되어 있다.

다음으로 콘크리트 벽이나 철재에 쓰고 싶다면 ST계열의 타카핀을 사용하면 된다. 이 종은 노란색 플라스틱 상자에 포장되어 있다. 상면에 ST-○○이라는 이름표가 붙어 있어 구별이 된다. 콘크리트 벽에 사용할 때는 길이를 잘 골라 써야 한다. 그렇지 않으면 완전히 박히지 않아 대가리가 튀어나올 수 있기 때문이다. 콘크리트 벽에는 다루끼(27×27mm)라는

대타카로 콘크리트 벽에 다루끼를 고정하고 있다

각재를 제일 많이 붙이는데 여기에는 ST-45가 적당하다. 2000년대 중반까지는 다루끼가 33×33mm로 두꺼워 ST-50를 사용했었다. 철재에 다루끼를 박을 때는 좀 길어도 상관없다. 철재가 얇은 데다 속이 비어 있어서 그렇다. 그렇다고 합판같이 얇은 판재에 사용하면서 긴 타카핀을 쓸 수는 없다. 이럴 땐 합판의 두께를 감안해 길이가 짧은 ST-35 또는 ST-25 등을 쓰는 게 바람직하다. 물론 콘크리트 벽에 합판을 붙일 때도 마찬가지이다. ST계열에서 가장 짧은 ST-18도 있으니 참고하면 될 것이다.

대타카 주둥이에는 안전장치가 있다. 이것을 시공 부위에 대고 눌러야만 방아쇠가 작동된다. 그러니까 영화에서처럼 총 쏘듯 할 수는 없는 것이다. 안전장치를 고정하면 가능하긴 하다. 또 그렇게 사용하기도 하는데 보편적인 것은 아니다. 워낙 화력(?)이 세서 다칠까 봐 겁이 나기 때문이다. 그래도 삔못을 쥐야 하는 일에서는 유용하므로 써볼 만은 하다.

대타카 소리는 상당히 크다. 하루 종일 쓰다 보면 귀가 아플 지경이다. 귀마개를 하면 좋은데 일일이 챙기기가 어렵다. 그래도 난청이 생길 수 있으므로 대비하는 것이 좋다. 내가 쓰는 방법은 주위에 있는 종이를 구겨서 막는 것이다. 그중에 화장지가 제일 낫고 신문지가 그다음이다. 이런 게 없다면 본드 포장 상자를 찢어서 사용해도 된다. 너무 딱딱하니까 입에 넣고 몇 번 씹어 부드럽게 만들어 쓰는 게 좋다. 이렇게만 해줘도 귀가 훨씬 편안해진다. 어느 면에선 귀마개보다 훨씬 낫다. 일을 하면서 동료가 하는 얘기도 들어야 하는데 귀마개는 너무 안 들리기 때문이다.

대타카는 눈에 보이는 곳에 쓰기엔 부적합하다. 타격 자국이 너무 크기 때문이다. 그래도 방법이 여의치 않을 때는 시공 후에 '빠데(퍼티)'로 자국을 메우기도 한다. 특히 두꺼운 원목 몰딩 같은 것은 이런 식으로 시공하는 경우가 많다. 눈가림을 해서 언뜻 보면 괜찮지만 자세히 보면 흔적이 남아 있어 썩 좋아 보이지는 않는다. 원목과 콘크리트의 결합을 어떻게 하는 것이 좋을지 궁리 중인데 잘 떠오르질 않는다. 풀기 어려운 과제이다.

일자 타카

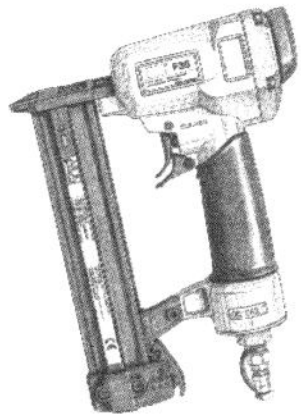

판재용 타카

일자 타카란 말은 세간에서 통용되는 속칭이다. 타카못이 일자라서 그렇게들 부른다. 국내 판매 1위인 제일타카 제품의 명칭은 F30이다. 제일타카 홈페이지에는 다음과 같이 쓰여 있다.

제품 사양

무게: 1.1kg

치수: 높이(H) 189mm, 길이(L) 239mm, 폭(W) 60mm

매거진(탄창) 용량: Nails 100핀

사용핀 사이즈: F단위 10mm~30mm

제품 설명

일자형 핀 사용 타카

422, F30, 630R, CT64RS

4기종이 가장 일반적으로 사용하는 타카입니다.

인테리어 작업에 주로 사용합니다.

사용 용도

액자 작업

인테리어 작업

문 몰딩, 산업용 가구 작업

목천장 작업

이를 종합해 일자 타카를 정의하면 길이 10~30mm 되는 F단위 일자형 핀을 사용하는 타카로서 인테리어 작업에 주로 사용되는 것이라고 말할 수 있겠다. '사용 용도'가 여러 가지로 나오는데 현장에서는 판재, 이를테면 두께 9~18mm인 합판, MDF, 루바 등을 접합하는 데 주로 사용되고 있다. 이보다 두꺼운 판재는 사용이 불가하고 쓰고자 한다면 측면에 대고 타카를 쏘면 된다.

'일자형 핀'을 목수들은 일자 핀 또는 일자 타카핀 등으로 부른다. 일자 핀은 스테인리스 재질로 녹 방지 효과가 있으며, 두께는 1.05mm이고 못대가리는 한 면에만 형성되어 있는데 두께는 2mm이다. 이런 것이 100개씩 붙어 한 줄을 이루고 한 갑에 50줄씩 총 5000개가 들어 있다. 일자 핀

일자 타카가 놓여 있는 마루톱

은 접착제로 이어져 한 줄을 이루고 있다. 그래서 조금만 구부려도 쉽게 부러진다. 목수들은 10~20줄 정도를 못주머니에 담아두고 쓰는데 일을 하다 보면 부러져 있기 일쑤이다. 일하는 사이에 못주머니가 여기저기 부딪쳐 부러지는 것이다. 이를 방지하기 위해 꼼꼼한 목수들은 일자 핀 넣는 주머니 중간에 합판 토막을 덧대어 칸을 나누기도 하고 또는 다 쓴 실리콘 통을 알맞게 잘라 못주머니 옆구리에 매달기도 한다. 그러면 일자 핀이 똑바로 서 있게 되어 꺼내 쓰기 좋고 부러지는 것도 어느 정도 방지할 수 있기 때문이다.

일자 핀은 종이 상자로 포장되어 있다. 이 상자가 허술하기 짝이 없다.

뚜껑을 개봉해서 두면 얼마 못 가 풀어져버려 일자 핀들이 밖으로 쏟아져 있기 일쑤라 그렇다. 그래서 측면을 개봉하기도 하는데 별 효과는 없다. 내가 해본 바로는 종이 상자 측면을 테이프로 감싸는 방법이 제일 나았다.

사정이 이렇다 보니 타카못을 보관하는 일명 '아사리통'이라 부르는 함을 보면 일자 핀이 수두룩하다. 목공 반장들은 '아사리통'을 정리한다며 그냥 버리기도 한다. 일반 목수들도 마찬가지여서 일이 끝나면 못주머니를 청소한다며 바닥에 쏟아버린다. 아깝지도 않은가 보다. 그것도 다 돈을 주고 산 것인데 말이다. 나는 일자 핀이 3~4개 있는 조각까지도 버리지 않고 따로 모아둔다. 현장 바닥에 떨어진 것도 눈에 띄면 주워서 못주머니에 담아둘 정도이다. 절약 정신의 발로이기도 하지만 유사시를 대비하려는 의도도 숨어 있다. 일을 하다 보면 일자 핀이 떨어지기도 하고 미처 준비가 안 된 경우도 있다. 이럴 땐 못주머니에 담아두었던 조각 일자 핀이 그렇게 요긴할 수가 없다.

디귿자 타카

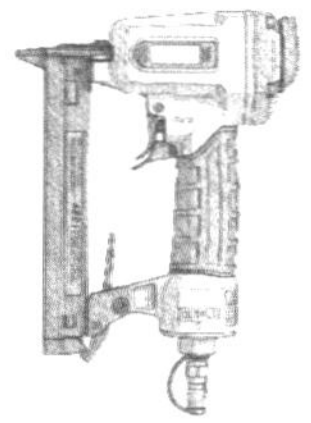

석고보드용 타카

사용되는 못이 ㄷ자 모양이라서 그렇게들 부른다. 정식 명칭은 422, 1022, 1013, 722. 여기서 앞자리 수는 못의 너비를, 뒷자리 수는 길이를 나타낸다. 422과 1022은 목공용이고, 1013은 소파나 구두 봉합용이고, 722은 간판 프레임용이다. 그러니까 숫자는 디귿자 타카의 종을 구분하는 기호인 셈이다. 목수들은 422를 '사둘둘'로 부르는데 다른 것들은 어떤 식으로 부르는지 들어보질 않아 모르겠다.

디귿자 타카를 구입하면 사용하기 전에 기름을 넣어줘야 된다. 기름은 손잡이 아래에 있는 꼭지에 넣게 돼 있다. 기름을 넣은 다음 바로 사용하지 말고 타카못을 넣지 않은 빈 상태로 몇 차례 작동시켜주는 게 좋다. 기름이 골고루 퍼지도록 말이다. 기름은 시간이 지나면 증발되므로 사용 중

디귿자 타카로 석고보드 시공 중

에도 가끔씩 보충해 주는 것을 잊지 말아야 한다. 그래야 작동도 원활하고 고장도 예방할 수 있다. 다른 타카들도 마찬가지다.

디귿자 타카의 안전장치는 방아쇠 밑에 있다. 2000년대 초반에는 없었는데 신제품이 나오면서 생긴 것이다. 처음 봤을 때 방아쇠가 두 개라 인상적이었던 게 생각난다. 안전장치를 잡아야만 방아쇠가 당겨지는 구조다. 하지만 쓰다 보면 참을 수 없게 성가셔서 '선수'들은 안전장치를 전기테이프로 감아놓거나 아예 빼버리기도 한다.

422은 못 너비 4mm에 길이 22mm를 의미한다. 그러므로 422로 박을 수 있는 두께의 한계치는 12mm까지로 보면 된다. 두께 12mm 다음이 15mm인데 여기에 써봐야 소용이 없다. 얼마 박히지 않아 금방 빠져버리기 때문이다. 422이 사용되는 자재에는 9mm 석고보드나, 3mm 또는 5mm 합판, 6mm MDF 등이 있다. 9mm짜리 합판이나 MDF에도 쓸 수는 있는데 이것엔 일자 타카를 쓰는 게 보통이다.

1022도 목공용이긴 한데 현장에서는 거의 사용되지 않는다. 422만으로도 충분하기 때문이다. 이것은 못대가리가 넓어 이음용으로 아주 유용하다. 문짝 공장에서는 심재 결합용으로 많이 사용된다. 그러면 결합 부위 옆면에다 못을 치지 않아도 돼 문짝 가공할 때 기계가 손상될 염려가 없어진다. 또 전시장 일을 하는 공장에서는 MDF 이음용으로 사용된다. 그러면 이음자리 밑에 쪽판을 덧대지 않아도 이음이 가능하다. 그러면 이음매에 턱이 생기지 않아 다음 결합에 지장을 주지 않는 장점이 있다. 대형 설치물을 만들 때 판재 길이가 모자라면 이런 식으로 2장을 이어서 쓰곤 한다.

나도 1022를 하나 가지고 있다. 처음엔 문짝 제작용으로 쓰려고 장만한 것인데 그보다는 납판 붙임용으로 더 많이 쓰고 있다. 납판은 방사선을 차단하는 것으로 병원 공사에서 엑스레이실 조성을 위해 사용되는 필수적인 자재이다. 납판은 422로 시공하는 게 보통이다. 하지만 납판이 1.2mm로 너무 얇다 보니 시공하는 데 애를 먹는다. 헛바닥이 납판을 관통해버려 고정이 잘 안되기 때문이다. 그래도 똑바로 쏘지 않고 비스듬히 쏜다거나 해서 목수들은 422를 가지고 요령껏 시공을 하고 있다. 기껏해야 한나절 일거리밖에 안 되는 곳에 1022를 따로 구입할 수 없으니 그런 것이다. 나도 마찬가지였을 텐데 문짝 만든다고 장만해둔 것이 있어서 쓰게 된 것이었다. 2018년 7월에 개봉동에서 치과 병원 공사를 하면서 처음으로 써봤는데 확실히 편하긴 했다. 1022는 못대가리가 크기도 하지만 혓바닥이 짧아 납판 관통이 덜했기 때문이다.

다른 타카는 몰라도 422만큼은 속사를 해야 한다. 간혹 길을 가다 보면 '타카타카타카, 타카타카……' 하는 따발총(?) 쏘는 것 같은 소리를 들어본 적이 있을 것이다. 그것은 422이 내는 소리다. 속사의 이유는 422로 시공하는 자재들이 대체로 면적은 넓은 데 비해 얇아서 촘촘히 박지 않으면 잘 붙지를 않기 때문이다. 가령 석고보드 한 장을 붙이는 데 타카핀 70~80개는 좋이 들어간다. 이걸 다 쏘자면 '세월아 네월아' 해서야 되겠는가. 더구나 천정에 붙일 때는 속사를 안 하려야 안 할 수도 없다. 이때는 두 팔을 들고 해야 돼서 팔이 아프기 때문이다. 게다가 성질 나쁜 연장자와 짝을 맞춰 일하다 보면 빨리 안 쏜다고 욕지거리를 하기도 해서 자연히 속사를 하게 된다.

그렇다고 속사만이 능사는 아니다. 그냥 쏴서는 안 되고 자재를 잘 눌러서 밀착시켜가며 쏴야 한다. 그렇지 않으면 자재가 들떠 하자를 일으키게 된다. 이런 하자는 눈에 보이지도 않아 큰 골칫거리다. 나중에 우연히 그 부위가 눌리면서 타카못이 튀어나온 다음에야 알아차릴 수 있는 게 보통이다. 특히나 이런 일은 초짜들이 저지르기 쉬운 실수 중에 하나여서 선배들은 항상 '잘 눌러 박으라고' 잔소리를 하는 것이다.

실타카

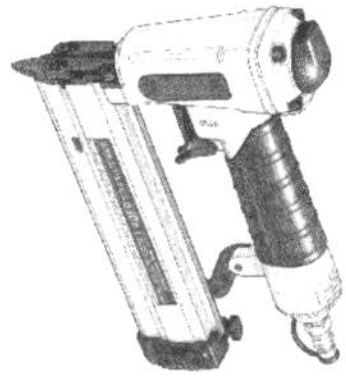

막내 타카

타카핀이 실처럼 가늘어서 붙여진 명칭이다. 제품명은 630R. '핀타카'라 부르기도 한다. 타카 중에서 제일 작다. 결속력이 약해 힘을 받는 곳에는 쓸 수 없다. 대신 자국이 거의 나지 않는 장점이 있어 나름의 쓰임은 있다. 그래서 타카의 구색을 갖추자면 이것까지는 있어야 된다. 이를테면 타카의 막내 격인 셈이다.

다른 타카핀이 은회색인데 비해 이것은 구릿빛이 난다. 아마 녹을 방지하기 위해 황동으로 만든 모양이다. 타카핀이 가늘어 포장 상자도 작다. 담뱃갑보다 작을 정도이다. 종이 상자로 돼 있는데 이중이다. 속 상자를 밀면 열리는 식이다. 타카핀 1줄에 못이 100개씩 붙어 있는데 종잇장처럼 얇아서 조심히 다뤄야 한다. 길이가 짧아 핀창에는 2줄까지 넣을 수 있다.

실타카로 천정 몰딩 시공 중

핀창을 닫을 때도 부러질 수 있으니까 덮개를 살살 밀어야 한다.

타카핀이 실처럼 가는데 어떻게 박히는지 신기할 지경이다. 그렇다고 우습게 보다가는 큰코다치는 수가 있다. 실타카로 시공하다가 실수해서 뜯어낸 자재를 움켜잡다가 손가락에 찔리기도 하고, 간혹 덜 박힌 게 있기도 해서 만지다가 베이기도 하기 때문이다. 그러니 아무리 가늘어도 쇠붙이란 사실을 잊지 말아야 한다.

자국이 덜 나긴 해도 실타카를 너무 많이 박는 것은 좋지 않다. 실타카를 쓰는 이유가 마감을 깨끗이 하려는 것이므로 적당히 박는 게 좋다는 말이다. 그런데 천정 몰딩 중에는 플라스틱으로 된 것이 있어서 이런 의도를 거슬리게 한다. 플라스틱 몰딩 중에서 속이 빈 게 있다. 이런 걸 천정 모서리에 박다 보면 짜증이 날 때가 한두 번이 아니다. 이때는 몰딩을 45°로 살라 연귀맞춤을 하게 된다. 그래야 속이 보이지 않기 때문이다. 하지만 속이 비어서 고정이 잘 안된다. 타카핀을 몰딩 옆면에 대고 쏴야 빈틈없이 딱 달라붙는데 그러질 못한 것이다. 목재 몰딩 같은 건 한 방만 쏘아도 될 것을 두세 방 쏘아도 별 차도가 없다. 결국엔 더 쏘다간 너무 흉해질 것 같아 그만두게 된다.

사실 이런 곳에는 순간접착제를 써야 한다. 신축 아파트 공사에서는 그렇게들 하고 있다. 실제로 보진 않았지만 몰딩을 갈기 위해 뜯어보아서 알게 된 사실이다. 몰딩 시공자들은 그 일만 전문적으로 하니까 순간접착제를 쓰겠지만 실목수는 어쩌다 하는 일이다 보니 그렇게 하지 못한다. 설사 순간접착제가 있더라도 혼자서는 할 수가 없다. 다른 사람이 몰딩을 잡아주거나 무엇으로 받치고 해야만 한다. 그러자면 당연히 시공이 지체되는데 원청에서 좋아할 리 만무하다. 그런 눈치도 있고 해서 적절하지는 않지만 실타카로 시공하고 마는 것이다.

막내 격으로 쓰임이 많지 않던 실타카는 2000년대 중반서부터 사용량이 급격히 증가한다. 그 이유는 MDF판에 '인테리어 필름'을 입힌 자재들이 쏟아져 나왔기 때문이다. 천정 몰딩, 걸레받이 같은 폭이 좁은 띠장도 있고, 150~600mm까지 나오는 폭이 넓은 판재도 있다. 색깔에 따라서는 칠한 것 같은 단색도 있고 원목 같은 나무색도 있다. 이런 걸 통틀어 '랩핑재'라 한다. 랩핑재는 실타카로 시공하는 게 원칙이다 보니 사용량이 늘게 된 것이다. 그런 원칙을 무시하고 일자 타카나 심지어 대타카로 시공하는 경우도 간혹 발견되곤 한다. 동네 업자들이 한 공사에서 주로 발견된다.

MDF판에 '인테리어 필름'을 붙이려면 품이 많이 드는데 이런 수고를 없앤 것이 랩핑재이다. 랩핑재는 시공이 간편한 대신 규격이 한정적이고 절단면이 노출되는 단점이 있다. 그래도 인테리어 필름을 바르는 것보다 비용이 적게 들기 때문에 중저가 '인테리어 공사'에 많이 사용되고 있다. 실제로 랩핑재만으로 인테리어를 꾸미기도 한다. 나무색 랩핑재를 쓰면 원목 같은 느낌이 들어 약간은 고급스러워 보이기 때문이다. 동네에 있는 노래방이나 해장국집에 가보면 흔하게 볼 수 있다. 하지만 가까이서 보면 랩핑재들 간에 이음매도 보이고 실타카 자국도 나 있어서 그다지 깔끔하진 않다.

실타카핀은 최고 30mm까지 나온다. 따라서 12mm 두께를 시공 한계치로 보면 된다. 그리고 시공할 때는 그냥 타카핀만 박는 것보다 본드를 발라주는 게 좋다. 시공 부위가 목재로 돼 있으면 본드를 안 쓰기도 하는데 석고보드로 돼 있을 땐 반드시 써야 한다. 안 그러면 얼마 못 가서 떨어져 버리기 때문이다.

타카줄

타카용 작업선

바람을 전달하는 물건이다. 영어를 써서 에어줄 또는 에어호스라고도 부른다. 딱히 정해진 이름은 없으니 편한 대로 부르면 그만이다.

타카줄은 콤프와 타카를 이어주는 배관의 일종이다. 고무로 된 가느다란 관 양쪽에 쇠로 된 '커플링'이라 부르는 연결구가 장치된 꼴이다. 한쪽은 콤프에 꽂고 다른 쪽은 타카에 꽂아 쓰는 식이다. 콤프는 센 바람을 만들어내는 기계이고 타카는 그 바람으로 움직이는 연장이다. 그러니까 콤프는 타카의 동력원이고 타카줄은 동력선인 셈이다. 결국 어느 것 하나라도 없으면 아무짝에도 쓸모없는 물건이 되고 만다.

실목수를 '타카목수'라고 하는 것처럼 일을 하려면 이 세 가지는 꼭 필요하다. 콤프는 하나만 있어도 되지만 나머지는 일하는 사람 수에 맞게 갖

현장에 널브러진 타카줄

추어야 한다. 거기다 혹시 모를 상황에 대비해 여벌까지 준비하다 보면 타카줄만 해도 한 보따리씩 되는 경우도 있다.

타카줄에 쓰이는 배관에는 무른 것(폴리우레탄)과 단단한 것(우레탄)이 있다. 공구점에 가서 '타카줄 주세요' 하면 대개 무른 것을 준다. 주황빛을 띠는 것 말이다. 하지만 이것은 '선수'들이 쓰기엔 부적격이다. 나도 2004년에 처음으로 타카 일체(압축기, 타카줄, 타카)를 구입했을 때 이것을 받았는데 쓰다 보니 연결구가 자꾸 빠지고 줄도 잘 꼬여서 결국엔 버리고 말았다.

실목수들은 단단한 타카줄을 사용한다. 구경이 8mm이고 부드러워 잘 감기는 게 좋다. 이런 타카줄은 공구점이나 인터넷에서 기성품으로 판매된다. 하지만 길이가 제한적이라 이 또한 '선수'들에겐 부적합하다. 그래서 실목수들은 타카줄을 직접 만들어 쓰는 편이다. 그편이 길이를 마음대로 할 수 있어 훨씬 좋기 때문이다.

타카줄을 만들려면 배관 줄과 연결구를 따로 구입해 조립하면 된다. 배관 줄은 '호스' 판매점에서, 연결구는 공구점에서 구입하면 된다. 동네 철물점에서는 구입할 수 없고 전문 상가에나 가야 구입이 가능하다. 물론 '온라인 마켓'에서도 판매되고 있으니 편한 대로 하면 될 것이다.

배관 줄은 100m가 한 묶음이다. 끊어서는 판매하지 않으니까 이점을 감안해 타카줄 수량을 계획하면 되는데 길이는 10~20m 정도가 적당하다. 그 이상 길게도 하는데 사리기가 불편해 좋지는 않다.

연결구는 음구와 양구가 한 쌍을 이룬다. 음구는 타카에, 양구는 콤프에 연결된다. 그러므로 계획한 수량에 맞추어 연결구는 한 쌍씩 구입해야 하고, 구경이 여러 종이라 배관에 맞는지도 잘 확인해야 한다.

타카줄 만들기는 아주 간단하다. 먼저 원하는 길이로 배관 줄을 자르고 양 끝에 음구와 양구를 하나씩 장착하면 된다. 연결구를 분해해서 스프링 모양의 꼬리와 음나사를 차례대로 배관 줄에 꿴 후에 구멍 있는 꼭지를 배관 줄에 끼운 다음 체결하면 끝이다. 그런데 간혹 꼬리를 빼먹는 수가 있어 다시 풀어야 하는 실수를 저지르곤 한다. 연결구 꼬리는 배관 줄을 지지하는 구실을 하는데 쓰다 보면 음나사에서 빠져 있기 일쑤라 불필요해 보이지만 그땐 그렇더라도 조립할 때만은 빼먹지 말아야 한다. 이점만 주의한다면 조립은 일도 아니다.

타카줄을 쓰다 보면 구멍이 나는 수가 있다. 어디에 찍히거나 회전하는 톱날에 닿기도 하고, 용접 불꽃이 튀어서 생길 수도 있다. 앞에 두 가지는 불가피한 일이라 막을 수 없다지만 뒤의 것은 충분히 막을 수 있는 일이다. 따라서 근처에서 용접을 하고 있으면 보호 조치를 해주는 것이 좋다. 용접공들이 알아서 해줄 거라고 생각하면 큰 오산이다. 그런 세심한 용접공은 아직까지 본 적이 없다. 구멍이 나도 나 몰라라 하기 일쑤라 사후에 열받지 말고 미리미리 대비하는 게 최선이다.

타카줄이 구멍 나면 고치는 방법이 있다. 옛날에 주로 쓰던 플라스틱 같은 뻣뻣한 타카줄은 라이터 불로 녹여서 붙이곤 했었다. 하지만 요즘 것은 그렇게 되지 않아 기구를 사용해 고친다. '원터치 피팅'이라는 플라스틱으로 된 이음구를 이용하는 것이다. 영어 이름대로 배관 줄 끝을 꾹 누르기만 하면 연결되는 구조라 아주 간단하다. 이음구에는 一자, T자, 十자, Y자 등이 있다. 一자는 수리용이고 나머지 것들은 확장용이다.

T자 이음구는 타카줄을 가지치기하는 데 사용된다. 이것으로 '어미 타카줄'을 만들면 편리하다. '어미 타카줄'이란 배관 줄 중간중간에 T자 이음구를 박아 가지를 친 타카줄을 말하는데 적당한 이름이 없어 내가 만들어본 명칭이다. 내게는 없지만 남들이 만든 것을 보면, 구경이 12mm인 배관 줄을 사용해 줄기는 길게 하고 가지는 짧게 하는 식으로 만든다. 여러 개의 수도꼭지가 한 줄로 연결된 꼴로 보면 된다. 어미 타카줄은 넓은 현장에 유용하다. 콤프에 바로 꽂아 쓰려면 타카줄이 길어야 되지만 어미 타카줄이 있으면 작업용은 짧아도 되기 때문이다. 어미 타카줄을 현장 바닥에 길게 깔아놓고 작업용 타카줄을 가지에 연결해 사용하는 식이다. 작업하다 타카줄이 닿지 않으면 다른 가지로 옮겨가는 식으로 사용한다. 하지만 만들려면 솔찬히 공을 들여야 해서 흔한 것은 아니다.

전기드릴

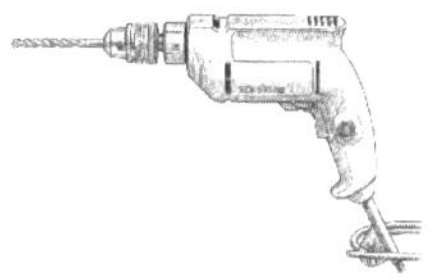

퇴물 신세

목재나 철재에 구멍을 뚫는 데 쓰인다. 꽁무니에 전깃줄이 달려 있어 그렇게들 부른다. 콘센트에 바로 꽂아 쓰는 것이라 힘이 좋다. 그 대신 꼬리처럼 항상 전깃줄을 달고 다녀야 해서 불편한 점이 있기는 하다. 요즘엔 전깃줄 없는 충전드릴이란 걸 많이들 쓰게 되면서 퇴물 취급을 받고 있다. 그래도 아직까진 힘이 좋다는 이유로 여전한 현역이다.

드릴의 우리말은 송곳이다. 나무 자루에 뾰족한 쇠붙이가 달린 그것 말이다. 쇠붙이의 모양은 여러 가지다. 날의 모양에 따라 뾰족하기만 한 것, 삼지창처럼 생긴 것, 고동처럼 생긴 것 등이 있고, 몸통 모양에 따라 둥근 민짜인 것, 꽈배기처럼 생긴 것, 나선형으로 골이 진 것 등이 있다. 송곳은 손으로 돌려 쓰는 게 보통인데 기계장치(?)로 돌리는 것도 있다. 이런 걸

활비비, 돌대송곳이라 부른다. 가늘고 긴 자루에 가로로 막대를 끼우고 실을 건 꼴인데 막대를 밑으로 잡아당기면 송곳이 돌게 된다. 원심력을 증가시키기 위해 자루 끝에 추를 형성한 모습이 재미있다. 그건 목공을 취미로 하는 사람들(취목인)도 마찬가지인 모양이다. 실제로 돌대송곳을 만들어 목공놀이를 하고들 있으니 말이다. 직접 보진 못했고 인터넷을 통해 알게 된 사실이다. 하여간 취목인들 목공 지식 박식한 건 알아줘야 한다. 이렇듯 내가 배우고 있으니까 말이다.

송곳으로 쓰는 쇠붙이를 일본말로 '기리'라 한다. 구멍 뚫을 때 드릴에 끼우는 그것 말이다. 기리도 송곳이란 뜻이지만 목수들에겐 그렇게 인식되고 있다. 기리를 다른 말로 드릴날, 드릴촉 혹은 드릴비트라 부르기도 한다. 여기서는 기리로 표기하겠다. 목수들이 즐겨 쓰는 말이기도 하고 '빵기리'네 '배꼽기리'네 하는 말들도 있어서이다.

전기드릴은 크기에 따라 대중소가 있다. 이 중에서 목수들은 중짜를 주로 사용한다. 대짜는 시멘트 믹서기용으로 사용되고, 소짜는 예전에 경량철골공들이 나사 박는 데 사용했는데 요즘은 쓰지 않아 보기 힘들어졌다. 따라서 별 언급이 없는 한 여기서 말하는 전기드릴은 중짜임을 미리 밝혀둔다.

전기드릴은 크게 손잡이, 기체, 입구(척chuck) 등으로 구성된다. 손잡이엔 작동 스위치가 있고, 기체엔 모타(모터)가 있고, 입구엔 기리를 물리게 되어 있다. 입구는 구경이 조절되는데 이는 기리의 굵기가 다양해서이다. 최대 구경은 12mm쯤 되고 완전히 오므려지기도 한다.

입구는 T자형으로 생긴 열쇠로 조절되는데 둘 다 끄트머리에 기어가

바닥에 놓인 전기드릴 중짜와 소짜

있어 서로 맞물려 돌게 되어 있다. 이 열쇠는 드릴과는 별개인데 손잡이 꽁무니에 있는 고무로 된 고리에 끼워 보관하게 되어 있다. 하지만 빠져서 잃어버리는 수가 있어 일꾼들은 드릴에 달린 전깃줄에 묶어서 보관하는 게 보통이다. 전기 테이프로 감아놓는 식이다. 깔끔하게 타이를 사용하는 이도 있다.

혹시 일꾼들이 쓰고 있는 전기드릴을 보게 되거들랑 그 열쇠가 어디에 묶여 있는지 살펴보길 권한다. 재밌는 현상을 발견할 수 있을 것이다. 드릴의 열쇠를 한결같이 플러그 근처에 묶어두었을 것이다. 그러면서 기리를 바꾸고자 할 때는 콘센트에서 플러그를 뽑을 것이다. 그리고 다시 콘센트에 플러그를 꽂아 사용할 것이다. 뭔가 이상하지 않은가?

나는 예전부터 이게 이해가 되지 않았다. 중간에 묶어두면 플러그를 뽑지 않아도 되는데 말이다. 뭐 자기 편한 대로 하면 되겠지만 남의 것을 쓰다 보면 불편해서 하는 소리다.

전기드릴은 기리에 따라 쓰임이 달라진다. 기리의 종류를 보면 목재에 쓰이는 목기리, 금속에 쓰이는 철기리, 큰 구멍 내는 데 쓰이는 빵기리 등이 있고 연마를 하는 데 쓰이는 것들도 있다. 실목수들은 구멍 뚫는 일들이 많아 기본적으로 가지고 다녀야 하는 기리들이 꽤 많은 편이다. 문짝에 쓰이는 빵기리와 배꼽기리는 기본이고, 각종 굵기의 철기리며 목기리도 필요하고, 드릴과 겸용되는 싱크경첩용 루타날도 꼭 있어야 된다. 물론 선수들이라면 대개들 가지고 다니게 마련이다. 연장통에 담아두기도 하고 천으로 된 필통이나 작은 손가방에 넣어두는 식으로 휴대한다. 그 분량만 해도 한 움큼씩 된다. 처음부터 그런 건 아니고 일을 하다 보면 이것저것 필요하고 그래서 사 모으다 보면 저절로 그렇게 되는 것이다.

전기드릴 안전사고 예방법

전동공구들이 대개 그렇듯 전기드릴도 꽤 위험한 물건이다. 전기드릴에 다치는 사고를 보면 크게 두 가지가 있다. 하나는 손목 꺾임이다. 이 사고는 기리가 갑자기 급정지할 때 일어난다. 회전하던 기리가 뭔가에 걸려 딱 멈추게 되면 그 반동으로 기체가 획 돌면서 손목이 꺾이게 된다. 순식간에 일어나는 일이라 방어가 안 된다. 대개는 깜짝 놀라는 수준이지만 재수가 없으면 손목 인대를 다치기도 한다. 특히 문짝 달 때 쓰는 빵기리나 배꼽기리로 구멍을 뚫을 때 자주 일어난다. 구멍이 커서 부드럽게 뚫리지가 않고 탁탁 걸리는 수가 많기 때문이다.

다른 사람들은 어떻게 하는지 모르지만 나는 이를 방지하기 위해 두 가지 방어책을 쓰고 있다. 하나는 왼손으로 잡기, 드릴이 멈추면 반시게 방향으로 돌기 때문에 오른손으로 잡으면 손을 놓을 사이 없이 바로 손목이 꺾이게 되지만 왼손으로 잡으면 저절로 놓치게 되어 다칠 염려가 없어진다. 하지만 이 방법은 오른손잡이라면 불편하다. 그래서 생각해낸 방법이 오른손을 쓰는 대신 허벅지나 종아리로 받치고 하는 것이다. 문짝 손잡이용 구멍을 뚫을 때는 허벅지에 대고, 바닥에 드릴질할 때는 종아리에 대는 식이다. 그럼 드릴이 급회전하더라도 허벅지나 종아리에 걸려 다치지 않는다.

또 다른 사고로는 '장갑 말림'이 있다. 공구 사용 매뉴얼에 따르면 회전 공구를 사용할 때는 장갑을 끼지 말라고 되어 있다. 장갑이 말려 들어갈 수 있기 때문이란다. 하지만 그런 사실을 알고 있더라도 실천이 잘 안 된다. 장갑을 끼지 않으면 손이 아픈 데다 목재에는 가시 같은 게 있어서 찔리기도 해서 장갑을 끼는 게 습관이 되어 있기 때문이다. 더구나 현장엔 각종 날카로운 것들이 도사리고 있어 언제 손을 다칠지 몰라서 장갑을 끼는 게 안전하기도 하다. 사정이 이렇다 보니 회전 공구를 사용할 때도 장갑을 벗어야 된다는 걸 알면서도 그냥 낀 채로 하고 만다.

장갑 말림 사고는 내가 겪어봐서 잘 안다. 2018년 1월 수원에서 '행궁맨션'이란 카페 공사를 할 때였다. 드라마 〈경이로운 소문〉에서 국숫집으로 나왔던 그 가게 말이다. 공사 막바지에 창문 다는 일을 하고 있었다. 소용되는 공구들이 많아 바구니에 담아 이동하면서 작업을 하고 있었다. 전기드릴이 필요해서 보니 바구니 밖으로 목기리가 삐쭉 나온 채 담겨 있는 게 보였다. 무심코 기리 끝을 잡고 꺼내려는데 갑자기 휙 돌아가버리는 것이었다. 그 순간 '악' 소리를 지르며 손을 놓긴 했지만 벌써 장갑은 말린

후였다. 다음으로 오른쪽 새끼손가락에 극심한 통증이 몰려왔다. 왼손으로 새끼손가락을 감싸 쥔 채 쭈그리고 앉아 한참 동안 신음을 삼켜야 했다. 통증이 진정된 후에 살펴보니 장갑은 찢겨 있었고 새끼손가락은 손톱 부위가 퉁퉁 부은 채 피멍이 들어 있었다. 재수 없게도 전기드릴을 꺼낼 때 작동 버튼이 바구니 손잡이에 걸리면서 일어난 사고였다. 사고란 별스럽게 생긴다더니 정말 그랬다. 사고의 후유증으로 새끼손가락이 굵어지는 효과(?)가 생기긴 했지만 그때 일만 떠올리면 몸서리가 쳐진다.

드릴질이 이렇게 힘들 줄이야

드릴질이 얼마나 힘든지 해본 사람들은 잘 알 것이다. 타카야 방아쇠만 까닥거려도 타카못이 저절로 박히지만 드릴은 작동 스위치만 누른다고 구멍이 저절로 뚫리지는 않는다. 기체에 어느 정도 힘을 가해야 된다는 말이다. 특히 철재를 뚫을 때는 꾹 누르고 있어야 된다.

요즘엔 골조를 철재로 짜는 경우가 많다. 금속공이 철재로 골조를 짜놓으면 목수가 그 위에 마감재를 붙이는 식이다. 그래서 목수들도 철재에 구멍 뚫는 일이 많아졌다. 철재에 쓰이는 나사를 '직결나사' 또는 '기리피스'라 부른다. 나사 끝에 날이 있어 철을 깎으면서 파고들게 되어 있다. 도라이바촉을 끼운 드릴로 직결나사를 돌리면 되는데 말처럼 잘 되지는 않는다. 어떤 것은 잘 뚫고 들어가지만 또 어떤 것은 한참을 돌려도 들어가지 않아 애를 먹이기도 한다. 그래서 직결나사를 바로 쓰지 않고 기리 끼운 드릴로 구멍을 뚫은 다음 박는 게 보통이다. 직결나사보다 좀 가는 기리로 구멍을 미리 뚫어주는 식이다.

또 나사 대가리가 튀어나오지 않게 하려면 '사라'라고 하는 사선형의 홈도 내줘야 된다(접시머리 가공). 이런 데 쓰는 걸 '사라기리'라 하는데 한 몸인 것도 있고 별개인 것도 있다. 사라 홈을 내는 일도 만만치가 않다. 왜냐면 철재에 구멍이 뚫리면 순간적으로 드릴이 푹 들어가버려 사라 홈이 너무 깊게 파여버리기 때문이다. 그래서 드릴에 별도의 제어 장치를 달아 쓰기도 하고 구멍만 뚫고 사라 홈은 나중에 내기도 한다. 내가 해본 바로는 후자 방식이 훨씬 나았다.

요즘 유행하는 야외 시설물 중 하나가 '데크'라는 것이다. 데크란 목재나 합성수지로 만든 데크재 등을 깔아 만든 평평한 바닥을 의미한다. 보행로로 쓰이기도 하고 계단식으로 만들어 의자를 겸하는 것들도 있다. 등산로나 강가 또는 해안을 따라 수 km씩 설치되기도 하고 공원이나 아파트 베란다에 마루처럼 까는 것도 있다. 이것만을 전문으로 하는 기공들이 있을 정도로 시장이 커진 상황이다.

실목수들도 데크 공사를 가끔 하는데 나는 고작 두 번밖에 하지 못했다. 그때 일을 생각하면 힘들었단 생각밖에 떠오르질 않는다. 기술적인 건 별로 없는데 드릴질 하기가 너무너무 힘들기 때문이다. 바닥에 하는 드릴질은 허리가 아프긴 해도 체중을 실을 수 있어 그나마 좀 수월한 편이다. 하지만 의자나 울타리에 하는 측면 드릴질은 체중이 충분히 실리지 않아 정말 죽을 맛이었다. 등짝에 알이 배길 지경이었다. 내가 약골인 탓도 있겠지만 평소에 하지 않던 일을 며칠씩이나 했으니 그럴 만도 했다. 그 후로 주변에 있는 데크들이 다시 보이기 시작한 건 물론이다.

해머드릴

식은 죽 먹기

드릴과 같은 기종이다. 다만 석재용이란 점이 다를 뿐이다. 돌을 쪼을 때 우리는 정을 사용한다. 정을 돌에 대고 망치로 치는 것이다. 그럼으로써 돌을 쪼개기도 하고 구멍을 파기도 한다. 그와 마찬가지로 드릴에 망치 기능을 더하면 돌에도 구멍을 뚫을 수 있게 된다. 해머드릴의 탄생이다.

돌에 구멍 내는 일은 옛날 사람들도 다 하던 일이다. 오래된 석탑을 보면 처마 끝에 작은 구멍이 있다. 풍탁 거는 고리를 박았던 자리다. 세월이 흘러 고리는 빠져나가고 구멍만 남았다. 구멍은 아주 작아서 새끼손가락 하나 들어가지 않을 정도이다. 그뿐만이 아니다. 석등에는 더 작은 구멍도 있다. 석등에는 등잔을 넣을 수 있게 사방으로 네모난 창이 있는데 "가깝게 가서 자세히 들여다보면 창의 가장자리에 가는 못 박았던 구멍의 자국들이 연이어 있다. 금속으로 창틀을 만들어 못을 박아 고정시켰었다. 그 틀에 창문을 정첩으로 달고 여닫게 하였으며 창에는 창틀에 의지하고 잠자리 날개 같은 얇은 생조生綃를 바르고 기름에 절였다. 그러면 등잔불이 밝게 퍼져 나갈 수 있었고 바람을 막아 주었다"고 한다.[21] 신영훈 선생님이 쓴《석불사·불국사》에 나오는 내용이다. 불국사 대웅전 앞 석등을 묘사한 글이다. 그 석등은 신라시대의 작품이다. 그러니까 정과 망치밖에 없던 시절에도 돌에다 구멍을 뚫었다는 얘기다. 하기야 돌을 쪼아서 석탑도 만들고 불상도 만드는 판국인데 그까짓 구멍쯤이야 식은 죽 먹기였겠지.

또 돌로 돌을 파낼 수도 있다. 이미 마제석기를 사용하던 먼 선조들이 증명한 사실이지만 근래에도 볼 수 있다. 그런 것을 보려면 서울 사는 사람들은 북한산 도선사로 가면 된다. 우이동 버스 종점에 내려 도선사 쪽으로 난 찻길을 따라 한참을 가다 보면 가파른 길가에 우뚝 솟아 있는 집채만 한 바위 하나를 만나게 된다. '붙임바위'라 불리는데 가까이 가보면 손이 닿을 만한 위치에 군데군데 홈이 파여 있다. 사람들이 소원을 빌면서 돌로 갈아서 생긴 흔적이다. 도대체 얼마 동안 갈아야 저리되나 싶은데 해보지 않아서 모르지만 되기는 되는 모양이다.

남자가 추앙받는 법

해머드릴은 전기드릴과 형태가 비슷해 보이지만 자세히 보면 차이가 난

21 신영훈,《석불사·불국사》, 조선일보사, 1998.

양동이에 담겨 있는 해머드릴

다. 우선 입구의 구조가 다르다. 전기드릴의 것은 크기가 조절되는데 반해 해머드릴은 고정적이다. 해머드릴 입구는 날을 넣고 꾹 누르면 들어가는 구조이다. 날 끝엔 양편에 홈이 있어 들어가면 빠지지 않는다. 힘을 많이 받는 것이라 헛돌지 않게 하려는 조치이다. 뺄 때는 입구에 씌워진 덮개를 뒤로 밀어 잡아당기면 된다.

해머드릴은 전기드릴보다 좀 큰 편이다. 그래서 힘이 좋아 목재용으로 써도 그만이다. 물론 해머질과 드릴질이 함께 되는 겸용의 제품이라야 가능하지만 말이다. 드릴로 쓰려면 기리를 끼울 수 있는 연결구를 따로 구입해야 된다. 이런 걸 '드릴척'이라 하는데 제품이 다양하므로 맞는 걸 골라 쓰면 된다. 그렇다면 굳이 전기드릴이 필요 없을 것 같지만 또 그렇지는 않다. 자잘한 일에 쓰기엔 한 덩치 해서 불편하기 때문이다. 결국 둘 다 구입해야 된다는 말이나.

둘은 날의 모양도 차이가 난다. 둘 다 꽈배기형인 건 똑같지만 해머날은 날카롭지 않고 뭉툭한 게 다르다. 날 모양은 꺾자(〈)인 것도 있고 십자(+)인 것도 있다. 구경에 따라 여러 가지가 있고, 길이는 한 뼘쯤 되는 게 보통이고 팔길이만큼 긴 것도 있으므로 용도에 맞는 걸 골라 쓰면 된다.

해머드릴을 쓰는 곳은 다양하다. 우리나라 건물은 대부분 콘크리트로 되어 있어 여기에 뭘 매달려면 먼저 구멍을 뚫어야 된다. 건물 외벽을 마감하는 판석에서부터, 각종 창호, 설비 배관, 화장실 기구, 전기기구 등등, 건물에 보이는 거의 모든 것들이 해머드릴로 설치된다고 보면 된다. 말하자면 건축 일꾼들의 필수품인 셈이다. 일반 가정용품으로도 요긴해서 하나쯤 장만해두면 좋을 것이다. 벽에 못 박느라 애먹지 말고 저런 것 하나 사놓으면 처자식으로부터 '추앙'받게 될는지 혹시 누가 아는가.

앵커

콘크리트에 구멍을 뚫는 이유는 앵커를 심기 위함이다. 앵커anchor란 일꾼들이 '앙카'라 부르는 것인데 석재에 박는 못으로 보면 된다. 우리말로 하면 '쐐기못'쯤 되려나. 쐐기처럼 부피의 확장력에 의해 고정되는 것이기 때문이다. 앵커에는 크게 나사식과 볼트식이 있다.

나사식인 것을 칼블럭이라 한다. 플라스틱 원통에 나사가 끼워진 꼴이다. 나사못이 들어가면 원통이 팽창되어 구멍에 꽉 끼게 되는 식이다. 창틀이나 화장실 기구 또는 전기기구 등을 설치하는 데 주로 사용된다.

볼트식인 것을 앵커볼트라 한다. 볼트, 너트, 와샤(와셔), 원통으로 구성되어 있다. 앵커볼트의 대가리는 일반 볼트와 달리 절구통형이다. 그 위로 원통, 와샤, 너트가 차례로 끼워져 있는데 너트를 돌리면 원통이 확장되는 구조이다. 주로 천장이나 벽 또는 바닥에 사용되며 힘을 많이 받는 중량물 설치에 유용하다.

볼트식에는 스트롱앵커라는 것도 있다. 스트롱앵커는 원통과 공이로만 구성된다. 나머지 부속들은 별도이다. 원통은 길이가 손가락 한 마디쯤 되는데 반은 사방으로 갈라져 있고 거기에 절구통형의 공이가 반쯤 걸려 있고 나머지 반은 빗살무늬 홈이 촘촘하게 나 있는데 안쪽에는 나사선이 형성된 꼴이다. 이것은 원통을 때려야 확장되는 구조이다. 그냥 때리면 나사선이 망가질 수 있으므로 전용 공구를 대고 때리는 게 안전하다.

스트롱앵커와 결합되는 볼트를 전산볼트라 한다. 대가리는 없고 전신에 나사선이 있을 뿐인데 길이는 최고 3m까지 나온다. 소매점에서는 1m 단위로 끊어서 팔기도 한다. 이런 걸 사다가 필요한 길이로 끊어서 사용하면 된다. 또 와샤와 너트도 필요한데 낱개로는 판매되지 않고 한 봉지씩 판매된다. 수량이 많아서 전문가가 아니면 부담스럽지만 어쩔 수 없는 노릇이다. 나도 필요해서 산 적이 있는데 몇 개만 쓰고 거의 그 상태로 보관 중이다.

스트롱앵커는 천장 작업에 주로 사용된다. 경량철골로 천정을 조성한다거나, 덕트를 매단다거나, 천정형 에어컨을 설치한다거나 할 때 주로 쓰인다. 전산볼트가 길어서 가능한 일이다. 천정을 하고 나면 가려져 일반인들은 보기 힘든데 요즘은 노출로 된 천장들이 많아져 꼭 그렇지만은 않다. 그런 곳에 가면 에어컨이나 전등이 천장에서 내려온 쇠줄에 매달려 있는 걸 볼 수 있는데 그것이 전산볼트이다. 스트롱앵커는 천장 바닥에 묻혀 잘 보이지 않지만 유심히 보면 둥근 테두리가 살짝 보이기도 한다.

해머드릴은 목공사에도 유용하다. 목재를 콘크리트에 붙이려면 대타카를 사용하는 게 보통인데 그러면 타카 자국이 남아 보기가 흉하다. 실내건축 기사로 일하던 2000년 4월의 일이다. 두 번째로 입사한 'M 디자인'이란 회사에서 힐튼 호텔 현장기사로 파견을 보냈다. 나중에 방송에서도 한참 주목받았던 이창하 씨가 운영하던 회사였다. 현장소장과의 불화로 2주밖에 일하지 못하고 나오는 바람에 두어 번밖에 만나보지 못했지만 옷 잘 입는 멋쟁이로 기억하고 있다.

현상에서 도면을 처음 보게 됐는데 청사진으로 뜬 것이었다. 외국 회사의 작품이었는데 손 도면이란 사실에 깜짝 놀랐다. '손 도면'으로 설계를 배우긴 했어도 청사진을 본 건 그때가 처음이었다. 현장에서는 컴퓨터로 그리는 '캐드 도면'이 이미 정착되어 있었기 때문이다. 캐드 도면은 기계가 그린 것이라 개성이 없는데 손 도면은 사람에 따라 천차만별이다. 힐튼 호텔의 설계 도면은 갱지로 된 전지에 인쇄되어 있었는데 어찌나 잘 그렸던지 그야말로 예술 작품 같아서 한참을 들여다보며 부러워했던 기억이 떠오른다.

내가 설계할 일이 생기면 손으로 그리곤 하는데 그때의 영향이 크다고 볼 수 있겠다. 이제는 청사진 출력해주는 가게가 없어서 일반 복사집에서 A3에 인쇄해서 쓰고 있는 실정인데 그런대로 멋이 있다. 충무로에서 '존라멘'이란 가게 공사를 할 때도 손 도면을 그려 복사한 것을 사용했다. 공사를 마치는데 마지막 날에는 매직으로 도면 우측 상단에 세로로 '大橋'라고 서명하고 그 밑에 가로로 '1909'라고 써서 주인에게 선물(?)로 주기도 했다. 버릴까 봐 "혹시 알아요, 제가 유명해지면 돈이 될는지" 하면서 건넨 것인데 나중에 보니 정말로 액자에 넣어 벽에 걸어두고 있는 것이었다. 설마 그런 기대를 가지고 했을 리는 없을 테고 장식품으로 쓸 만은 했던 모양이다.

그건 그렇고, 힐튼 호텔 공사 현장은 '오랑제리'라는 뷔페식당이 있는 층에 있었다. 잠깐 일한 거라 무슨 공사였는지는 잘 기억나지 않지만 화장실을 철거했던 것만은 분명하다. 멀쩡한 고급 화장실을 철거했는데 아깝다는 생각이 들기도 했다. 그곳은 서양식으로 꾸민 고급 호텔이라 오며 가며 볼거리가 참 많았다. 한번은 복도를 지나는데 벽에 붙어 있는 허리 몰딩이 눈에 들어왔다. 원목으로 된 것이어서 유심히 보았는데 타카 자국을 매운 흔적을 발견하고서는 실망하고 말았다. 재료에 비해 시공법이 형편없었기 때문이다. 편하게 타카로 쏘고 말았던 것이다. 저 방법밖에 없었을까, 지금도 아쉬운 생각이 드는데 시공자의 사정을 모르니 함부로 말할 수는 없다. 돈과 연관된 일이기 때문이다.

원목 깔끔하게 시공하는 법

콘크리트 벽에 원목을 붙이는 일이 참 까다롭다. 내가 쓰는 방법은 이런 것이다. 먼저 목재에 사라기리로 구멍을 뚫고 시공할 자리에 대고 구멍의 위치를 표시한다. 해머드릴에 6mm짜리 날을 끼워 표시한 벽에 구멍을 내고 나무못을 박고 목재 대고 나사를 박는다. 사라 구멍은 나무로 메우지 않고 그대로 둔다. 그래야 나중에 수리하기도 편하고 남들도 참고할 수 있기 때문이다. 이런 식으로 수원 '행궁맨션' 카페의 붙박이 탁자와 충무로 '존라멘' 식당의 선반을 시공한 적이 있다. 물론 대타카로 하는 것보다는 품이 많이 든다. 볼품 있게 하려면 돈이 많이 드는 법이다.

천장에 목재를 매다는 데도 유용하다. 보통은 대타카로 하지만 그보다 훨씬 깔끔하고 튼튼하게 할 수 있기 때문이다. 특히 천정이 조성된 상태에서 중량물을 매달아야 할 때는 더욱 좋다.

요즘 천정들은 석고보드로 마감되는 게 보통이다. 석고보드는 약해서 뭘 매달 수가 없다. 나무 골조를 찾아 거기에 매달 기도 하는데 완벽하지는 않다. 그래서 석고보드 일부를 뜯어내고 천장 바닥에 바로 매다는 게 보통이다. 이 방법은 튼튼하긴 한데 석고보드를 다시 땜빵해야 하는 번거로움이 수반된다. 이럴 때 천정이 그리 깊지 않다면 해머드릴을 사용하면 간단히 해결할 수 있다. 해머드릴에 긴 날을 끼워 구멍을 뚫고 전산볼트 끼운 스트롱앵커를 박아 매다는 식으로 말이다.

나의 자랑 피라미드

이런 식으로 천정을 해놓은 곳에 엄청난 목조 구조물을 매달아본 적이 있다. 2013년 12월의 일이다. 월곡동에서 은행 일을 하고 있을 때였다. 어느 날 모르는 사람이 연락을 취해 현장으로 찾아왔다. 도면을 한 장 보여주면서 시공을 의뢰했다. 도면에는 기다란 직사각형이 차츰 커지며 층을 이루는 형태의 구조물이 그려져 있었다. 멀바우 각목을 써서 천장에 매달

것이라 했다. 설계자는 그걸 '피라미드'라 불렀다. 한 번도 해본 적 없는 일이었지만 가능할 것 같아 승낙을 했다. 월곡동 일이 끝나면 바로 착수하는 걸로 일정을 맞추었다.

발주처는 HMG라는 회사였다. "HMG는 예술가들의 창조적 산물을 제작자가 의도한 영상과 음향 그대로 실현하기 위해 Audio & Visual Life를 높은 수준에서 즐길 수 있도록 연구하고 고민"하는 회사란다. 쉽게 말하면 집 안에 영화관을 꾸며주는 곳이다. 듣자 하니 공사비가 보통 1억씩 한다는데 그런데도 사업은 잘되는지 옆집을 임대해 전시용 스튜디오로 쓰려고 공사를 하는 것이었다.

도면엔 평면도만 있을 뿐 상세도는 없는 상태였다. 그러니 혼자서 궁리할 수밖에 없었다. 당시에 쓴 작업 일지를 찾아보니 궁리하느라 애쓴 흔적들이 역력하다. '멍에판 시공 방안'에 대한 그림도 보이고 '제작 방안'에 대해 써놓은 글도 보이고, '각재 맞춤 방안'에 대해서도 그림을 그려가며 검토하고 있는데 제일 고민스러운 부분이었던지 그림이 네 가지씩이나 그려져 있다. 결국 통장부 맞춤으로 결정하고 '암장부 조기대'와 그 맞춤 상태까지 최종적으로 그려진 게 보인다. 이걸 가지고 공사 전에 건축주와 설계자를 만나 시공 방안에 대해 설명하기도 했었다.

그때 처음 현장을 방문하게 됐는데 웬일인지 공사가 상당히 진척된 상태였다. 천정 공사까지 마친 채 공사가 중단된 상태였던 것이다. 그제서야 나를 찾아온 이유가 짐작되었다. 일하던 목수가 피라미드 설치할 실력이 못 됐던 것이다. 난 그런 줄도 모르고 "본 천정의 마감을 끝낸 후에 설치를 해야만 한다"라고 제작 방안을 궁리하고 있었으니 참 허망할 노릇이었다. 미리 말이라도 해서 양해를 구했더라면 그런 고민은 하지 않아도 됐을 텐데. 그래도 못하겠다는 소리는 못 하고 꾹 참아야 했다. 그만큼 피라미드는 도전하고픈 일이었다.

그런데 공사 첫날 겁을 잔뜩 먹게 된다. 1톤 트럭에 연장을 싣고 와서 현장에 부리고 있는데 자재가 도착했다고 해서 내려가 봤더니 아 글쎄 2.5톤 트럭에 멀바우 원목들이 가득 실려 있는 게 아닌가. 상상만 하다가 실체를 마주하니 그 무게감이 느껴졌다. 저 무거운 걸 어떻게 매다나 아득해지는 순간이었다. 하지만 또 다른 복병이 숨어 있을 줄이야 그땐 정말 몰랐다.

우선 멀바우부터 현장으로 옮겨야 했다. 하지만 자재가 너무 길어 엘리베이터에 실을 수 없어 비상계단을 이용하는 수밖엔 없었다. 비상계단 틈사이로 자재를 세워 올리면 될 듯싶었다. 그래서 용역 사무실에 요청해 두 사람을 더 충원해두었다. 현장은 5층인데 목수는 4명뿐이라 사람이 더 필요했기 때문이다. 층층마다 한 사람씩 서서 자재를 위로 전달하는 식으로 했는데 양중(자재 운반) 속도는 생각보다 무척 빨랐다. 자재를 올리는 중에도 내 머릿속은 그 무게 생각으로 꽉 차 있었다. 피라미드를 스트롱앵커로 매달 계획이었는데 처음 써보는 것이라 허용하중이 얼마인지조차 몰라 걱정이 태산이었던 것이다.

스트롱앵커를 박는 작업은 착공 5일째에야 착수되었다. 5일 동안 만반의 준비를 해야 했기 때문이다. 앵커 작업만은 내가 직접 했다. 공사의 성패를 좌우하는 일이라 남에게 맡길 수가 없었다. 먼저 천정에 드릴로 구멍을 뚫고 쇠파이프를 집어넣었다. 천정 속에 방음재가 가득 들어 있어 해머날이 말리지 않게 하려는 조치였다. 그 속에 해머날을 집어넣고 작동을 시키는데 아무리 해도 뚫리지가 않았다. 보통은 '드르륵' 하면 바로 뚫리는데 말이다. 그때 문득 건물 바닥이 철판으로 되었을 거란 생각이 떠올랐다. 20대 초반에 그런 건물에서 노가대 일을 한 적이 있었기 때문이다.

나중에 안 사실이지만 그런 걸 '데크 플레이트'라고 한다. 데크 플레이트란 콘크리트 건물을 지을 때 천장용 거푸집으로 쓰이는 골이 진 커다란 철판을 의미한다. 동바리를 받칠 필요가 없어 빌딩처럼 큰 건물을 지을 때 주로 사용된다.

그래서 아는 금속공에게 전화를 걸어 데크 플레이트를 해머드릴이 뚫을 수 있는지 물었더니 그렇다고 대답해주었다. 하지만 말처럼 쉽게 뚫리지는 않았다. 용을 써가며 몇 개나 뚫었을까, 이번엔 쇠파이프가 갑자기 쑥 들어가는 게 아닌가. 쇠파이프가 데크 플레이트 고랑에 들어간 것으로 보였다. 처음부터 고랑에 닿았더라면 괜찮았을 텐데 재수 없게도 그동안 이랑에만 닿았었던 것이다. 결국 더 긴 날이 필요해 부랴부랴 공구 가게로 전화를 걸어 '퀵서비스'로 배달받는 촌극을 벌인 뒤에야 작업을 재개할 수 있었다. 앵커 작업 하는 데만 무려 이틀씩이나 걸리는 험난한 여정이었다. 콘크리트 바닥이었다면 반나절이면 끝났을 일을 말이다.

그 외에는 별다른 일 없이 피라미드는 일사천리로 완성되었고 지금껏(2024) 건재하다. 그런데도 왜 자꾸 무너지면 어쩌나 하는 상상을 하는 걸까?

충전드릴

싱크대공

전기드릴과 같은 기종이다. 다만 콘센트 대신 충전식 배터리에 꽂아 쓴다는 점이 가장 큰 차이다. 충전식이다 보니 힘이 약해 구멍 뚫기보다는 나사 박는 용도로 더 많이 쓰인다. 사용 장소에 구애받지 않는 점이 가장 큰 장점이다. 배터리만 충분하다면 말이다. 하지만 배터리는 쓰다 보면 약해지는 법이라 점차 힘이 떨어지게 되고 아주 떨어지면 무용지물이 되고 만다. 그러기 전에 어서 충전시키는 게 상책이다. 충전기와 여분의 배터리를 꼭 챙겨 다녀야 하는 이유이다.

충전드릴은 싱크대공들의 주요한 연장이다. 우리나라 주부들이 집을 사거나 이사를 가면 제일 바꾸고 싶어 하는 것이 싱크대이다. 싱크대가 집안의 중심이라 새것이라야 이사 한 기분이 드는가 보다. 그렇다 보니 다른

전기드릴과 충전드릴

가구에 비해 싱크대 설치 작업이 가장 흔한 일이 되었고 결국 대표성을 띠게 되어 '싱크대 일 한다'는 말이 만들어진 것 같다. 싱크대공의 탄생이다.

요즘 싱크대와 일반 가구들은 거의 파티클보드라는 것으로 제작된다. 파티클보드란 목재를 분쇄한 가루를 접착제와 혼합해 압축성형한 자재를 말한다. 원판을 그대로 쓰기도 하는데 필름이 코팅된 것을 사용하는 게 보통이다. 도장을 할 수 없어 대신 갖가지 무늬와 색상이 인쇄된 필름을 붙인 것이다.

파티클보드는 줄여서 '피비PB'라고도 부른다. 그래서 이것으로 만든 가구를 '피비장'이라 부른다. 피비는 재질이 약해 못으로는 결합이 어렵고 나사를 써야만 된다. 더구나 마감된 것이라 못질은 미관상 안 될 일이다. 그런데 피비에 나사를 그냥 박으면 잘 들어가지도 않을뿐더러 갈라지기 십상이다. 그래서 기리를 끼운 드릴로 구멍을 미리 뚫어줘야 된다. 따라서 피비장을 만들기 위해선 반드시 2개의 충전드릴이 필요하게 된다. 하나는 기리용이고 다른 하나는 도라이바용이다.

충전드릴은 편리한 만큼 잃어버리기도 쉽다. 건축 현장은 별별 사람들이 다 모이는 곳이라 연장 분실이 간혹 발생한다. 노가대하는 일꾼들이 대체로 순박한 편이지만 가끔 손버릇 나쁜 자들도 있어서 그런 것이다. 특히나 충전드릴같이 쓸모 많은 연장은 눈독을 들이기 마련이다. 잘 보관한답시고 전용 가방에 충전기까지 넣어두기라도 하면 들고 가기 딱 좋다. 어쩔 땐 자기네 것인 줄 알고 잘못 가져가기도 한다. 동일한 제품들이 많으니까 그럴 수도 있다.

잃어버린 연장을 다시 찾기란 거의 불가능한데 우연찮게 다시 만날 수도 있다. 어떤 목수 반장은 분실한 전기 대패를 몇 년이 지나서 찾기도 했다고 한다. 나도 잃어버렸던 망치를 몇 년 후에 찾은 적도 있다. 같은 바닥에서 일하는 사람들이라 현장을 돌다 보면 만날 수도 있어서 가능한 일이다. 이럴 때 모르고 가져간 것이라고 인정하면 별문제가 없는데 자기 것이라고 우기면 참 곤란해진다.

이런 분란을 방지하기 위해 기체 한 곳에 제품번호를 찍어놓는 공구들도 있다. 그렇지만 별 실효성은 없어서 일꾼들은 별도의 표시를 하기도 한다. 특정 색의 '락카(래커) 스프레이'를 뿌려두기도 하고 이름을 매직으로 써놓기도 한다. 나는 못으로 '大橋'라고 각자해둔다. 그래 봐야 지우면 그만이니까 아예 기체를 분해해서 안쪽에 표시를 하는 이도 있다.

충전드릴의 수명은 고장보다는 충전지에 의해 좌우된다. 충전지 수명이 다하면 기체도 못쓰게 된다는 말이다. 물론 충전지만 구입하면 되겠지만 그 값이 신제품에 버금갈 정도라 차라리 새것을 구입하는 게 합리적이다. 한마디로 충전드릴은 기체보다 충전지가 더 중요한 셈이다. 꼬리가 몸통을 흔드는 격이라는 말이 딱 맞는 사례이다. 제조사들이 자사 제품들끼리는 충전지를 혼용할 수 있게 만든 것도 다 그런 이유가 있어서이다.

충전 공구 전성시대

요즘은 충전 공구가 아주 다양해졌다. 2000년대 초반만 해도 충전 공구라고는 충전드릴이 전부였다. 그러던 것이 2010년대가 되면서 충전 매거진이 등장하기 시작하더니 어느새 충전 원형톱, 충전 직소기, 충전 송풍기, 충전 작업등, 충전 커팅기 등으로까지 확장되었다. 심지어 충전 타카까지 출시됐다고 하니 격세지감이다.

충전 공구를 가장 많이 쓰는 분야는 싱크대이다. 사실 앞에서 열거한 충전 공구의 대부분은 싱크대공들의 연장이다. 대부분의 건축 분야는 반장들이 연장을 지급해주는데 싱크대는 특이하게도 개인이 준비하게 되어 있다. 그 대신 일당을 더 받는다고 한다. 충전 공구가 고가이고 분실 위험도 크니까 그런 줄 알았는데 전기드릴을 쓰던 시절에도 그랬다고 한다. 우리가 모르는 속사정이 있는 모양이다.

충전 공구의 혜택을 누리는 또 다른 분야는 경량철골이다. 경량철골도 싱크대처럼 나사 시공이 많은 분야인데 그 양이 비교가 안 될 정도로 훨씬 많다. 그래서 나사만 박는 전용 공구가 따로 있기도 하다. 매거진이 그것이다. 매거진magazine이 나온 시기는 2000년대 후반쯤이고 그전에는 다른 일꾼들처럼 전기드릴을 사용했다. 매거진은 '연발 권총 탄창'이란 뜻인데 나사가 연달아 꿰어진 플라스틱 줄이 탄창 같아서 붙여진 이름인 모양이다. 주둥이를 어디에 대고 꾹 누르기만 하면 저절로 나사가 끼워지면서 박히도록 작동되는 기막힌 연장이다. 나사 박는 총이라고나 할까. 경량공들의 타카가 된 셈이다. 처음 나올 때는 유선이었는데 몇 년 지나지 않아 충전식이 나오자 유선은 순식간에 사라져버렸다. 매거진은 드릴과 나사창이 결합된 구조라 약간 긴 편인 데다 기체를 똑바로 해서 나사가 박힐 때까지 밀고 있어야 되는 방식이라 다루기가 꽤 까다롭다. 나사못 대가리가 돌출되지 않아야 정상인데 익숙하지 않으면 그게 잘 안된다. 이런 까다로운 연장에 전깃줄까지 달렸으니 힘이 더 드는 건 당연했고 충전식이 나오자 미련 없이 교체해버린 것이리라. 유선 매거진이 상당히 고가인데도 불구하고 더 비싼 충전 매거진에 밀려난 것이다. 충전 공구가 전성시대를 맞이하게 된 이유이다.

실리콘 총

유리공

이름대로 실리콘을 쏘는 총이다. 실리콘이 뭔지 모르는 사람은 유리창 앞으로 가서 유리와 창틀 경계선에 보이는 고무에 주목하면 된다. 그것이 실리콘이다. 보고 있는 것은 굳은 상태이고 처음엔 반죽 상태로 되어 있다. 플라스틱 원통에 담긴 것도 있고 비닐에 담긴 것도 있다. 전자는 그냥 실리콘이라 부르고 후자는 '쏘세지'라 부른다. 색상에 따라 여러 가지가 있고 재질에 따라서도 수성과 유성으로 구분된다. 유성은 다시 초산과 비초산으로 나뉘어 있으므로 시공 부위에 맞는 걸 골라 쓰면 된다. 쓰지 않고 오래 두면 개봉하지 않아도 굳어버리므로 쓸 만치만 사는 게 경제적일 것이다.

실리콘 총은 실리콘창, 손잡이, 피스톤, 걸쇠 등으로 구성된다. 실리콘

작업대 위 나무판에 실리콘을 쏘고 있다

통은 꼭지에 나사선이 있고 끝은 삼각형 꼴로 밀봉되어 있다. 이것을 쓰려면 꼭지를 잘라 '구찌'라 부르는 사출구를 끼우고 실리콘창에 넣어서 쓰면 된다. 실리콘 통을 넣으려면 피스톤을 잡아당겨 창을 열어줘야 한다. 피스톤은 그냥 잡아당기면 빠지지 않고 손잡이 위에 있는 걸쇠를 엄지로 누른 채 잡아당겨야 된다. 실리콘창 앞에 구찌를 끼우고 통을 제자리에 앉혔으면 손잡이를 몇 차례 작동시켜 피스톤이 통 속으로 들어가 물리도록 조절하면 준비 태세는 끝이 난다.

실리콘 총은 유리공의 주요한 연장이다. 유리공은 유리 자르는 기술 못지않게 실리콘 쏘는 기술도 탁월해야 진짜 기술자라 할 수 있다. 실제로 유리 재단보다는 실리콘 시공이 더 많은 편이라 더욱 필요한 기술이다.

창문에서 보이는 실리콘은 가지런하고 매끈할 것이다. 이것은 뛰어난 기술의 결과물이다. 유리공이 실리콘 쏘는 모습을 보면 창틀 모서리에 대고 거침없이 쭉쭉 그어댄다. 그런데도 실리콘이 반듯하게 미장된다. 마치 실리콘 총에서 그런 모양이 자동으로 나오는 것만 같다. 당연히 자동으로 될 리 만무하다. 수많은 시행착오를 거쳐야 완성되는 기술이다. 실리콘 총의 이동 속도와 실리콘의 사출량이 조화를 이뤄야 바르게 된다. 이동 속도가 너무 빠르면 완전히 충진되지 못해 들뜨게 되고, 반대로 사출량이 더 많으면 부풀어 올라 울퉁불퉁해진다. 모두 하자인 것이다.

실리콘 사출구 구찌

실리콘 사출 기술의 기본은 구찌에 있다. 구찌는 무슨 가방 이름이 아니라 실리콘 사출구를 이르는 일꾼들의 말이다. 물론 일본말이다. 구찌는 처음엔 원통형이다가 중간부터 원뿔형으로 바뀌는 꼴이다. 마치 잠실벌에 우뚝 서 있는 '롯데타워'를 닮았다. 원뿔 끝은 구멍이 아주 작아 그대로 쓸 수는 없고 잘라서 사용하는데 많이 자를수록 구경은 커지게 된다. 중간 부분이 원뿔형인 이유이다.

구찌는 자른 상태 그대로 쓰는 게 아니라 유리공의 말에 의하면 주둥이를 '돼지코 모양'이 되도록 잡아줘야 한다. 이것이 실리콘 시공을 위한 전제 조건이다. 돼지코 모양을 만들려면 먼저 구찌를 비스듬히 자르고 납작하게 누른 다음 라이터 불로 구우면 된다. 절단면을 둥글게 하고 주둥이를 경화시키기 위한 조치이다. 자르는 각도와 어떻게 누르느냐가 돼지코 만드는 요령인데 말처럼 쉽지는 않다. 잘 만들어진 구찌는 사출면이 매끈하면서 살짝 곡면을 이루게 되면서 보기 좋은 모양이 된다.

구찌는 플라스틱이라서 마모되기 쉬워 오래 쓸 수는 없다. 그래서 영리한 유리공은 마모 방지를 위해 동관으로 만든 '돼지코'를 구찌에 끼워 쓰기도 한다. 언젠가 유리 공장에 갔다가 딱 한 번 본 적이 있다.

그런데 돼지코 구찌가 상품이 되어 나올 줄은 정말 몰랐다. 실제로 본 적은 없는데 온라인에서 판매되고 있더란 말이다. 그 종류도 가지가진데 일반 구찌에 끼워 쓰는 금속으로 된 것도 있어서 깜짝 놀랐다. 아까 말한 유리공의 그것과 재질만 다를 뿐 방식은 똑같았기 때문이다. 자기 손으로 하는 '셀프 인테리어'가 성행하다 보니 이런 제품까지 나오게 된 모양이다.

실리콘 총을 사용하다 보면 구찌에서 실리콘이 콧물 흘러나오듯 하는 모습을 볼 수 있다. 방울져 바닥에 떨어지기도 한다. 계속 새지는 않고 어느 정도 나오다가 멈추기는 하지만 몹시 성가시다. 원래 그런가 보다 생각하기 쉽지만 사실은 그게 아니다. 이것은 사용법을 제대로 몰라서 생기는 현상이다. 이런 현상을 없애려면 실리콘 총을 쓴 다음 그냥 놓지 말고 반드시 걸쇠를 한 번 눌러줘야 된다. 그래야 피스톤의 압력이 풀려 실리콘이 새지 않는 것이다.

제품에 사용법이 써진 것도 아니라 이런 사실을 모르는 일꾼들이 태반이다. 그건 목수들도 마찬가지여서 실리콘 총을 쓰다 보면 여기저기 실리콘 방울을 떨어뜨려놓아 골치를 썩인다. 연장이며 옷자락을 더럽히기 때문이다. 더구나 주변에 있는 먼지까지 달라붙어 실리콘이 묻은 자리는 더욱 더럽다.

타카줄이나 전깃줄에 묻은 실리콘은 톱밥으로 문지르면 어느 정도 떼어낼 수 있는데 옷에 묻은 것은 대책이 없다. 칼로 긁듯이 해서 잘 떼어낸다고 해도 섬유 속으로 이미 스며들어 얼룩이 지고 만다. 그래서 나처럼 칠칠치 못한 사람들은 작업복마다 실리콘으로 생긴 얼룩이 1~2개씩은 꼭 있게 마련이다. 조심한다고 늘 생각하는 데도 그게 잘 안된다. 일하다 보면 어느새 묻어 있곤 해서 속상하다.

실리콘의 용도는 참 다양하다. 접착 성능이 우수하기 때문이다. 목재, 타일, 금속, 플라스틱 등 거의 모든 건축자재를 붙일 수 있다. 바로 붙지는 않고 경화시간이 좀 걸리는데 일단 붙고 나면 그 강도가 아주 세다. 철거를 해보면 알 수 있는데 목재가 뜯겨나갈 정도이다. 실리콘 자체도 잘 떨어지지 않기는 매일반이다. 특히 유성 실리콘은 제거가 거의 불가능에 가깝다.

가벽을 하면서 실리콘을 쓸 때가 종종 있다. 골조가 떨어지지 말라고 실리콘을 바르는 것이다. 이런 곳을 철거하고 벽에다 칠을 하려면 실리콘들을 깨끗이 없애야 되는데 그게 정말 어렵다. 그라인더에 쇠솔이 달린 해바라기를 달아서 갈아봐도, 토치램프로 태워봐도 잘 안된다. 그나마 락카신너(시너)로 녹여낸 다음 쇠솔로 긁어내는 게 제일 나았다. 예전에 공사를 하면서 뭣 모르고 실리콘을 벗겨내다가 학을 떼인 적이 있어서 하는 소리이다.

한국인의 실리콘 사랑

우리나라 사람들의 실리콘 사랑은 유별나다. 가히 실리콘 공화국이라 할 만하다. 곳곳이 실리콘투성이다. 틈새가 있을 법한 곳이나 벽에 뭔가 붙어 있는 걸 볼라치면 거기엔 어김없이 실리콘이 있다. 예쁘게 쏘기라도 했으면 그나마 나을 텐데 떡칠하다시피 한 곳들이 대부분이라 꼴불견이다. 심지어 한옥 건물에서도 실리콘은 발견된다. 맞춤이 어긋나 사이가 벌어지거나 나무 갈라진 게 보기 싫다고 실리콘으로 메우는 사례들이다. 하지만 이런 짓은 않느니만 못하다. 당장 보기에도 민망스럽고 나중에는 떨어져 더 흉한 몰골이 되기 때문이다.

일반인들의 실리콘 사랑까지 말릴 생각은 없다. 다만 건축인이라면 좀 자제를 하는 게 좋지 않을까 생각한다. 예쁘게 만들지는 못할망정 혐오스러워서야 쓰겠는가.

폼 건

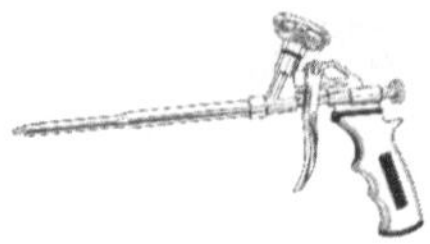

창호용 본드

폼 건은 폼을 쏘는 총이다. 폼Foam이란 '폴리우레탄 폼'의 줄임말로서 '접착력이 우수하여 각종 틈새, 빈 공간, 크랙 등을 메워주며 뛰어난 단열성과 방음성'을 나타내는 건축 부자재이다. 실생활에는 쓰임이 거의 없어 일반인들은 잘 모를 것이다. 더구나 시공 후에는 시멘트나 실리콘 등으로 노출되지 않게 가리기 때문에 집안 곳곳에 쓰이긴 했지만 눈에 띄지도 않는다.

폼 건은 창호 설치에 주로 사용된다. 창호는 벽 사이에 약간의 틈이 있어야 설치하기가 수월하다. 그래서 벽을 세울 때 창호 자리를 좀 크게 해서 구멍을 뚫어놓는다. 그러면 나중에 창호공이 창호 틀을 가져다 설치를 하는 식이다. 창호 틀은 수직과 수평에 맞춰 설치되는데 이 작업엔 쐐기가 사용된다. 직각삼각형으로 된 나무토막인 쐐기를 벽 사이에 끼우고 망치로 살살 쳐가며 수직수평을 맞추고 틈 사이에 폼을 쏘아 고정하는 식이다.

폼이 출시된 건 아마도 2000년대 초반쯤일 것이다. 그전엔 몰탈을 사용했다. 큰 '다라(다라이, 대야)'에 시멘트와 모래를 섞은 사모래를 넣고 물을 부어 묽게 반죽한 다음 주입기로 빨아들여 틈 사이에 쏘아 미장을 하는 식이었다. 이렇게 해야 야무지긴 한데 시간과 돈이 많이 들다 보니 이제는 엄두조차 내기 힘들어졌다. 폼은 실리콘 쏘듯 쭉쭉 쏘기만 하면 되고 1~2시간이면 금방 굳어버릴 정도로 편리한데 누가 몰탈을 쓰겠는가.

폼은 '에프킬라'만 한 깡통에 들어 있는데 폼 건에 끼워 쓰게 되어 있다. 자체에 사출구를 갖춘 것도 있는데 이런 걸 '일회용 폼'이라 한다. 폼을 쓰려면 내용물이 잘 섞이도록 흔들어줘야 한다. 그렇지 않으면 말간 액체만 나오기도 한다.

폼은 밖으로 나오면 거품처럼 부풀어 오르다 멈추면서 서서히 굳어간다. 완전히 굳으면 노란색 풀빵 같은 모습이 된다. 누르면 쉽게 들어갈 정도로 강도는 매우 약하지만 대신 접착력은 아주 세다. 자르지 않는 한 꿈적도 하지 않는다.

폼을 쏠 때는 팽창성을 고려해야 한다. 깡통 폼은 팽창성이 심하지 않은데 일회용 폼은 상당히 큰 편이라 특히 조심해야 한다. 너무 많이 쏘았다가는 창호 틀이 휘어버리기 때문이다. 이런 하자를 방지하기 위해 창호 틀 중간에 버팀목을 질러놓는데 그래도 적당히 쏘는 게 유리하다.

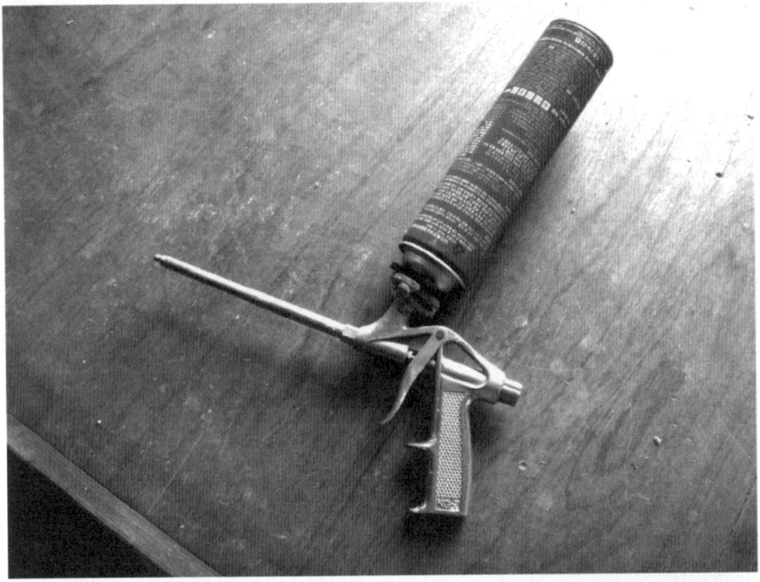

폼 건(위)과 집수리 현장에서 폼 건으로 문짝 틈새를 메우고 있다(아래)

폼이 폭발한 이야기

폼을 쏘면 그 주위에 아지랑이처럼 아른거리는 걸 볼 수 있다. 가스가 나오기 때문이다. 이 가스의 압력으로 폼이 배출되는데 탁 트인 공간에서는 금방 날아가버려 문제가 되지 않는다. 하지만 밀폐된 곳에서 축적되면 위험해진다. 불꽃이 닿으면 폭발하기 때문이다. 영화 같은 얘기지만 실제로 일어나기도 한다.

아는 목수에게 들은 얘긴데 마루 공사를 하다가 폭발 사고를 일으켰다고 한다. 마루의 하자 요인 중에 하나가 삐꺽거리는 소리가 나는 것이다. 마루 조성에 사용된 타카못이 재목을 제대로 잡고 있지 못해서 생기는 현상인데 그 부분이 밟힐 때마다 재목이 눌리면서 마찰음이 나는 것이다. 이런 하자를 방지하기 위해 바닥 틈새에 폼을 쐈다고 한다. 폼이 재목을 잡아줄 것으로 생각한 것이다. 그런 다음 마루판을 덮었으니 가스가 빠져나오지 못하고 축적되었고 거기에 우연찮게 옆에서 일하던 일꾼이 뭔가로 불꽃을 내자 순식간에 폭발이 일어났고 한다. '펑' 하는 굉음이 울렸고 건물 안에 있던 회사원들은 폭탄테러라도 난 줄 알고 놀라서 밖으로 뛰쳐나가느라 난리가 났고 자신은 '멘붕'되어 우두커니 서 있었노라고 말해주었다. 폭발력이 얼마나 센지 마루가 솟아오를 정도였다고 한다. 폼이 쓰기에 따라 폭탄이 될 수도 있다는 사실을 보여주는 사례라 하겠다.

폼 건 수리법

폼 건은 고장이 잘 난다. 쓰고 나서 어느 정도 시간이 지나면 폼이 굳어버리기 때문이다. 그래서 폼을 씻어내는 세척제가 있기는 한데 막상 써보면 별 효과가 없다. 깡통을 폼 건에서 분리하면 약간의 폼이 새게 된다. 그대로 두면 둘 다 입구가 막혀 쓰지 못하게 된다. 세척제로 씻어내야 한다. 세척제는 깡통으로 된 제품인데 자체 사출구가 있어 분사도 가능하고 폼 건에 끼울 수도 있게 되어 있다. 먼저 사출구로 폼 건과 깡통에서 나온 폼을 씻어내고 다음엔 폼 건에 끼워 안에 든 폼을 씻어내면 된다. 방아쇠를 당기면 총열에 든 폼이 나오다가 세척액도 나오게 되는데 그러면 청소가 다 된 것으로 생각하고 그만두게 된다. 하지만 나중에 쓰려고 보면 굳어 있기 일쑤이다. 폼이 녹았더라도 약간의 접착성이 남아 있어 오래되면 굳어버리기 때문이다.

목수들은 단열 공사나 문틀 설치 작업에 폼 건을 주로 사용하는데 흔한 일이 아니다 보니 고장이 자주 난다. 나도 두어 번 폼 건이 굳어버려 다시 구입했던 적이 있을 정도이다. 폼 건의 가격은 보통 1~2만 원대로 비싼 편은 아니다. 하지만 쓰고자 할 때 고장이 나 있으면 짜증도 나고 당장 구입하기 곤란할뿐더러 다시 사러 가려면 시간도 걸리고 해서 관리를 잘 해두는 게 이롭다. 나의 관리법은 폼을 빼지 않고 채워둔 채 한 달에 한 번 정도 폼 건을 작동시켜주는 것이다. 폼이 굳지 않도록 어느 정도씩 배출을 시킨다는 말이다.

폼 건이 고장 나면 대개는 버리는데 나는 아까워 고쳐본 적이 있다. 만들기도 하는데 못 고칠 이유가 없지 않은가. 그런데 기체를 분해하는 건 어렵지 않은데 경화된 폼을 제거하는 일이 만만치 않다. 경화된 폼은 전용 세척제로는 용해되지 않는다. 더 강력한 용해제를 써야 하는데 락카 신너가 으뜸이다. 이것이 아주 독해서 웬만한 화학물질들은 모두 용해될 정도이다. 경화된 폼도 마찬가지여서 부품들을 락카 신너에 하루쯤 푹 담가두면 굳었던 폼이 흐물흐물해진다. 그런 걸 벗겨내면 고칠 수 있는데 말처럼 쉽지는 않다. 특히 방아쇠와 폼이 끼워지는 주입구 쪽은 어렵다. 그래도 경화 정도가 심하지 않다면 충분히 고칠 수는 있다.

폼은 쓰기는 편한데 골칫거리가 하나 있다. 옷을 더럽힌다는 점이다. 폼은 거품 같아서 흘러내리는 성질이 있다. 그렇다 보니 천정 같은 데 쏘아두면 뚝뚝 떨어지기도 한다. 어쩔 땐 떨어지는 것에 맞기도 한다. 이럴 땐 손대지 말고 굳을 때까지 기다리는 게 최선이다. 칼로 조심스럽게 떼내면 되겠지 싶겠지만 액체성이 있어서 건들면 번져버린다. 그러니 굳은 후에 떼내는 게 그나마 오염을 덜 시키는 유일한 방법이다. 하지만 일하다 보면 묻었는지 모르는 수가 많아 알아차렸을 때는 이미 떡칠이 되어 있곤 한다. 나도 그렇게 해서 버린 옷이 한두 벌이 아니다. 그래서 나는 작업복 깨끗한 사람만 보면 신기할 지경이다. 어떻게 하면 저럴 수 있을까 궁리 중이지만 아직도 잘 모르겠다.

작업선

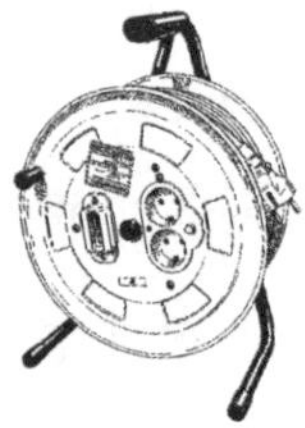

이동식 콘센트

전기 나오는 물건이다. 콘센트의 일종인데 고정된 것이 아니라 이리저리 끌고 다닐 수 있는 것이다. 말하자면 이동식 콘센트인 셈이다. 작업선과 비슷한 말로 리드선, 연결선, 릴 선 등이 있다. 요즘은 캠핑을 취미로 하는 사람들이 많아져 '캠핑 선'이란 말도 생겨났다. 가정이나 사무용으로 주로 쓰는 멀티탭, 멀티 선도 이에 속한다. 구조만 조금씩 다를 뿐 이동식 콘센트란 점은 모두 같다.

작업선은 콘센트, 전깃줄, 플러그 등으로 구성된다. 콘센트는 구멍의 개수에 따라 적게는 1구서부터 많게는 14구까지 있고, 콘센트만 있는 게 있고, 콘센트에 전원스위치나 과부하 차단기가 있는 것도 있다. 전깃줄은 길이에 따라 짧게는 1.5m에서 길게는 40m까지 있고, 전선이 세 가닥으로 된 3심과 두 가닥으로 된 2심이 있고, 고패에 감긴 게 있고, 그냥 둘둘 말아진 것도 있다.

우리나라에 전기가 처음 들어온 건 1887년이라고 한다. 경복궁 "건청궁에서 작은 불빛 하나가 깜빡깜빡하는가 싶더니 눈부신 전등이 갑자기 주위를 밝혔다"고 하는데 이는 향원정 근처에 세워진 석탄 발전기에서 생산된 전기였다고 한다. 그 후에 건청궁은 사라져 그 흔적은 찾을 길 없지만 창덕궁에 가면 그 무렵 설치된 '구라파풍의 장식'을 갖춘 전등만은 볼 수 있다.

우리나라는 일본의 영향으로 처음엔 110V를 쓰다가 1973년부터 220V로 바뀌었다. 어려서 110V용 밥솥을 '도란스'에 꽂아 쓰던 기억이 생각난다. 도란스란 트랜스포머transformer를 줄인 트랜스Trans의 일본말로서 전압을 220V에서 110V로 바꿔주는 기기다. 우리말로는 변압기. 도란스는 지금도 110V용 전동공구가 남아 있어 간혹 볼 수 있다.

멀티탭이 필요한 이유

1970~80년대만 해도 전기기구라곤 선풍기, 텔레비전 정도가 고작이었다. 그러던 것이 밥솥, 냉장고, 세탁기, 헤어드라이어, 다리미, 전자레인지, 에어컨 등으로 늘어나더니 마침내 컴퓨터와 핸드폰이 등장하면서 정점을 찍게 된다. 무인도에 산다는 자연인들도 태양광을 설치해 전기를 생산하는 지경이니 말 다했다. 그들도 외부와 소통하기 위해 '스마트폰'만은 버리질 못하는 것이리라. 아무튼 전기의 수요는 폭발적으로 증가했지만 건물만은 그대로다. 새로 지은 건물이라고 별반 다르지 않다. 예전보다 콘센

트 개수가 늘기는 했어도 충분하지는 않다. 게다가 쓰고자 하는 위치에 알맞게 있는 것도 아니다. 때로는 가구로 가려져 못 쓰게 되는 경우도 비일비재하다. 책상 밑이나 가구 틈 사이에 '멀티탭'이 존재하는 이유이다.

목수의 연장도 전기 제품이 대부분이다. 이 책에 나오는 것만 봐도 콤프레셔, 원형톱, 커팅기, 전기드릴, 해머드릴, 전기 대패, 루타, 트리머, 직소기, 그라인더, 다리미, 집진기 등 12종이나 된다. 책에는 없지만 배터리 충전기와 커피포트는 거의 필수적으로 사용되고 있으며, 선풍기, 전기난로, 후왕(후앙, 환풍기) 등도 상황에 따라서는 필요한 것들이다. 전기 없이는 일할 수 없는 세상이 된 것이다.

그래서 현장에 도착하면 목수들은 콘센트부터 찾는다. 콘센트는 벽에 있는 게 보통이고 바닥에 심어져 있기도 한다. 콘센트가 있어도 거기에 바로 꽂아 쓰는 연장은 거의 없다. 연장에 달린 전깃줄만으로는 작업 반경이 나오지 않기 때문이다. 이리저리 움직이지 않고 한자리에 두고 쓰는 기계톱이나 커팅기만 해도 작업 반경이 상당하다. 왜냐면 목자재 길이가 최소 2m 이상 되는 것들이 다수이기 때문이다. 좁은 곳에서야 어쩔 수 없다지만 여건만 허락된다면 벽에서 한참 떨어뜨린 위치에 두고 쓰는 게 편해서 작업선은 꼭 필요한 법이다.

기계톱에 연결하는 작업선은 콘센트 구멍이 많은 게 좋다. 기계톱은 원래 용도인 목재의 재단뿐만 아니라 그 위에서 전기드릴을 쓰기도 하고, 커피포트로 물을 끓이기도 하고, 배터리를 충전하기도 하는 등 다방면으로 활용된다. 물론 다른 데서도 할 수 있지만 바닥에 쪼그리고 앉아서 해야 하니까 단이 높은 기계톱에서 하길 선호하는 것이다. 기계톱에 멀티탭이 사용되는 이유이다.

나는 스위치가 달린 4구짜리 멀티탭을 사용하고 있다. 기계톱과 집진기의 플러그를 함께 꽂을 수 있고 동시에 작동시킬 수도 있어 편리해서다. 커피 물을 끓인다거나, 전기드릴을 사용해야 될 때는 기계톱과 집진기에 따로 마련해둔 스위치를 끄고서 하는 식이다. 물론 멀티탭에 따라 스위치가 여럿인 것도 있기는 한데 1개인 게 좋아서 그렇게 쓰고 있다. 스위치가 고장 나는 경우도 있어서 단순한 걸 선호하는 것이다.

가설 전기

건물 내부를 모두 철거하고 다시 시설하는 공사를 일꾼들은 '올All수리'라고 부른다. 여기엔 전기 시설도 포함된다. 전기 시설을 차단하는 건 간단하다. 분전반에서 전기선만 뽑으면 되니까 말이다. 그리고 분전반에 전선을 직접 연결해 콘센트를 1~2개 정도만 달아둔다. 분전반은 건물 한쪽 구석에 있는 게 보통이라 전기를 쓰려면 작업선이 길어야 된다. 그래서 목수들은 20m 이상 되는 공사용 작업선을 적어도 하나 정도는 가지고 다닌다. 언제 올수리 현장을 만날지 모르니까 말이다.

내가 쓰는 건 '릴 작업선'이다. 고패에 감긴 작업선을 그렇게들 부른다. 고패에 손잡이가 있어 들고 다닐 수 있게 되어 있다. 릴 작업선은 전선이 고패에 감겨 있어 깔끔하고 전선 길이를 조절해 쓸 수 있는 게 큰 장점이다.

또 그냥 둘둘 말아진 '두루마리 작업선'이란 것도 있다. 보통은 작업선이라 부르는데 릴 작업선과 구분하기 위해 내가 붙인 명칭이다. 대부분의

고패에 감긴 릴 작업선. 손잡이에 머리끈을 묶어두었다

목수들이 이걸 쓴다. 가벼워서 이리저리 끌고 다니기 좋고, 틀이 없어 마대 같은 데 담기에도 좋기 때문이다. 두루마리 작업선은 둘둘 말아 끈으로 묶게 되어 있다. 한쪽 끝에 끈을 매어두고 사리가 풀리지 않게 묶어두는 것이다. 사용할 때는 끈을 풀게 되는데 그럼 사리가 헝클어져 현장 바닥에 널브러져 있는 게 볼썽사납고, 사용 후엔 처음부터 다시 사려야 해서 이런 점들은 큰 단점이다.

둘 다 장단점이 있지만 나는 작업선이 흐트러지는 게 싫어 릴 작업선을 더 선호하는 편이다. 그런데 어떤 이는 릴 작업선에서 고패를 떼어버리기도 한다. 두루마리로 개조를 하는 것이다. 릴 작업선은 이리저리 끌고 다니며 사용하다 보면 단단히 감아놨던 전선이 느슨해지게 된다. 그런 상태로 전선을 되감을 수는 없다. 그럼 전체를 풀어 다시 처음부터 단단히 감아야 된다. 대충 감아서는 되지도 않는다. 이런 일을 반복하다 보면 짜증스러우니까 고패를 아예 떼어버리는 것이리라. 전선이 풀리지 않게 하려면 끈을 고패에 매어두면 된다. 전기선을 사용하는 게 보통인데 내가 쓰는 건 머리끈이다. 머리끈을 고패를 돌리는 손잡이에 묶어두고 거기에 전선을 감아 고정하는 식이다. 요즘엔 고정장치 달린 릴 작업선이 등장해서 그럴 필요도 없어졌지만 말이다.

가설 전기를 쓰는 현장들도 많다. 신축 현장이나 대규모 실내건축 현장 등이 그에 속한다. 가설 전기란 임시로 쓰는 전기를 말하는데 이런 시설물을 가설 분전반이라 한다. 가설 분전반은 크기에 따라 다른데 라면 박스만 한 함에 콘센트가 있고 다리가 달려 있어 세울 수 있는 게 보통이다. 가설 분전반은 1층이나 건물 내부 한쪽 구석에 세워지는 게 보통이다. 그렇다 보니 작업선이 부족하면 일하기가 힘들어진다. 작업선 하나를 가설 분전반에 꽂아 작업하는 곳까지 끌고 와서 다시 다른 작업선들을 꽂아 전기를 쓰는 식이다. 더구나 이런 현장은 인원수도 많아서 작업선은 더욱 많아진다. 작업선만 해도 한 보따리씩 되는 이유이다.

또 대개 이런 현장에는 안전관리자들이 있어 작업선을 규제한다. 전선이 세 가닥으로 된 안전 작업선이 아니면 사용을 못 하는 것이다. 이는 전기 과열로 인한 화재 예방을 위한 조치이다.

안전관리자를 의무적으로 배치해야 하는 현장은 공사비 50억(2022년 기준) 이상인 곳이라지만 꼭 그렇지만은 않다. 대기업 건물이나 백화점 같은 곳은 안전관리자가 상주하고 있어 공사 금액과 상관없이 늘 작업선을 규제한다. 뭣 모르고 갔다가는 일을 못 할 수도 있다는 말이다.

나도 그와 비슷한 일을 겪은 적이 있었다. 2019년 8월 장충동에 있는 신라면세점에서 데크 공사를 할 때였다. 공사라야 4일밖에 안 되는 작은 규모라 신경 쓰지 않고 평소에 쓰던 작업선을 가져갔다. 그런데 면세점에 안전관리자가 상주하고 있었는지 감독을 나와서는 대번에 못 쓰게 하는 것이었다. 일반용이라 안 된다는 것이다. 다행히 원청 사람이 안전 작업선을 가지고 있었기에 망정이지 하마터면 일을 못 할 뻔했다.

요즘은 충전 공구가 대세이다. 꼬리처럼 달고 다녀야 하는 작업선이 필요 없기 때문이다. 2000년대 초반까지도 충전 공구라고는 드릴밖에 없었는데 이제는 충전 타카가 나올 정도이니 격세지감이다. 하지만 충전 공구도 결국 충전을 해야만 쓸 수 있으므로 작업선은 필요하다. 충전 공구만 쓰는 세상이 되더라도 작업선은 일꾼들의 동반자로 어쩌면 남아 있을지도 모르겠다.

6. 수리용 연장

도라이바

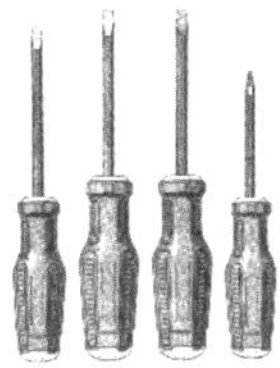

생활의 필수품

나사를 다루는 물건이다. 원래는 드라이버driver가 맞지만 일꾼들은 저렇게 부른다. 여기서도 현실을 따라 도라이바로 표기했다. 게다가 드라이버를 검색하면 골프채가 먼저 뜨는 실정이니 더더욱 저 말을 쓰는 게 나을 듯싶다. 혹시 아는가, 짜장면처럼 언젠가 표준어가 될는지.

도라이바 하나쯤은 누구나 가지고 있을 것이다. 꼭 본래 목적으로 쓰지 않더라도 문고리가 벗겨지지 않게 빗장으로 꽂아둔다거나, 뭔가를 따기 위해 틈새를 비집는다거나, 혹은 찍는다거나 하는 등 여러모로 쓸모가 많기 때문이다. 말하자면 생활의 필수품인 것이다. 요즘엔 조립식 가구의 수요가 많아지면서 쓸모가 더욱 증가하는 추세이다.

도라이바 종류는 의외로 다양하다. 가장 많이 쓰는 십자형과 일자형 외

공구 선반의 맨 위 칸에 놓여 있는 여러 종류의 끌과 도라이바

에도 세모형, 네모형, 별형 등의 특수한 것까지 참 다양한데 무려 19가지나 된다고 한다. 거기다 크기에 따라서 또 구별되니 그 수가 얼마나 많겠는가. 우리가 보았던 것은 새 발의 피였던 셈이다.

그렇지만 살림살이로는 십자도라이바 하나면 충분하다. 거기에 일자도라이바 하나만 더 있으면 금상첨화이다. 일자나사 박힌 생활용품은 별로 없지만 무슨 뚜껑 같은 걸 열려면 틈을 비집어야 하기 때문에 꼭 필요한 측면이 있어서다. 다행히 시중에는 십자와 일자가 함께 붙어 있는 '양용 도라이바'란 제품이 있으니 따로 갖출 필요도 없겠지만 말이다.

내게는 삼각도라이바가 하나 있다. 오래전에 구입한 것이다. 하지만 두어 번쯤 썼을까, 하도 안 써서 있는지조차 잊어버릴 지경이다. 목수 연장은 아니지만 일을 하다 보면 가끔 삼각나사로 채워진 걸 만날 때가 있어 장만했던 것이다. 방범창이나 알루미늄창에 쓰이기도 하고, 또 어쩐 일인지 삼각나사로 부착해놓은 물건이 있기도 하다. 아마도 이 중에 하나를 해체하려고 구입했던 것이리라. 어쩌겠나 한번 쓸 거라도 일을 하려면 사야지.

아주 좁은 곳에 쓰이는 도라이바가 있다. '주먹 도라이바'가 그것이다. 일반 도라이바를 축소한 듯한데 손잡이는 한 손에 쥐어질 만큼 작고 쇠막대는 그보다 더 짧다. 작고 통통한 게 귀여워 보인다. 이것도 역시나 한두 번밖에 쓰지를 못하지만 의외로 많이들 가지고 다닌다. 일부러 사지는 않았을 것 같고 다들 일반 도라이바는 들어가지 않는 난처한 상황을 겪었나 보다.

'반자동 도라이바'라는 것도 있다. 전기로 움직이는 게 아니라 인력으로 도는 것이라 반자동이라 불린다. 몸체에 두 줄의 나선형 홈이 엇갈리게 파여 있는데 손잡이를 밀면 홈을 타고 내려가면서 그 반동으로 기체가 회전하게 되어 있다. 원리가 그렇다는 것이고 실제로 써보면 잘 안된다. 나사 구멍이 작으면 미는 힘만으론 잘 돌지가 않기 때문이다. 별수 없이 손목으로 돌리게 되는데 그러다 보면 짜증이 난다. 차라리 일반 도라이바를 쓰는 것만 못하기 때문이다. 예전에 남의 것을 두어 번 써본 적이 있어서 알게 된 사실이다. 2000년대 초반에는 가끔 볼 수 있었는데 요즘은 보이지 않는다.

도라이바로 나사 박는 일은 정말 힘들다. 손목은 잘해야 반 바퀴 정도밖에 돌릴 수 없다. 하지만 도라이바를 돌릴 때는 반의반쯤 되려나, 힘을 못 쓰니 더 돌릴 수가 없는 것이다. 물론 손가락으로 돌릴 수 있는 나사도 있기는 하다. 플라스틱이나 금속 제품에 쓰인 나사들이 대체로 그런 편인데 이는 암나사가 따로 있어서이다. 하지만 목제품엔 암나사 없이 구멍만 뚫려 있는 게 보통이라 빡빡해서 힘이 든다. 헐거우면 얼마 못 가서 빠져버리기 때문에 구멍을 작게 해서 그런 것이다.

조립 가구를 완성해 본 사람들은 아마도 공감이 될 것이다. 국내에도 2014년에 '가구 공룡' 이케아가 들어오면서 조립 가구의 수요가 엄청나게 증가했다. 가구뿐만 아니라 필요한 생활용품 모두를 이케아에서 구입하는 정도이다. 창업하는 사람들도 많이들 이용한다.

조립 가구가 값도 싸고 물품도 다양해 좋기는 한데 조립하는 일은 좀 어렵다. 대부분이 나사로 조립되는데 집 안에 충전드릴 갖춘 사람이 어디 흔한가, 결국 도라이바로 나사를 돌려가며 조립을 하게 되는데 그러다 보면 팔이 너무 아프기 때문이다. 아마도 조립을 하다가 포기하고 공구점으로 달려간 사람이 한둘이 아닐 것이다. 충전드릴을 구매하기 위해서 말이다. 끈기가 있어 포기하지 않고 가구를 완성시킨 사람도 두 번 다시는 하지 말아야 할 일로 가슴 깊이 새기지 않았을까. 나도 가게 공사를 하면서 점주가 사 온 조립 가구를 조립해 본 적이 있는데 나사가 어찌나 많던지 충전드릴이 없었다면 손사래를 칠 일이었다.

망가진 나사 푸는 법

목수들은 충전드릴이 있어서 도라이바는 거의 쓰지 않는다. 그래도 하나쯤은 꼭 가지고 다닌다. 나름대로의 쓸모가 있기 때문이다.

우선, 나사가 망가졌을 때 해결하는 용도가 있다. 충전드릴을 잘못 쓰면 나사를 망가뜨리기도 한다. 촉이 헛돌면서 십자 홈을 뭉개버리는 것이다. 이럴 땐 빨리 중단하고 도라이바를 쓰는 게 상책이다. 십자 홈이 약간이라도 살아 있다면 대개는 도라이바로 풀리기 때문이다. 아예 망가졌다면 골치가 아파진다. 한번은 어떤 목수가 문손잡이 덮개에 채우는 나사를 망가뜨린 채 달아놓고 몰래 가버려 나중에서야 그 사실을 알고 고치느라 애를 먹었던 적이 있었다. 암나사와 나사선이 맞지 않은 상태에서 억지로 채워 생긴 고상이었다. 십자 홈이 완전히 뭉개져 있었는데 이런 건 도라이바로는 풀리지가 않는다. 이럴 때 내가 쓰는 방법은 이렇다. 먼저 날카로운 것, 가령 송곳, 일자도라이바, 끌 등을 나사머릿가에 비스듬히 대고 망치로 친다. 그러면 조금씩 돌아가면서 나사머리가 솟아오른다. 어느 정도 솟았다 싶으면 니빠로 홈과 모서리를 물고서 마저 돌린다. 니빠 주둥이에 물리기만 한다면 푸는 데는 문제없다. 서너 번 써먹은 방법인데 아직까지 풀지 못한 적은 없었다.

다음으로 전기기구를 손보는 용도가 있다. 목수라도 일을 하다 보면 전기기구를 옮기거나 고장이 나면 고치기도 하는데 이런 데 사용하는 것이다. 전기기구에는 전선이 연결되어 있는데 전선은 나사로 단자에 물려 있거나 구멍에 끼워져 있다. 나사에 물린 전선은 십자도라이바로 돌려서 빼고, 구멍에 끼워진 전선은 일자도라이바로 꾹 눌러서 빼게 되어 있다. 콘센트, 전등 스위치, 플러그 등이 다 그런 식이다. 이런 걸 손보려면 충전드릴로는 잘 안된다. 콘센트의 경우 전선을 고정하는 나사가 작은 데다 전선을 끼우려면 간극을 미세하게 맞춰야 되는데 속도 조절이 맘대로 안 되기 때문이다. 또 전등 스위치의 경우 전선을 단자에서 빼내려면 어차피 일자가 필요해서 목수들은 양용 도라이바를 가지고 다니는 게 보통이다. 전선 빼는 일에는 전공들도 도라이바를 사용하는데 양용 도라이바보다는 일자와 십자가 따로 있는 걸 사용하는 게 보통이다. 갈아 끼울 필요가 없어 그것이 더 편한가 보다.

이외에도 각종 기계 연장을 수리한다거나 기물에 달린 철물의 간극을 조절한다거나 하는 등 여러 방면으로 사용되고 있다.

근육통 푸는 법

집에 있는 도라이바를 방치해두지만 말고 의료 기구로 사용해 볼 것을 권한다. 이게 무슨 소린가 하는 사람이 많을 것 같다. 참, 모든 도라이바가 의료 기구가 될 수는 없고 손잡이 모양이 공처럼 생긴 것이라야 된다.

나는 무슨 일인지 근육통이 자주 생겨 목수 일을 하면서 참 많은 고생을 했다. 정형외과 단골이었을 정도다. 그러다 2020년이던가 한번은 도라이바로 통증 부위를 눌러주었더니 효과가 그만이었다. 그 후론 허리가 아프거나 등이 아프거나 할 때 방바닥에 도라이바를 놓고 통증 부위에 대고 굴리면서 근육통을 스스로 치료하게 되었다. 물론 많이 아팠지만 병원비를 아낄 수 있다는 일념으로 참았던 것이다.

그런데 알고 보니 이런 곳에 쓰는 용품이 따로 있었다. 한겨레신문을 보다가 발견한 것인데 "이거 물건이네: 라크로스볼"[22]이란 기사에 이렇게 적혀 있다.

이 공의 이름은 라크로스볼. 라크로스라는 하키와 비슷한 스포츠에서 사용하는 공이다. 이걸 마사지에 많이 써 마사지볼이라 부르기도 한다. 공 두 개가 붙어 있으면 땅콩처럼 생겼다고 해서 땅콩볼이다. 사용법은 아주 초간단. 바닥에 놓고 아픈 부위를 대기만 하면 된다. 어깨, 허리, 종아리, 허벅지 등등 다 적용 가능하다.

아픈 부위에 공을 대고 살며시 누워 살살 움직여가며 통증 포인트를 찾아갔다. 몸을 꿈틀거리는 게 보기엔 망측하지만 고통의 근원을 찾는 몸부림이다. 앗, 어떤 지점에서 '두둑' 소리가 나더니 극심한 고통이 몰려왔다. 하지만 또 다른 한쪽에서 시원한 쾌감이 터졌다. 얼마나 아프고 시원한지 침이 질질 흐르고 신음이 터져 나왔다.

나만 그런 줄 알았더니 근육통으로 고생하는 사람이 많은가 보다. 이정국 기자의 말처럼 스스로 치료하려면 '침이 질질 흐르고 신음이 터져 나오는' 극심한 고통쯤은 참아낼 수 있어야 한다. 실제로 지압을 하고 나면 통증 부위가 퉁퉁 붓는다. 그것은 치료 효과의 증표이므로 걱정하지 않아도 된다.

---

22 이정국, " '악'소리 나는 짜릿한 고통", 한겨레, 2021. 12. 3.

뺀찌

집게

전선을 다루는 데 쓰는 물건이다. 사전엔 펜치Pincers로 되어 있지만 일꾼들은 저렇게 부른다. 뺀찌는 집게에서 유래한 것이라고 한다. 집게가 개발된 시기를 청동기시대로 본다는데 정말 그랬을 것 같다. 뜨거운 쇳덩이를 맨손으로 만질 순 없으니까 말이다.

집게의 구조는 아주 간단하다. 쇠막대 두 가닥을 X자로 엇갈리게 놓고 만나는 지점에 축을 박은 게 전부이다. 이처럼 구조는 간단해도 가만히 보면 인류의 지혜가 담긴 놀라운 물건이다. 적은 힘으로도 큰 힘을 발휘하는 것이니까 말이다.

같은 집게라도 U자형인 것은 그렇지 못하다. 음식을 집거나 쓰레기를 주울 때 쓰는 집게 말이다. 손을 대신해 물건을 집을 수 있다 뿐이지 큰 힘을 발휘하지는 못한다. 아니 오히려 손으로 집는 것보다 힘이 더 떨어진다. 그 이유는 회전축이 끝에 있기 때문이다. 악력을 배가시키려면 X자형 집게처럼 손잡이에서 회전축이 멀어져야 한다. 그래야 회전축을 중심으로 손잡이가 지렛대 구실을 할 수 있기 때문이다. 누구의 생각이었을까, 놀라울 따름이다.

집게에서 유래한 뻰찌는 집는 기능과 함께 절단 기능을 하나 더 갖추고 있다. 뻰찌는 손잡이, 회전축, 주둥이로 구성된다. 주둥이에는 뾰족한 잔주름이 있어 전선을 잡고 꼬는 데 용이하며, 회전축 바로 앞에는 둥글게 홈이 있고 거기엔 날이 있는데 전선을 절단하거나 피복을 벗기는 용도로 사용된다. 전선을 주로 다루는 것이라 큰 악력이 필요하진 않아 손잡이는 한 손에 쥐어질 만치 비교적 짧다.

뻰찌의 추억

그러고 보니 어렸을 적 일이 생각난다. 초등학교에 들어가기 전이었는데 내 이가 흔들리는 걸 발견한 아버지는 뻰찌로 이를 뽑아주었다. 나중에 드라마를 보니까 실로 이를 묶어 뽑던데 전기기술이 있었던 아버지는 뻰찌를 사용했던 것이다. 처음 당하는 일이라 멋모르고 응하긴 했지만 뻰찌가 이를 잡아당기던 순간의 느낌은 몸서리쳐지는 것이었다. 왜 남들처럼 보드라운 실로 하지 않고 흉측한 뻰찌를 사용했던 것인지, 참 무심한 아버지였다. 그 후론 두 번 다시 아버지에게 이를 맡기지 않았다. 혼자서 이렇게 저렇게 이를 뽑던 기억만이 남아 있을 뿐이다.

아버지의 뻰찌는 썰매 만들 때는 아주 유용했다. 썰매에서 중요한 요소는 썰대이다. 썰대란 얼음 위에서 잘 미끄러지라고 썰매 다리에 대는 철재를 말한다. 그런 철재로 가장 좋은 것은 미닫이 썰대였다. 기다란 사각형의 철재로 된 미닫이 썰대는 굵은 데다 군데군데 못을 박을 수 있는 구멍까지 있어 썰매 다리를 고정하는 데도 그만이었다. 하지만 그런 건 구하기가 어려워 사용하지 못하고 만만한 것이 반생이었다. 반생이란 말뚝 같은 걸 동여맬 때 쓰는 굵기가 6mm쯤 되는 철사를 뜻한다. 우리 집 창고에는 쓰다 남은 반생이 있었는데 둥글게 말아진 것이었다. 썰매 다리에 맞추려면 알맞은 길이로 끊어내야 했는데 이 일에는 뺀찌가 제격이었다. 단번에 끊을 수는 없었으므로 반생을 뺀찌 날에 물려놓고 망치로 내려치는 방법을 사용했다. 여러 번 치다 보면 흠집이 나는데 그러면 거기를 뺀찌 주둥이로 잡고 꺾으면 끊어졌다.

그런데 우리 동네 썰매는 좀 특이했다. 발로 움직이는 조종간이 있었기 때문이다. 의자 앞으로 이만큼 나온 막대 끝에 십자형의 조종간이 부착된 모습이었다. 의자에 궁둥이를 대고 조종간에 두 발을 얹은 자세로 탔는데 꼬챙이로 얼음을 지치며 달리다가 조종간을 이리저리 돌리면 방향이 자유자재로 바뀌게 되는 재미있는 썰매였다. 썰매란 다 그렇게 생긴 줄 알았는데 그게 아니었다. 나중에 '테레비'를 보니 다른 고장의 썰매는 조종간이 없었다. 썰매 위에 무릎을 꿇고 앉아 타는 모습이 너무나 이상해 보였던 기억이 생각난다.

전선 결선법

뺀찌는 전공의 주요한 연장이다. 목수가 허리에 망치를 차고 다니듯 전공은 뺀찌를 차고 다닌다. 뺀찌는 배선 작업 중에는 별로 쓰이지 않는다. 그 대신 철가위를 사용한다. 배선 작업에는 많은 전선들이 쓰이게 되는데 전선을 자르기 위해 철가위를 사용하는 것이다. 한두 개라면 몰라도 많은 전선을 자르기에 뺀찌는 불편하다. 한 손으로 손잡이를 잡고 오므렸다 폈다 해야 작동하는 것이라 힘이 들기 때문이다. 하지만 철가위는 손잡이를 스프링이 받치고 있어 쥐기만 하면 된다. 그러니 힘도 덜 들고 날이 더 예리해 전선 자르기에 더 유용한 것이다.

뺀찌는 배선 작업이 끝나고 이뤄지는 마무리 단계인 결선 작업에 주로 사용된다. 전공이 결선 작업 하는 모습을 보면, 먼저 전선을 날에 끼워 알맞은 길이로 피복을 벗기고 구리선이 드러난 두 가닥을 엇갈리게 놓고 주둥이 끝으로 잡아 비틀어 꼬아 다시 날에 넣어 적당한 길이로 자르고 '전기 테이프'로 둘둘 감아놓는다. 여기서 중요한 기술이 전선 피복을 얼마나 능숙하게 잘 벗기느냐이다. 보기에는 아주 쉬워 보인다. 뺀찌 날로 전선을 물고 뺀찌 머리를 엄지나 손날에 대고 지렛대 식으로 꺾으면 피복이 그냥 술술 벗겨지는 것만 같다. 하지만 막상 해보면 그게 잘 안된다. 전선 피복이 끊어져야 잘 벗겨지는데 그렇지 않고 쭉 늘어나기 일쑤이다. 너무 세게 누르면 전선이 끊기기 때문에 힘 조절을 못 해서 그런 것이다.

뺀찌는 실목수에게도 필요하다. 왜냐면 일을 하다 보면 전선을 처리해야 할 일들이 생기기 때문이다. 현장이 어두운데 작업등이 없다거나 불필요한 전선을 제거해야 한다거나 짧은 전선을 연장해야 한다거나 하는 등의 일들은 예기치 않게 생기기 마련이다. 이럴 경우 실목수들은 못주머니에 항상 지니고 다니는 니빠가 있어 그것으로 처리하기도 한다. 하지만 니빠는 주둥이 끝이 넓적하지 않고 전체가 비스듬해서 전선을 자르거나 피복을 벗기는 데는 문제가 없지만 결선하는 일은 잘 안된다. 전선이 씹히지 않기 때문이다. 해본 사람은 알겠지만 니빠로 결선하려면 애먹기 십상이다. 이런 경험을 몇 차례 하다 보면 자연스럽게 뺀찌의 필요성을 느끼고 구입을 하게 된다. 나도 하나 가지고 있는데 유사시를 대비해 연장통에 늘 담아두고 있다.

육각렌치

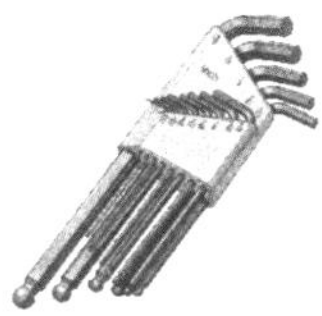

원형볼트

원형볼트를 다루는 연장이다. 원형볼트란 둥근 대가리에 육각형의 홈이 있는 볼트를 말한다. 대가리가 육각형으로 된 육각볼트와 구별하기 위해 내가 붙인 이름이다. 육각볼트는 대가리가 튀어나오는데 이것은 표면에 묻히는 장점이 있어 눈에 띄는 곳에 주로 사용된다. 마감이 깔끔하기 때문이다. 자전거나 '찝차' 같은 각종 기계류뿐만 아니라 조립 가구에까지 두루 쓰이고 있다.

육각렌치는 기역자로 구부러진 게 보통이다. 구부러진 쪽은 짧고 다른 쪽은 길다. 짧은 쪽을 원형볼트 홈에 끼우고 긴 쪽을 잡고 돌리는 식이다. 그래야 큰 힘을 낼 수 있어 풀거나 조임이 쉬워진다. 지렛대처럼 말이다. 규격은 1.5~10호까지 9종이 있고 이것이 한 벌이다. 전문가용은 약간 길고, 일반용은 짧거나 접이식으로 되어 있다. 그 밖에 일자나 T자로 된 것들도 있으나 흔한 것은 아니다.

육각렌치는 '정비 공구'다. 기계를 수리할 때 쓰는 공구란 말이다. 이런 공구가 '목수 연장'에 포함된 이유는 타카 때문이다. 타카는 못을 쏘는 연장인데 실목수들은 거의 모든 결합을 이것으로 하고 있다. 타카가 없으면 일이 안될 정도라고 보면 된다. 그러므로 고장이 나면 빨리 고치는 게 상책이다. 수리는 간단해서 육각렌치만 있으면 고치는 건 식은 죽 먹기나 다름없다. 하지만 이게 없으면 타카 수리는 불가능에 가깝다. 왜냐면 타카는 원형볼트로 결합되어 있는데 육각렌치 아니면 풀 수가 없기 때문이다. 가령 육각볼트라면 전용 공구인 스패너나 몽키 없이도 '뺀찌'로 물거나 정으로 쳐서 풀 수도 있다. 하지만 원형볼트는 대가리가 둥글어 미끄러지기 쉬운 데다 대부분 기체에 파묻혀 있어 저런 방식이 통하지 않는다는 말이다. 결국 타카 고장을 대비하려면 육각렌치가 반드시 필요한 것이고 따라서 '목수 연장'에도 포함된 것이다.

공짜라 잃어버리기 쉬운 렌치

타카를 구입하면 포장 상자 안에 육각렌치가 동봉되어 있다. 역시나 고장이 나면 수리를 하라고 제조사에서 넣어준 것이다. 이것은 일반적인 육각렌치와는 좀 다르게 생겼다. 몸통은 둥글면서 끝부분만 짧게 육각형을 이루고 있는 형상이다. 육각렌치는 2종이 들어 있는데 대타카에는 4호와 5호, 나머지 타카들에는 3호와 4호가 담겨 있다. 타카의 주요한 부품인 주둥이 덮개와 피스톤 덮개를 결합하고 있는 원형볼트의 크기가 각기 다르

일자 타카 수리 중, 우측 상단에 놓여 있는 육각렌치

기 때문이다. 그러므로 타카를 사면 육각렌치 2개가 공짜(?)로 생기는 셈이다.

타카는 종류별로 2~3개씩은 기본적으로 갖춰야 된다. 그렇게 타카를 장만하다 보면 자연히 육각렌치도 그만큼 많이 생기게 된다. 하지만 시간이 지나면 남아 있는 건 별로 없다. 공짜라서 방치해두다 보면 어디로 갔는지 보이질 않는 것이다. 그래서 목수들은 육각렌치 한 벌을 따로 구입해두기도 한다. 타카 수리에는 3종만 있으면 되지만 다른 곳에 쓸 수도 있고, 한 묶음으로 포장돼 있어 흩어질 염려도 없고, 크기도 커서 찾기도 쉬우니까 말이다. 목수들이 선호하는 것은 맥가이버칼처럼 접었다 펼 수 있는 접이식 제품이다. 당연히 휴대성이 좋아 많이들 구입한다.

한 벌짜리 육각렌치는 목수의 필수품이다. 타카 수리용으로도 필요하지만 목공용 철물에도 원형볼트로 결합된 게 많아서이다. 문손잡이, 슬라이딩도어 제어장치 등이 대표적이다. 이런 것들에도 육각렌치가 동봉되어 있어 새 제품을 설치할 때는 문제가 되지 않는다. 하지만 일을 하다 보면 기존에 설치된 것들을 떼어내거나 조정하는 등 손보는 일도 생기기 마련이라 이럴 때를 대비해서 꼭 필요한 것이다.

나는 못주머니에 공짜 육각렌치 2종을 항상 넣어가지고 다닌다. 타카는 큰 고장은 별로 없는데 사용 중에 발생하는 잔고장이 많은 편이라 수리용으로 지참을 하는 것이다. 잔고장이란 혓바닥 끼임을 말한다. 타카핀이 철이나 콘크리트에 맞으면 박히지 못하고 구부러지면서 혓바닥 사이 끼게 된다. 약한 끼임은 망치로 타카 주둥이를 치면 끼었던 것이 빠지기도 하지만 심한 끼임은 육각렌치로 주둥이 덮개를 풀어야 고칠 수가 있다. 이럴 때를 대비해 육각렌치를 못주머니에 담아두는 것이다. 바로 꺼내 쓸 수 있게 말이다.

조립 가구

육각렌치는 일반인들에게도 친숙한 연장이 아닐까 싶다. 그것은 조립 가구 때문이다. 조립 가구는 '가구 공룡' 회사 이케아가 2014년 말 광명에 1호점을 개설하면서부터 유행하기 시작했다. 가구를 직접 조립해야 하는 수고스러움은 있지만 가격이 싸고 제품이 워낙 다양해 인기를 끌게 된 것이다. 요즘은 조립 가구 한 번쯤 사보지 않은 사람이 없을 정도로 대유행을 하고 있다. 《50개의 키워드로 읽는 북유럽 이야기》에 이런 내용이 나온다.

이케아의 설립자 잉바르 캄프라드는 17세의 어린 나이에 이케아를 설립해 현재까지 개인 기업 형태를 유지하고 있다. …… 이케아의 핵심 사업 전략은 경쟁사에 비해 최저 가격을 유지하는 것으로, 가구 회사로 시작해 현재는 종합 라이프스타일 업체로 성장하였다. …… 이케아가 처음부터 조립식 가구를 만들었던 것은 아니다. 캄프라드는 완성된 가구가 자동차에 쉽게 들어가지 않아 유박에 애를 먹는 것을 보고 나무 테이블의 다리를 분리하면 자동차로 이동하기 쉬울 것이라는 생각을 하게 된다. 캄프라드는 이 아이디어를 바탕으로 1956년 최초의 조립식 가구를 만든다. 그렇게 가구를 납작하게 포장하는 플랫 패키징 방식을 사용하니 창고·운반 등 물류비용이 크게 절감되었고, 이를 통해 가구 가격을 낮추는 것이 가능해졌다. 이를 바탕으로 이케아의 매출은 더욱 급증하게 된다.[23]

이케아가 우리나라에 들어온 것은 아시아에서 8번째였으니 좀 늦은 감은 있었지만 시장에 성공적으로 안착해 2017년엔 고양에 2호점을 개설했고, 2025년엔 강동에 5호점을 냈다. 우리나라는 '세 가구 중 한 곳'이 1인 가구일 정도로 그 비중이 커지면서 이케아의 성공에 일조하고 있는 실정이다.

23 김민주, 《50개의 키워드로 읽는 북유럽 이야기》, 미래의창, 2014.

조립 가구는 나사나 원형볼트로 조립되는 게 보통이다. 이렇게 두 가지 방식이 사용되는 이유는 제품에 따라 요구되는 결합력의 차이 때문일 것이다. 나사보다는 원형볼트가 조임력이 더 크기 때문에 선반처럼 결합을 단단히 해야 하는 제품에는 원형볼트가 사용되는 식이다.

그런데 재밌는 건 아무리 비싼 것도 '도라이바'는 넣어주는 법이 없는데 가격과는 상관없이 육각렌치만은 꼭 넣어준다는 점이다. 조립용으로 공짜로 넣어주는 것이다. 그 이유를 가만히 생각해 보면, 도라이바는 설사 좀 맞지 않더라도 쓸 수 있는 데 비해 육각렌치는 그럴 수 없기 때문이 아닐까. 게다가 규격이 9가지나 되니 그에 맞는 걸 넣어줄 수밖에 없는 게 아닐까, 그것도 아니면 공짜로 넣어줘도 부담되지 않으니까 그런 건지도 모르겠다. 아무튼 육각렌치가 이래저래 사람들에게 친숙한 연장이 되어가는 세상이다.

빠루

드잡이

빠루는 '바Bar'의 일본식 발음이라고 한다. 표준어는 쇠지렛대, 유의어로 노루발못뽑이, 배척 등이 있다. 하지만 현장에서 이런 말을 쓰는 일꾼은 이제껏 한 번도 본 적이 없다. 아마도 그런 말을 썼다가는 그것이 뭐이냐고 되물을지도 모른다. 그러니 여기서도 현실을 따라 빠루로 표기했다.

예로부터 무거운 걸 드는 데는 지렛대를 사용해왔다. 번쩍 드는 것이 아니라 살짝 들어 자리를 옮기는 수준으로 사용되었다. 옛날에 무거운 것을 다루는 사람을 '드잡이'라 불렀다. 요즘은 '도비'라 부른다. 도비들은 공장에 쓰이는 기계를 옮겨주는 일이 주업이라고 한다.

드잡이로 유명한 분이 김천석 선생이다. 신영훈 선생님의 책에 가장 많이 등장하는 인물이다. '술 잘 사고 인심 후하게 잘 쓰고 놀기 잘하고 말

잘하고 생색 또한 신바람 나게 부려대는' 성정이라 얘깃거리가 많아서 그런 것이리라. 문화재 수리 쪽에서는 전설적인 분인데 '석굴암 전실 좌우의 석축'을 조성했고 대한문을 14m 뒤로 옮기기도 했으며 불국사 석가탑을 해체하다 도르래 지주로 쓰던 전봇대가 부러지는 바람에 약간의 손상을 입혀 '하옥'된 적도 있었다고 한다. 한번은 전라도 광주에 가서 탑을 수리한 적도 있었는데 '옛날 방식에 따라 시공하는 광경이 구경거리로 장하다고 소문이 나서 구경꾼들이 공원 안에 구름같이 모여들었다'고 한다. 신 선생님은 《절로 가는 마음 2》에서 당시 상황을 다음과 같이 노래한다.

신이 난 곰보 김씨
깨끗한 옷 갈아입고 흰 장갑 새로 끼고
손 지렛대 빗겨 들고
탑 위에 높이 서서 우렁찬 소리로
이리저리 지유하니
장하기가 천군만마 지휘하는 장수만큼이나 다부지다.[24]

탑은 '광주지산동오층석탑'으로 확인되는데 1961년 보수되어 현재에 이르고 있다고 한다. 노래에 나오는 '손 지렛대'는 빠루로 생각된다. '빗겨 들고'하는 대목을 보면 자루는 좀 길었을 것 같다.

24 신영훈, 《절로 가는 마음 2》, 책만드는집, 1995.

빠루의 쓰임

어떤 인터넷 쇼핑몰에는 빠루의 용도에 대해 다음과 같이 쓰여 있다.

못을 빼낼 때

철거 작업을 할 때

무거운 기계 등의 지렛대로 사용

하수도 맨홀뚜껑을 열 때

이 정도면 빠루의 용도는 다 나온 것 같은데 사족을 붙이자면 구덩이 파기가 하나 더 있다. 구덩이를 팔 때는 보통 곡괭이를 쓰는데 좁은 곳에서는 빠루를 쓰기도 한다. 빠루를 내리찍어 흙을 잘게 부수는 식이다.

빠루는 쇠막대로 되어 있다. 한쪽 끝은 납작하고 다른 쪽 끝은 기역자(ㄱ)나 물음표(?) 모양으로 꺾여 있는 꼴이다. 꺾인 부위는 다시 끝이 두 갈래로 갈라진 것과 납작한 것의 두 가지가 있다. 갈라진 부위를 일명 '노루발'이라 부르는데 못을 뽑는 데 사용되고, 납작한 부위는 물건을 들어 올리는 지렛대로 사용된다. 길이에 따라 대중소로 나눌 수 있는데 각각의 특성을 살펴보면 다음과 같다.

소빠루는 보통은 '손빠루'라 부른다. 한 손에 쥐어질 만한 크기라고 해서 그렇게들 부른다. 길이는 300mm 내외가 보통이고 작게는 손바닥만한 것도 있다. 대부분 전문 기업에서 만들어져 상표가 있고 모양이나 색상도 다양하고 정교한 게 특징이다. 실내건축 하는 일꾼들이 주로 사용한다. 이것의 보유 여부는 성정에 따라 크게 엇갈린다. 어떤 이는 필수품처럼 꼭 가지고 다니지만 또 어떤 이는 쓸모가 없다고 생각해 구매조차 안 한다는 말이다. 나는 후자 쪽이다. 그래도 그 장점을 찾아보자면 이렇다. 우선, 휴대성이 좋다. 작아서 당연한 사실인데 실내건축 하는 이들에게 휴대성은 매력적인 구매 조건이다. 현장 이동을 자주 하다 보면 무엇이든 연장 가방에 담을 수 있게 작고 가벼운 걸 선호하게 마련이기 때문이다. 다음으로는 타카핀 뽑기를 들 수 있다. 타카핀도 여러 가진데 여기서 말하는 것은 DT 계열의 것이다. 목재에 박힌 타카핀은 빼기가 어렵다. 못대가리가 목재 속에 살짝 들어가 있기 때문이다. 그래야 후속 마감에 지장을 주지 않는다. 하지만 이 점은 일을 하다 잘못돼서 수정할 경우에는 문제가 된다. 하자 부위를 수정하려면 재목에 박힌 타카핀만 빼야 하는데 이 일이 참 어렵다. 타카핀 근처를 끌로 찍어 파내기도 하고 쇠톱으로 자르는 방법도 있는데 가장 빠르고 손쉬운 방법은 손빠루를 이용하는 것이다. 내가 해본 바로는 그렇다는 것이다. 노루발이 뾰족해서 가능한 일인데 그 방법은 타카못 근처에 노루발을 비스듬히 대고 망치로 때려 박아 타카못이 걸리게 해서 뽑아내는 것이다.

중빠루는 별다른 명칭은 없고 그냥 빠루로 부른다. 길이는 700mm 내외가 보통이고 대부분 대장간에서 제작되어 상표는 없고 육각 철봉으로 되어 있는데 별도의 마감을 하지 않아 투박한 게 특징이다. 다른 빠루들이 기역자로만 꺾여 있는데 비해 이것은 물음표 모양으로 꺾인 것도 있다. 물음표가 보기도 좋고 내구력이 더 강하겠지만 요즘엔 잘 보이지 않는다. 그렇게 하면 품이 더 드는데 그렇다고 비싸게 받을 수도 없으니 한 번만 꺾는 기역자로 만들고 마는 것이리라.

2019년에 나경원 의원이 국회의사당 안에서 빠루를 들고 나와 유명세를 치르기도 했는데 그것도 역시나 기역자 모양이었다. 곱게 자란 분이 팔지에 없는 빠루까지 들 수밖에 없었던 상황을 두고 지금(2023)도 여야는 '네 탓 공방'을 하고 있는데 그 이유야 어떻든 간에 빠루를 알리는 일등 공신이 된 것만은 분명해 보인다.

중빠루엔 노루발이 기본적으로 달려 있다. 대못을 뽑기 위함이다. 대못은 일반못의 일종인데 목재에 쓰이는 철못을 말한다. 못대가리는 둥글넓적하고 길이는 25~150mm까지 생산된다. 이 중에서 길이 90mm 이상인 것을 대못이라 한다. 대못은 콘크리트 건물을 짓는 데 주로 사용되었다.

1990년대 초반만 해도 거푸집은 목재로 된 것이었다. 두께 45mm짜리 각목으로 틀을 짜고 그 위에 합판을 붙여 만들었다. 이를 '반네루'라 불렀다. '패널Panel'의 일본말이다. 반네루는 삼육(3×6尺, 900×1800mm)이 기본이었고 썩는 걸 방지하기 위해 콜타르를 도포해놓아 검은색을 띠었다. 거푸집만으로는 콘크리트 무게를 견딜 수 없으므로 각종 보강재가 사용됐는데 그중에는 두께 90mm짜리 각목도 있었다. 이를 '오비끼'라 불렀다. 반네루와 오비끼는 구입하는 것이 아니라 빌려 쓰는 것이었다. 건물이 완공되면 임대업체에 반환되었는데 거기에는 공사 중에 사용된 대못이 무수히 박혀 있었다. 임대업체에서는 대못을 뽑기 위해 인력사무소에 요청해 사람을 받아썼다. 나도 인력사무소를 통해 못 뽑는 일을 몇 차례 해봐서 아는 사실이다. 요즘은 '유로폼'이라고 하는 쇠틀로 된 거푸집을 쓰는데 오비끼는 여전히 쓰이고 있다. 지금도 못 뽑는 일이 있는지 그 후론 가

본 적이 없어 잘 모르겠다.

못 뽑는 일에는 중빠루와 빠루망치가 사용된다. 빠루망치를 주로 쓰고 중빠루는 가끔씩 사용하는 식이다. 빠루망치를 주로 쓰는 이유는 망치로도 쓸 수 있고 못뽑이로도 쓸 수 있어서이다. 못 뽑는 일에는 구부러진 걸 펴기도 하고 못뿌리를 쳐서 뒤로 물리기도 하고 못대가리를 걸어 뽑기도 하는 등 기본적으로 세 가지 작업이 수반된다. 빠루망치에는 노루발이 달려 있어 저 작업들을 연속적으로 하는 게 가능하다. 대신 못이 너무 깊숙이 박혀 있거나 녹이 잔뜩 슨 못은 빼기가 어렵다. 그래서 중빠루도 필요한 법이다. 중빠루의 노루발은 손빠루처럼 뾰족하지는 않다. 좀 뭉툭한 편인데 대못은 굵은 데다 못대가리도 커 문제 되지는 않는다. 어떤 못은 목재 표면에 딱 달라붙어 있어 노루발을 걸 수 없을 때도 있는데 이럴 땐 아까 소빠루처럼 못대가리 근처에 대고 빠루망치로 때려주면 된다. 못대가리가 타카핀처럼 완전히 들어가 있는 게 아니라서 몇 번 치면 노루발이 틈새를 파고들면서 못대가리가 걸리게 된다. 그럼 자루 끝을 잡고 힘껏 뒤로 젖히면 되는데 '끼이익' 소리를 내면서 못이 빠지게 된다.

내겐 물음표 모양의 중빠루가 하나 있다. 2004년 성수동에 작업실을 마련하면서 철거를 위해 장만한 것이었다. 그 후론 큰 공사가 있을 때마다 현장에 꼭 가지고 다닌다. 중빠루는 여러모로 쓸모가 많은데 그중에 하나가 하자 처리다.

실내건축의 목조물을 보면 각재로 골조를 짜고 그 위에 합판이나 석고보드를 쳐 마감하는 식이다. 하자가 생기면 목조물을 철거하게 되는데 중간 부위는 톱으로 잘라내서 제치면 쉽게 떨어지지만 콘크리트에 박힌 각재는 그대로 남아 있는 게 보통이다. 단단히 박느라 타카핀을 많이 쳐놓아 그런 것이다. 그래서 톱으로 잘라 제거하는 일은 어림도 없다. 그저 통째로 들어 올려 제거하는 게 최선이다. 이럴 때 목수들은 빠루망치나 손빠루를 사용하는 게 보통인데 자루가 짧다 보니 여간 힘든 게 아니다. 타카핀은 빠지지 않으면서 각재만 뜯겨져 나오는 식이라서 그렇다. 정말 진땀이 날 정도이다. 중빠루만 있어도 간단한 일인데 말이다. 그래서 나는 저런 쓸데없는 고생을 하지 않으려고 공사를 하러 갈 때 짐이 되더라도 꼭 챙겨가는 편이다.

형틀목수

대빠루 역시 그냥 빠루라 부른다. 중빠루와 비슷하게 생겼고 길이만 좀 더 길 뿐이다. 길이는 1000~1500mm쯤 되고 대부분 지렛대로 사용되어 양끝 모두 납작하기만 하고 노루발이 없는 게 보통이다. 이것은 형틀목수의 주요한 연장이다. 형틀목수란 거푸집으로 콘크리트 건물의 형태를 만드는 목수를 말한다. 거푸집 사이에 철근을 넣고 콘크리트를 부어 굳힌 후에 거푸집을 해체하면 우리가 보는 회색빛 건물이 만들어진다. 콘크리트를 타설하고 벽체는 1~3일, 천장은 28일이 지나면 거푸집은 해체된다고 한다. 거푸집을 다음 층 짓는 데 사용하기 위함이다. 이 철거 작업에 대빠루가 사용된다.

반네루 다음에 나온 거푸집이 '유로폼'이다. 유로폼은 유럽에서 개발된 거푸집이라고 해서 붙여진 명칭이다. 우리나라에는 1980년대 말에 도

대빠루

입되었다고 한다. 사우디 공사에서 사용해 본 사람들이 편리하다고 국내에 도입한 것이었다. 하지만 1990년대 초반까지는 대규모 건축에나 쓰였지 빌라 같은 소규모 건축에는 쓰이지 않았다. 아마도 반네루에 비해 가격이 비쌌던 모양이다. 내 작업실이 있는 건물은 1989년 8월 25일에 완공됐는데 반네루로 지어졌다. 천장에 반네루 자국이 남아 있어 알 수 있는 사실이다. 천장 모퉁이에는 거푸집에 사용되었던 대못이 여러 개 남아 있어 그걸 증명하고 있다.

유로폼은 쇠틀에 코팅 합판이 덮여 있는 꼴이다. 크기는 600×1200mm가 기본이고 용도에 따라 더 작은 것들도 많이 있다. 측면에는 홈이 있는데 유로폼을 서로 결합하기 위한 용도이다. 여기에 핀을 꽂아 고정하는 식이다. 이 홈은 해체할 때는 갈고리를 거는 용도로도 쓰인다. 그래서 대빠루 중에는 기역자로 꺾인 부위 근처에 갈고리가 달린 것도 있다.

쇠톱

탕개톱

이름 그대로 쇠를 자르는 톱이다. 톱니가 아주 잘다. 톱니 끝은 반듯하면서 구불구불 사행한다. 마찰을 줄이기 위함이다. 강철이라 쇠를 자를 수 있지만 꺾이면 쉽게 부러지기도 한다. 쇠뿐만 아니라 아연, 플라스틱, 알루미늄 재질의 것들을 자르는 데도 사용된다.

톱날은 길이가 310mm, 폭이 12mm이고 두께가 1mm쯤 된다. 양 끝에 직경 2mm쯤 되는 구멍이 뚫려 있다. 이렇게 가늘고 긴 톱날을 줄톱이라 부른다. 줄톱은 그냥 쓰면 낭창거려 힘을 받지 못하기 때문에 탕개란 것에 걸어 쓰게 되어 있다. 구멍이 있는 이유이다. 탕개란 줄톱을 팽팽하게 조일 수 있는 기구를 말한다. 목재톱 탕개는 노끈으로 조이는데 쇠톱 탕개는 나사로 조인다.

또 자루에 끼워 쓰기도 한다. 자루는 톱날 규격에 맞게 속이 비어 있고 앞쪽에는 나비너트로 된 고정장치가 있다. 톱날을 자루 속에 끼우고 나비너트를 조여 사용하는 식이다. 이 방식은 톱날이 낭창거려 일반 작업에 쓰긴 어렵고 간단한 일에나 쓰이는 편이다.

사실 요즘엔 쇠톱을 거의 사용하지 않는다. 쇠는 그라인더로 자르는 게 보통이기 때문이다. 나 역시 마찬가진데 잘 쓰지도 않는 걸 목수 연장에 포함시킨 이유는 하자를 손보는 데 이만한 것이 없기 때문이다.

일하다 보면 구조물 위치를 바꿔야 하는 경우가 있다. 그러면 접합 부위를 잘 절단해서 구조물이 최대한 훼손되지 않도록 하는 게 관건이다. 접합 부위는 타카핀으로 연결되어 있으므로 이를 잘라주면 되는데 빈틈이

벽걸이형 선반에 걸린 실리콘 총, 곡척, 쇠톱(탕개)

없는 게 보통이라 쉬운 일은 아니다. 남들은 어쩌는지 몰라도 나는 여기에 쇠톱날을 사용한다. 접합 부위에 빈틈이 없더라도 끌이나 빠루를 사용하면 조금이나마 벌릴 수는 있다. 그 벌어진 틈 사이에 쇠톱날을 넣어 타카핀을 자르는 것이다. 말이 쉽지 아주 힘든 일이다. 쇠톱날은 가는 데다 얇기까지 해서 손에 잘 쥐어지지가 않는다. 조금 쓰다 보면 손에 쥐가 날 정도다. 그냥 자르기도 힘든 타카핀을 좁은 틈 속에서 자르려니 오죽하겠는가. 자루에 끼워 쓰면 좀 편한데 그럴 수 없는 경우가 태반이다. 시설물은 벽이나 바닥에 직각으로 세워지는 게 보통이라 자루가 그것들에 닿기 때문이다. 그래서 또 생각해낸 요령이 쇠톱날 구멍에 타카핀이나 전깃줄을 끼우는 것이다. 그러면 손가락 사이에 걸 수 있어 톱질하기가 훨씬 낫다.

비장의 무기

시설물 일부를 부수면 되지 뭘 그렇게 힘들게 하느냐는 사람도 있을 것 같다. 맞는 말인데 그러면 나중에 땜빵을 해야 하고 그게 보기 싫어 그러는 것이다. 또 기술적으로 떼어내는 것이 남들 보기에도 멋져 보이지 않을까. 그래서 나는 연장 가방에 쇠톱날을 넣어가지고 다닌다. 언제든지 쓸 수 있게 말이다. 한번은 그러길 정말 잘했구나 하는 생각이 든 적도 있다. 2022년 10월에 양평에서 농가주택 수리 공사를 하던 때의 일이다.

양평집은 기역자로 된 한옥이었다. 본채는 남향이고 부엌은 서쪽에 두면서 동쪽을 향하도록 꺾은 모습이었다. 정면이 4칸, 측면이 1칸인데 부엌만 반 칸을 더 늘려 1칸 반이 되어 총 5칸 반의 규모이다. 천정을 철거해 놓아 지금은 거실로 쓰이지만 옛날엔 대청이었던 곳에서 종도리를 볼 수 있었다. 종도리 바닥엔 '해룡 단기 4284년 신묘 3월 17일 임진묘시 입주 상량 가주을해생 신좌을향 응천삼지삼광 비인간지오복 각구'라고 한자로 써놓은 상량기문이 있었다. 단기는 서기와 2333년 차이가 나므로 단기 4284년은 서기로 1951년이 된다. 가주가 을해乙亥생이면 1875년에 태어났을 테니 76세에 건축한 셈이 된다. 그렇다면 6·25전쟁 중에 집을 지었다는 얘긴데 난리통에도 건축이 가능했다는 게 신기하다. 전쟁이란 별난 구석이 있는 모양이다. 어떤 지역에서는 사람들이 떼죽음을 당하기도 했다는데 이곳에서는 집이 새로 지어졌다니 믿기 힘든 부조화이다.

양평집은 원래 초가집이었으나 슬레이트에서 양철 지붕으로 바뀐 상태였다. 이런 현상은 오래된 시골집들이라면 대개 똑같다. 요즘 사람들은 기와지붕만 봐서 한옥 하면 기와집을 떠올리기 십상인데 전혀 그렇지 않다. 일제시대 찍은 경복궁 사진만 봐도 궁궐 담장 바깥엔 초가집들이 즐비했다. 서울이 그러했으니 시골은 말할 나위가 없었을 것이다. 해방 후에도 버섯 같은 둥그런 초가지붕은 우리의 산하를 덮고 있었다. 수백 년을 변하지 않던 풍경은 새마을 운동을 하면서 일순간에 바뀌었다. 초가가 후진적이라고 생각했던 위정자들이 슬레이트 지붕으로 바꾸도록 강제했기 때문이다. 그 당시 찾아가기 힘든 깊은 산골짜기에 있던 몇몇 초가집들만 빼고는 어찌나 심하게 닦달을 하는지 버틸 수가 없었다고 한다.[25] 선진적이라고 강제하던 슬레이트는 나중에 '1급 발암물질'로 판명이 나게 된다.

25 신영훈, 《섬진강변의 문화 回廊》, 조선일보사, 1999.

당시엔 슬레이트에 삼겹살을 구워 먹기도 했다는데 말이다. 마침 일정하게 골이 져 있어 기름이 잘 빠졌기 때문이란다. 무지한 세월이 만들어낸 웃지 못할 풍경이다.

슬레이트 지붕은 2000년대 들어서 다시 변모하게 되었다. 30여 년의 세월이 흘러 지붕을 다시 이어야 했기 때문이다. 하지만 슬레이트는 1급 발암물질로 판명되어 허가 업체 아니고선 함부로 철거할 수 없는 상황이었다. 그 대안으로 양철 지붕이란 게 등장하였다. 양철 지붕은 갖가지 모양과 색상을 갖춘 양철로 된 지붕재, 또는 그것을 이은 지붕을 뜻한다. 워낙 가벼운 것이라 슬레이트를 철거하지 않고도 시공할 수 있어 인기를 끌게 되었다. 물론 양평집도 양철 지붕으로 바뀐 상태였다. 이런 현상은 전국적이어서 많은 시골집들이 알록달록한 양철 지붕 일색이다.

양평집은 지붕만 변한 게 아니라 내부도 바뀐 상태였다. 방이 확장되어 있었던 것이다. 이를 위해 당시 기술자들은 기둥을 자르고 처마 밑으로 블록벽을 쌓고 그 위에 대들보를 새로 얹어 도리를 받쳐주는 방법을 사용했다. 확장공사도 무슨 유행처럼 번졌는지 많은 한옥들이 이런 식으로 바뀐 걸 볼 수 있다. 새로 건 대들보 밑으로 천정을 하다 보면 그 높이가 2250mm쯤으로 몹시 낮아지게 되는데도 방이 넓어지는 쪽을 선택했던 것이다. 아파트 베란다 확장이 한창이던 시절에 한옥도 그렇게 바뀌게 된 것으로 보인다.

양평집 주인은 낮은 천정이 싫어서 이를 높이고자 천정을 철거해놓은 상태였다. 그러자면 다시 기둥을 받치고 새로 얹은 대들보는 잘라내야 했다. 기둥은 신축 현장에서 쓰이는 일명 '샤보드(서포트support)'로 불리는 동바리로 받쳤다. 대들보는 150mm짜리 방부목 각재가 사용됐는데 현장엔 집주인이 장만해둔 엔진 톱이 있어 자르는 건 문제되지 않았지만 대들보가 블록벽에 묻혀 있어 한 번에 자르기는 어려웠다. 기둥 부위까지만 먼저 자르고 나머지는 나중에 자르는 게 안전해 보였다. 중간 것을 잘라내고 나머지를 마저 처리하려는데 집주인은 괜찮다고 했다. 그 부분은 감싸면 된다는 것이었다. 품이 많이 드니까 그러는 듯했다.

하지만 나중에 마감을 하려고 보니 영 어색했고 결국 나머지도 제거하는 걸로 결론이 났다. 남은 대들보 중 한쪽 것은 기둥머리에 박힌 대못을 뽑아낸 후 잡아당기자 쑥 빠졌는데 다른 쪽 것은 도무지 빠지질 않았다. 벽체 가까이 자르려고 해봤지만 처마에 머리가 닿아 톱질이 되질 않았고 쪼개는 방법도 써보았지만 벽체에 박혀 있어 다 쪼개지지도 않았다. 보머리를 중함마로 때려도 봤지만 꿈적도 하지 않았다. 한참을 씨름하다 뭐에 걸려나 싶어 빠루로 보머리 밑둥을 젖혀보니 대못이 살짝 보이는 것이었다. 대들보를 걸 때 각목으로 받치고 대못을 쳐놓았던 모양이다. 그러니 아무리 쳐도 빠질 리가 있나. 방법은 대못을 자르는 수밖에 없었다. 드디어 비장해둔 무기(?)를 꺼낼 때가 된 것이었다. 그건 다름 아닌 쇠톱날.

연장 가방에서 쇠톱날을 꺼내다 못을 자르고 있는데 옆에서 지켜보던 집주인은 그걸로는 어림도 없다고 콧방귀를 뀌었다. 나는 못 들은 체하고 톱질에만 신경을 집중했다. 오른손으로 하다가 힘이 들면 왼손으로 하고 그렇게 손을 바꿔가며 한참을 톱질하자 마침내 대못이 뚝 끊어졌다. 그 순간 뒤에서 "오호!" 하는 집주인의 탄성이 들려왔다.

만약 수중에 쇠톱날이 없었다면 어땠을까. 아마도 고생깨나 했을 것이다. 쇠톱날 하나가 이렇게 요긴하다. 그러니 어찌 애용하지 않을까.

쇠톱날은 잘 부러진다. 부러진 톱날은 버리는 게 보통이지만 날을 세워 칼을 만들기도 한다. 쇠가 좋아서 칼을 만들면 잘 든다고 한다. 나는 이런 사실을 어려서 큰집의 6촌 조카에게 들어서 알고 있었다.

부러진 쇠톱 활용법

우리 아버지는 막내라서 큰집엔 아버지뻘 되는 조카가 있었다. 즉 6촌 조카의 아버지가 되는 사람이다. 그분은 시골 사는 농부였지만 방 한쪽에 벼루와 붓을 두고 틈틈이 서예를 연마하는 취미가 있었다. 어쩌다 들러서 보면 엎드려 앉아 신문지에 붓글씨 연습을 하고 있던 모습이 떠오른다. 할아버지 산소에 있는 비문도 그분이 쓰셨을 정도로 상당한 수준이어서 뭇사람들의 칭송이 자자했다. 하지만 안타깝게 환갑을 넘기고 얼마 지나지 않아 돌아가시고 말았다. 또한 손재주가 있었던지 자신의 서탁書卓이며 자식들 책상까지도 직접 짜서 쓰고 있었다. 어려서 그것을 보고 누가 만든 것이냐고 6촌 조카에게 물었더니 아버지가 짰다고 하면서 서탁의 곡선 부위를 가리키며 이것은 쇠톱을 갈아서 만든 칼로 깎은 것이라고 얘기해주었다.

30여 년도 더 지난 기억을 떠올리게 된 이유는 인터넷 검색을 하다가 어떤 이가 쇠톱으로 칼을 만드는 영상을 보았기 때문이다. 그 유튜버도 5촌 조카처럼 쇠톱이 훌륭한 칼의 재료가 될 수 있다는 사실을 알았던 모양이다.

7. 고소 장비

우마

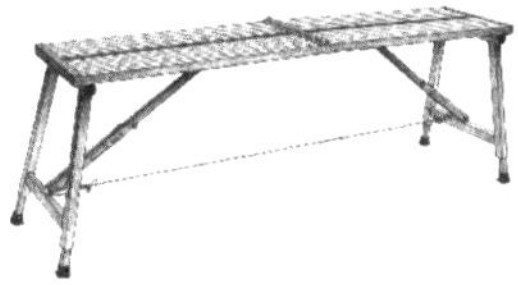

말비계

높은 데서 작업할 때 쓰인다. 주로 집안에서 사용되는데 그 높이는 무릎쯤 되는 게 보통이고 허리쯤이 되기도 한다. 너무 높은 곳에 쓰기엔 어렵다는 말이다. 이 명칭도 일본말이지만 현장에서 20년 넘게 쓰다 보니 이젠 우리말처럼 느껴져 그대로 표기했다.

사실 '말비계'란 우리말이 있기는 하다. 학자가 작명한 모양인데 누가 지었는지 참 기발하다. 나 공부할 땐 없었던 듯한데, 그래서 찾아보았다. 의장기사 2급 시험을 준비하면서 보던 '의장기사 2차 실무해설'[26]이란 수

26 손승화 외, 《의장기사 2차 실무해설》, 예문사, 1996.

험서를 말이다. 의장기사 시험은 '1992년 처음으로 시행된 기사 시험 제도'였는데 나는 1998년에 응시해 1차 필기시험을 통과하고 2차 실기시험을 준비 중이었다. 2차 시험은 도면 그리기가 주요한 과제였다. 당시 일기장을 보니 이렇게 쓰여 있다.

1998. 7. 7. 화. 흐림. 어제는 의장기사 시험을 치렀다. 장소는 신흥전문대였다. 나를 비롯한 많은 수험생들이 자신의 꿈을 이루기 위해 5시간을 앉아 있었다. 도면은 모두 완성해냈지만 자신이 없다. 모두들 잘했다."

도면은 '요구사항'에 따라 '평면도, 입면도, 천장복도, 투시도' 등 해서 총 4장을 그려야 했는데 시간 내에 완성하기 위해 그렇잖아도 더운데 진땀까지 흘려가며 도면을 쳤던 기억이 떠오른다. '자신이 없다'고 했지만 다행히 합격은 되었다. 도면만 그리는 게 아니라 10개 문항을 푸는 필기시험도 있어서 그 책에는 실무에 관한 내용도 담겨 있다. 〈제2편 시공실무〉에는 '비계공사'에 관한 내용이 나오는데 "1. 비계의 정의"로 시작되는 글은 이렇다. "건축 공사에 있어서 높은 곳에서 작업하거나 재료를 운반하기 위하여 만든 임시 가설물.

이어서 "2. 비계의 종류"로 5가지가 나열되는데 맨 마지막으로 '발돋움비계'가 나온다. 이것은 우마를 말함인데 이렇게 쓰여 있다. "발판을 걸쳐 대고, 높이 3.6m 미만의 경미한 내부공사에 사용되는 이동용 비계이다."

그 밑에 '발돋움대'라는 그림도 보인다. 그런데 엉뚱하게도 우마가 아닌 책상 같은 걸 그려놓았다. 실무에 전혀 경험이 없는 사람이 그렸나 보다. 이런 책으로 공부를 했다니 기가 막힐 노릇이다. 그나저나 사진은 없고 온통 그림으로만 된 것이 당시의 출판 사정을 엿보는 듯해서 흥미롭기는 하다. 더욱 흥미로운 건 '통나무 비계'가 나온다는 점이다. 통나무 비계란 낙엽송, 삼나무 등을 사용해 설치하는 비계를 말한다. '통나무 눈키의(나무 밑둥에서 1.5m 높이) 지름이 10cm 이상' 되는 반듯한 나무를 사용해 철사로 동여매는 식이다. 이런 걸 1990년대 초반 다세대주택을 짓던 신축 현장에서 보았던 기억이 있다. 그 후론 거의 볼 수 없었는데 책에서 보게 될 줄은 몰랐다.

그건 그렇고 아까 짐작한 대로 '나 공부할 땐' 우마를 발돋움비계라 했던 것이다. 그러다가 말이 너무 길어 어색하니까 말비계로 바뀐 게 아닐까 생각된다.

투바이포 공법

미국식 목조주택을 짓는 현장에서는 자재용 받침대를 우마라고 한단다. '선 자세로도 편안히 일할 수 있도록' 기구를 고안했는데 이를 실내건축에서는 받침대, 한옥 건축에서는 모탕이라 부른다. 이런 걸 목조주택에서는 우마라 부른다는 말이다. 이는 '목재 우마용 브라켓'이란 상품을 보고서 알게 된 사실이다.

미국에서 전래된 투바이포(2×4)공법으로 지은 집을 우리나라에서는 목조주택이라 부른다. 투바이포란 각재의 규격을 말하는데 밑변이 2in이고 높이가 4in란 뜻이다. 즉 밑변 2in을 기본으로 높이를 1배, 2배, 3배 이런 식으로 규격화한 것이다. 매끈하게 가공돼 있어 목수들은 잘라서 쓰기만 하면 된다. 그중에서 투바이가 벽체를 구성하는 주요한 자재라서 투바이공법이란 명칭을 붙인 모양이다. 이는 실목수들이 사용하는 기술의 원조 격이기도 하다. 다만 규격은 한국화해서 1寸(33mm, 요즘은 27mm)을 기본으로 하고 있다.

실목수들이 쓰는 받침대나 대목수들이 쓰는 모탕을 만들려면 상당히 손이 많이 간다. 다리를 A자형으로 하고 그 꼭짓점과 중둥을 건너질러 붙잡고 가세를 질러 안정감을 부여하는 식이기 때문이다. 하지만 목조주택 목수들은 그럴 필요가 없다. 우마용 브라켓이 있어서이다. 이것은 투바이에 딱 맞는 크기로 되어 있는데 하부에 책상 높이쯤으로 투바이 2개를 잘라 나사로 고정해 ∧자형 다리를 구성하고 그 상부에 이만한 투바이 1개를 잘라 두 다리를 건너질러 나사로 고정하면 끝이다. 그럼 영락없는 목마 모양이 된다. 그래서 우마라 부르게 된 모양이다.

우마는 사다리와 여러 면에서 비교된다. 우선 같은 점을 살펴보면 다른 고소 장비들에 비해 부피가 작은 편이라 승용차에도 실을 수 있어 휴대성이 좋고, 안정적인 자세를 취하기 위해 다리가 사다리꼴이고, 무게를 줄이기 위해 알루미늄으로 제작됐고, 높이 조절이 가능한 것 등이다.

다음으로 다른 점을 살펴보면 사다리가 가슴 높이쯤 되는 곳에 사용하기 좋다면 우마는 무릎 높이쯤이 좋고, 사다리는 발판이 좁아 위태하지만 우마는 발판이 넓어 더 안정적이고, 사다리는 폭이 어깨너비밖에 되지 않아 좌우 이동이 불가능하지만 우마는 발판의 너비에 따라 그만큼 좌우 이동이 가능하고, 사다리는 층층으로 돼 있어 상하 이동이 가능한 반면 우마는 단층이라 그렇지 못하다는 것 등이다.

이렇게 비교해놓고 보니까 우마가 사다리보단 쓸모가 많아 보인다. 실제로도 여러 건축 분야의 일꾼들은 사다리보다는 우마를 더 많이 쓰는 게 사실이다.

우마는 크게 발판, 다리, 가세, 쇠줄 등으로 구성된다. 발판은 두 판이 경첩으로 연결되어 접히는 이중판과 하나로 된 단판의 두 가지가 있는데 전자가 훨씬 많다. 단판은 안정적이긴 한데 작업 반경이 짧아 거의 사용되지 않는다. 발판은 폭에 따라 여러 기종이 있는데 150, 250mm짜리가 휴대성이 좋아 가장 많이 사용된다. 하지만 안전관리자가 있는 현장에서는 쓸 수가 없고 최소 300mm 이상은 되어야 사용이 가능하다. 다리는 높이를 조절할 수 있게 이중으로 되어 있는데 겉다리와 속다리로 구성된다. 겉다리는 발판과 회전축으로 연결되며 고정장치를 달고 있다. 속다리는 몸체와는 다르게 철재이며 고정용 구멍 3개가 뚫려 있다. 속다리는 '롱다리'라고 하는 제품의 것이 별도로 판매되고 있어 높이를 확장시키고자 할 때 사용된다. 가세는 발판과 겉다리에 회전축으로 연결되며 중간이 관절 구조이거나 다리처럼 인입 구조인 2가지 유형이 있다. 가세도 움직이는 구조라 고정장치가 있는데 제품마다 차이를 보인다. 나중에 얘기하겠지만 어떤 제품은 구조가 형편없어 사고를 유발하는 것도 있어 구입 시 주의를 요한다. 쇠줄은 두 다리에 묶여 있는데 이중판으로 된 우마의 꺾임을 방지해주는 역할을 한다. 일종의 인방引枋에 해당되는 것인데 우마가 접히도록 하기 위해 움직임이 자유로운 쇠줄이 사용된 것이다.

알루미늄 우마가 실목공에 등장하기 시작한 시기는 2000년대 중반쯤일 것이고 후반쯤에는 거의 상용화된 것으로 생각된다. 물론 그전에도 기성품 우마는 존재했다. 도배공들이 쓰는 우마가 있었기 때문이다. 판자로 된 우마도 기억난다. 하지만 우마란 도배공들의 전유물이다시피 했고 다른 일꾼들은 현장에서 만들어 쓰는 게 보통이었다. 그러다가 산업이 발전하자 실건축 현장도 급격히 변하게 된다. 그 시점은 인테리어 필름의 등장이라 볼 수 있다. 이것의 등장과 함께 무늬목 공사가 자취를 감추게 되면서 목수의 일거리는 거의 반토막이 나게 된다. 3~4일짜리가 태반이고 길어야 1주일 정도. 이런 상황에서 우마 짜고 있을 간 큰 목수는 그리 많지 않다. 그랬다가는 일거리 떨어지는 건 시간문제다. 차라리 그보다는 잘 보이기 위해 우마를 작업 인원수에 맞추어 충실히 준비하는 목수들이 더 많은 편이다. 이젠 우마도 목수의 필수품이 된 것이다. 또 그게 합리적이기도 하다. 목재 우마는 한 번 쓰고 버리게 되므로 여러모로 낭비적이기 때문이다. 그렇지만 인원수가 많아지면 우마를 다 준비할 수는 없는 노릇이다. 이럴 땐 동료의 것을 빌려와 최대한 보충하기도 하고 그래도 모자라면 예전처럼 직접 짜는 방법을 쓰기도 한다.

죽을 뻔한 이야기

우마 사용 시 주의할 점은 낙상이다. 우마는 앞으로 올랐다 뒤로 내려오는 게 보통이다. 물론 허리 높이쯤 되면 바로 내려올 수 없으므로 일단 앉았다 내려오게 되지만 무릎 높이에서는 바로 내려오게 된다. 내려오면서 밑을 보지 않는 것 또한 당연한 일이다. 정신없이 일하다 보면 저절로 그렇게 된다. 그런데 현장 바닥엔 장애물들이 산재해 있어 내려오면서 밟는 수가 있다. 그러면 십중팔구 넘어지게 되어 있다. 내려오는 속도가 있기 때문이다. 나도 두어 차례 겪어본 일로 발목이 접질리기도 하고 손목이 삐기도 했다. 특히 바닥에 떨어진 나무토막은 내가 '현장의 지뢰'라고 명명할 정도로 아주 위험하다. 보는 즉시 한쪽 구석으로 치워주는 게 나뿐만 아니라 동료들을 위한 선행일 것이다.

이처럼 자기 실수로 발생하는 사고가 있는가 하면 우마의 불량에 의한 사고도 종종 발생된다. 아까 말했듯이 고정장치가 불완전한 제품이 있어서 문제다. 그것은 어찌 보면 구조가 기발하기도 하다. 가세 사이에 그냥 알루미늄 파이프 조각만 끼운 쏠이라 아주 간단하기 때문이다. 파이프를 가세의 관절 부위에 끼워 고정하는 방식인데 개발자는 가세가 하향으로 기울어졌으니 절대로 이탈될 염려가 없다고 생각했던 모양이다. 하지만 사용자의 부주의로 고정장치가 제대로 끼워지지 않을 수도 있다는 사실은 간과한 생각이었다.

내가 이런 우마를 사용하다가 죽을 뻔한 당사자다. 우마를 계단에 걸쳐 놓고 작업을 하고 있는데 갑자기 발판이 꺼져버리는 것이었다. 순간 중심을 잃으면서 앞으로 고꾸라졌다. 그랬기에 망정이지 뒤로 넘어졌더라면 큰일 날 뻔한 사고였다. 그 일만 생각하면 지금도 모골이 송연하다.

예전부터 목수들은 저 우마가 위험하다는 사실을 알고 있었다. 그래서 사용할 때는 반드시 전기 테이프로 고정장치를 움직이지 못하게 감아서 사용하곤 했다. 물론 나도 아는 사실이었지만 그날은 사고가 나려고 그랬는지 예방조치를 하지 않고 쓰는 바람에 그만 사고가 난 것이었다. 이건 나의 부주의보다는 우마의 구조 결함이 원인이라고 보는 게 맞다. 위험하기 짝이 없는 이 우마는 절대로 구입하지 말아야 할 것이다.

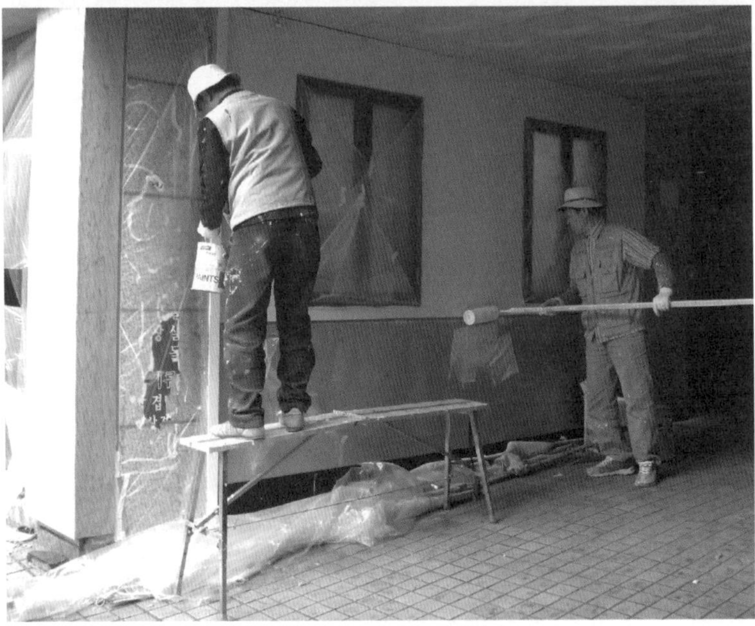

싱크대공들의 것을 보고 만든 의자 겸 우마(위), 알루미늄 우마(아래)

싱크대공들은 우마 대신 의자를 사용한다. 포장마차에서 흔하게 볼 수 있는 플라스틱 의자 말이다. 이들도 싱크대의 상부장을 단다거나 붙박이장처럼 키 큰 가구를 설치하자면 고소장비는 필수적이다. 하지만 가구 설치 작업은 고정적이어서 우마처럼 길 필요가 전혀 없다. 손이 닿지 않으면 잠시 올라갔다 내려오면 그만이다. 높은 데서 옆으로 이동하면서 작업하지 않는다는 말이다. 그래서 발판이 좁아도 되는 것이다. 거기에는 또 다른 이유가 있다. 연장통의 기능이 그것이다. 나들 일디시피 플라스틱 의자는 속이 비어 있다. 그래서 이를 뒤집으면 그대로 하나의 훌륭한 연장통이 될 수도 있다. 사방으로 구멍이 나 있긴 한데 큰 연장들만 넣으니까 문세되지 않고 가장자리는 손잡이 구실을 하게 되어 오히려 쓸모 있는 것이 된다. 물론 상부가 약해서 그냥 쓸 수는 없고 합판을 덧대어 보강하는 게 기본이다. 이런 걸 두어 개 가지고 다니는데 서로 포갤 수 있어 부피를 줄이는 데도 아주 효과적이다. 하여간 한국사람들 머리 좋은 건 알아줘야 된다.

이 방식이 어찌나 좋아 보이던지 나도 따라 하고 있다. 다만 의자를 자체 제작한 것만 다를 뿐이다. 합판을 써서 플라스틱 의자 모양으로 만든 것이다. 사면에는 구름 문양을 투각해 볼품 있게 꾸미는 동시에 손잡이가 되도록 배려했고 스님들이 쓰는 목기인 발우처럼 2개가 하나처럼 포개지도록 크기를 맞추었다. 2004년에 만든 걸 여태껏(2024) 쓰고 있는데 아주 만족스럽다. 일할 때는 우마도 되고 의자도 되었다가 일이 끝나면 연장통으로 변하게 되니 얼마나 좋겠는가.

사다리

사다리의 기원

사람은 가슴 높이 이상만 되어도 일하기가 힘들어진다. 힘을 제대로 쓸 수가 없기 때문이다. 그래서 뭔가를 올라타서 일하게 되는데 그중에 하나가 사다리다.

사다리는 측면의 형상에 따라 1자형과 A자형이 있다. 1자형 사다리는 예로부터 사용되어왔다. 먼 옛날 조상들은 집을 높이 짓고 그 밑에 돼지를 키우며 살았다고 한다. 사람을 해치는 뱀을 퇴치하기 위한 방편이었다. 돼지가 뱀의 천적인 점을 이용한 것이다. 집이 높으니 사다리를 걸쳐놓고 드나들어야 했다. 그런데 단층집인데도 사다리를 이용해 출입하는 경우도 있었다. 담벼락에 걸쳐둔 사다리를 타고 올라 천창으로 드나들었다고 한다. 이런 집들은 투루판, 우루무치, 티베트, 심지어 뉴멕시코주의 원주민 마을까지 넓은 지역에 분포한다는데, 재밌는 건 담벼락에 문을 내고 사는 현내에도 시디리를 그대로 걸쳐둔 채 산다는 점이다.

어려서 보던 사다리도 모두 1자형이었다. 시골에서는 각재가 귀해서 산에서 쳐온 나무로 만드는 게 보통이었다. 가늘고 긴 나무를 여러 개 잘라다 그중에 알맞은 걸 2개 골라 다리를 삼고 다른 것은 발판이 되게 짧게 잘라 적당한 간격으로 다리에 가로질러 못을 쳐 만드는 식이었다. 무거워 다루기가 힘들었지만 자주 쓰는 게 아니라 상관없었다. 왕대로 만든 사다리도 있었다. 기다란 왕대 사이에 각재를 층층이 박아놓은 꼴이었다. 대나무 사다리는 일반인이 쓰는 게 아니라 전기공들이 사용하는 것이었다. 전봇대에 오르려면 항상 가지고 다녀야 해서 가벼운 대나무로 만든 것이나. 전기공사 차량 뒤에 노란빛이 인상적이던 대나무 사다리가 비스듬히 묶여 있던 모습이 생각난다. 1980년대의 풍경이었다.

A자형 사다리가 언제부터 사용됐는지는 모르지만 내가 처음 본 건 1999년 4월쯤이다. 당시는 실내건축기사 일을 막 시작하던 해였는데 현장에서 목수들이 사용하는 걸 보았던 것이다. 그 사다리는 다루끼라는 각재로 목수들이 직접 만든 것이었다. 위가 좁게 생긴 사다리 2개를 못으로 연결하고 발판 중간쯤을 전깃줄로 이어놓은 꼴이었다. 다리가 벌어지지 말라고 전깃줄로 묶은 것이다. 그래서 측면에서 보면 영락없이 A자가 되는 형상이었다. 알루미늄 사다리를 쓰는 일꾼들도 있었다. 그것은 완전한 A자는 아니었고 ∧자에 가까운 형태였다. 상부에 있는 다리 벌어짐 방지용 걸쇠를 고리에 걸치면 A자 비슷한 모양이 되기는 했다.

2000년대 중반쯤 돼서는 알루미늄 사다리가 다양해졌다. 그중에서 일

가게 공사 현장에 여러 종류의 사다리가 놓여 있는 모습

꾼들이 가장 많이 쓰는 건 사진 좌측 상단에 보이는 제품이다. 다리를 펴면 ∧자 형이 되는 것으로 완전히 펴지기도 한다. 완전한 A자형은 아니지만 A자형 사다리로 본다. 가끔 발판을 전깃줄로 묶어 쓰기도 하고 연장을 얹어놓기 위해 천으로 연결해 쓰기도 해서 A자 모양이 되기도 한다. 다리는 겉다리와 속다리 2중으로 되어 있어 높이 조절이 가능하다. 속다리의 발판 측면에는 구멍이 나 있고 겉다리 맨 위의 발판 측면에는 걸쇠가 있어 서로 끼워져 고정된다. 발판 개수에 따라 3단, 4단, 5단, 6단 등이 있는데 다리를 모두 뽑으면 4단이 7단이 되고 6단이 11단으로 확장되는 구조이다. 높이 조절이 쉽고 부피가 작고 가벼워 고소장비로 많이들 사용한다. 나도 4단짜리를 하나 가지고 있다.

안전관리

사다리는 여러모로 편리한 점이 많지만 잘못하면 넘어지기도 해서 쓰임이 제한되기도 한다. 안전관리자가 있는 현장이 그런 곳인데 전도 방지용 안전대를 부착해야만 쓸 수 있게 규정되어 있다. 안전대는 사다리 하부에 부착하는 것으로 협소한 다리 폭으로 인한 횡방향의 전도를 방지해주는 보조물이다. 그뿐만 아니라 2인 1조 방식으로 사용하도록 되어 있다. 한 사람이 사다리에 오르면 다른 사람이 사다리를 붙잡고 있어야 된다는 말이다. 고소장비는 난간을 설치하고 안전고리를 걸어서 쓰도록 되어 있지만 사다리는 그럴 수가 없어 저런 식으로라도 안전조치를 취하게 하는 것이다.

사다리에 오르는 것을 '사다리 탄다'고 한다. '산을 탄다'는 것과 같은 맥락이다. 사다리를 타다 보면 깜짝 놀랄 때가 한두 번이 아니다. 사다리가 끄덕이기 때문이다. 건물 바닥이 평평해 보여도 약간의 굴곡이 있어서 사다리를 잘못 놓으면 그럴 수 있는 것이다. 대개는 깜짝 놀라는 정도로 끝나지만 그 정도가 심하거나 재수가 없으면 몸의 균형을 잃고 사다리에서 떨어질 수도 있다. 그래서 사다리에 오르기 전에는 반드시 균형이 맞는지 확인을 하는 게 좋다. 사다리를 흔들어봐서 움직임이 없으면 되는데 그렇지 않다면 놓인 위치를 바꿔보거나 그래도 안 되면 다리 밑을 받쳐서라도 균형을 맞추고 써야만 된다. 사다리는 허리 높이 이상에서 쓰는 게 보통이라 떨어지면 크게 다칠 수 있으니 항상 조심해야 된다.

사다리를 가장 많이 쓰는 일꾼은 전공들이다. 전기 일은 천정에서 주로 이뤄진다. 천정 위에 배선을 하고 천정 밑에 전등을 달고 때로는 천정 속으로 몸을 디밀거나 그 위로 올라가는 경우도 있다. 이렇듯 수시로 변하는 작업 높이에 대처할 수 있는 고소장비는 사다리밖에 없다. 대신 옆으로는 한 발짝도 옮길 수 없어 작업 반경이 넓지 않아 사용이 제한적이지만 이 점도 전공들에겐 문제가 되지 않는다. 전등은 제자리서도 충분히 달 수 있기 때문이다. 게다가 현장 이동을 자주 하는 편이라 휴대성이 좋은 사다리를 선호하는 것이다. 일 많은 전기반장은 하루에 2~3곳의 현장을 돌기도 한다. 그래서 전기반장 차에는 사다리 1~2개는 꼭 실려 있기 마련이다.

실목수들도 사다리는 꽤 쓰는 편이다. 하지만 전기반장들처럼 항상 차에 싣고 다니지는 않는다. 사다리를 만들 수 있는 목자재가 있어서 필요할 때면 그때그때 만들어 쓰면 되기 때문이다. 사다리가 필요한 곳은 천장이 높은 곳이다. 건물의 층고는 각기 다른데 주택이 2.5m, 상가가 3m쯤 된다. 요즘 1층 상가 중에는 2층 높이나 되게 훨씬 높은 곳도 흔해졌다. 사다리는 상가건물에서 제일 필요하고 나머지 건물에서는 별 쓸모가 없다. 주택은 우마로도 충분하고 '훨씬 높은 곳'은 'PT아시바'라는 틀비계를 사용하기 때문이다.

층고가 3m 정도 되면 1m쯤 올라서야 작업이 가능해진다. 평균 키 1.7m에 팔길이를 더하면 2m쯤 되므로 그런 셈이다. 이런 곳에서 우마를 쓴다면 오르내리기가 무척 힘들어진다. 거의 기어오르다시피 해야 한다. 그럼 PT아시바는 어떤가. 자체에 사다리가 있고 바퀴도 달 수 있어 사용하기는 편하지만 임대업체로부터 빌려와야 하고 자리를 너무 많이 차지해 넓은 현장이 아니면 사용하지도 못한다. 결국 사다리를 사용하는 게 최선인데 작업 반경이 좁은 문제가 있다. 이 문제는 사다리를 2개 사용하는 것으로 해결한다. 사다리 2개를 나란히 붙여놓고 이쪽 사다리에서 작업하다 손이 닿지 않으면 저쪽 사다리로 건너가서 하는 식이다. 안전관리자가 보면 기겁할 노릇이지만 일반 현장에서는 흔하게 볼 수 있는 풍경이다. 물론 사다리 타고서 일하다 보면 위험하기도 하고 발도 아프지만 그걸 감수하면서 쓰는 이유는 다른 고소장비에 비해 작업 속도가 더 빠르기 때문이다. 왜 빨리 하느냐고? 누군들 편하게 하고 싶지 않겠냐마는 그러다간 거래처 다 떨어진다.

일을 마치면 목재 사다리는 현장에 두고 간다. 그러면 다른 일꾼들이 사용하다가 공사가 끝나면 쓰레기로 버려진다. 만드는 데 소용된 품과 자재를 생각하면 아깝긴 하지만 어쩔 수 없다. 다시 쓰려면 관리비가 더 들기 때문이다. 또 어떤 때는 건물 관리인이 가져다 쓰기도 한다. 간혹 건물 뒤꼍에서 빛바랜 목재 사다리를 볼 수 있는 이유이다.

8. 기타 장비

코팅 장갑

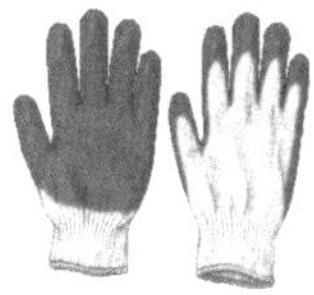

모델이 된 코팅 장갑

원래 이름은 '반코팅 장갑', 우리나라 일꾼들이 매일 아침 만나는 물건일 것이다. 한국을 건설한 숨은 공신이라고 하면 좀 과할까? 그 정도는 아니라고 해도 대중적 인기가 많은 건 사실이다. 오죽했으면 《인간의 조건》[27] 이란 책의 표지 모델로도 나왔겠는가. 제목만 봐서는 빨간색 코팅 장갑과 아무 연관성이 없어 보이는데 '꽃게잡이 배에서 돼지농장까지, 대한민국 워킹푸어 잔혹사'라는 부제를 보면 비로소 이해가 된다. 부제처럼 섬뜩한 내용은 아니고 그냥 저자가 일꾼으로 산 삶을 회상한 내용이 담긴 책이

27 한승태, 《인간의 조건》, 시대의창, 2013, 《퀴닝》(개정판), 2024.

다. 그래서 노동의 상징물로서 때 묻은 빨간색 코팅 장갑이 표지에 등장하게 된 것이다. 작업용품이 책의 모델로 나오긴 이것이 처음이 아닌가 생각된다.

장갑은 손에 끼는 물건이다. 추위를 막아주고, 물건을 잡을 때 아프지 않게 보호해주는 구실을 한다. 사람들이 언제부터 장갑을 끼기 시작했는지 모르겠지만 16세기에 그려진 카를 5세와 헨리 8세의 초상화에서 볼 수는 있다. 카를 5세는 갑옷을 입고 말을 탄 채 장갑 낀 손으로 창을 쥐고 있는 모습이고, 헨리 8세는 쫄쫄이 바지에 화려하고 풍성한 상의를 입고서 장갑 든 오른손을 옆구리에 댄 채 앞을 보고 서 있는 모습이다.[28] 장갑은 모두 가죽인 것으로 보인다.

그런데 동양화에서는 장갑을 볼 수가 없다. 어디에 있을지는 모르겠으나 아직까지 내가 본 바로는 그렇다는 얘기다. '구한말' 고종 황제를 찍은 사진에서야 장갑이 등장한다. 서양식 무관 복장을 한 채 손에는 흰색 면장갑을 낀 모습이다. 복장이 서양식이라 전통적인 장갑이 존재했는지 확인할 만한 자료는 되지 못한다. 동양이라고 장갑이 없었을 것 같지는 않은데 어떤 모습이었을지 몹시 궁금하다.

'면실로 짠 장갑'을 면장갑 또는 목장갑이라 부른다. 면장갑을 끼고 일을 하면 손은 덜 아프지만 미끄러운 게 탈이다. 무거운 거라도 들라치면 미끄러져서 힘이 더 든다. 차라리 맨손만 못한 것이다. 그래서 어떤 이가

28 최문형, 《유럽이란 무엇인가》, 지식산업사, 2009.

면장갑에 고무를 입힐 생각을 하게 되었을 것이다. 코팅 장갑의 탄생이다.

코팅 장갑의 연원이 궁금해 네이버 지식인에게 물어보았다. 그랬더니 하루도 안 돼 2개의 답변이 도착했다. 모두 일본이 원산지란 내용이었다. 그중에 '보헤'님의 답변을 옮겨보면 다음과 같다.

> 반코팅 장갑은 일본에서 처음으로 개발되었습니다. 1950년대 후반, 일본 기업인 츠네오 가토Tsuneo Kato가 첨단 나일론 원단을 사용하여 제작한 것이 시작이었습니다. 이후 일본을 비롯한 많은 나라에서 생산되어 사용되고 있습니다.
>
> 한국에서도 1970년대 중반부터 사용되기 시작했으며, 대부분 일본에서 수입하여 사용하다가 국내에서도 생산되기 시작하였습니다. 현재는 대부분 한국 내 생산 업체에서 생산되어 사용되고 있습니다.

코팅 장갑은 원래 나일론에 고무를 입힌 것이었는데 한국 사람들이 그것을 본떠 나일론 대신 면장갑에 고무를 입혀 지금의 코팅 장갑을 완성한 것으로 보인다.

코팅 장갑은 색상에 따라 빨강, 파랑, 초록, 노랑, 하양, 검정 등이 있고 두 가지 색상이 섞인 것도 있다. 색상에 따라 강도도 다르지만 쓰임에도 차이가 난다. 개발자들이 구별하기 쉬우라고 색상을 달리한 모양이다.

빨간색은 가장 약하다. 며칠 쓰다 보면 고무가 벗겨질 정도다. 그래도 값이 싸서 제일 많이 사용되는 제품이다. 물건을 잡을 때 약간의 마찰력만 있으면 되는 일반용이다.

빨간색 중에 고무장갑처럼 완전히 코팅된 제품이 있다. 이것은 방수나

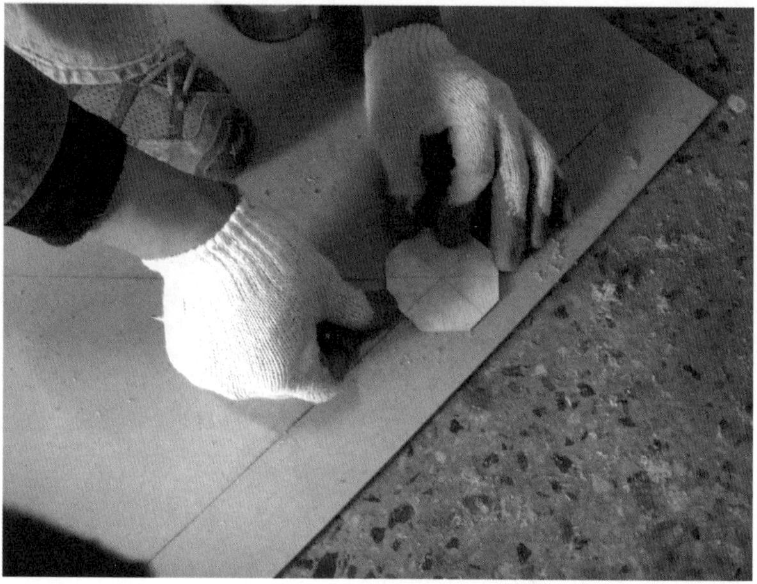

빨간색 코팅 장갑을 끼고 나무판에 도형을 그리고 있다

콘크리트 타설할 때 주로 사용된다. 물기가 많은 일이라서 손이 젖는 걸 방지하기 위함이다.

초록색은 강도와 마찰력이 제일 세고 가격도 제일 비싸다. 미끄러운 물건을 잡을 때 적합해서 유리공들이 주로 착용한다. 유리는 압축기나 그냥 손만으로 들기도 하는데 단면이 날카로우니까 두꺼우면서 마찰력이 강한 걸 선호하는 것이다.

흰색은 가격, 강도, 마찰력 등이 모두 중간이다. 콘크리트 건물을 짓는 형틀목수들이 주로 낀다. 쇠로 된 거푸집이나 샷보드를 잡으려면 빨간색은 너무 약하고 초록색은 너무 비싸서 중간 것을 쓰는 모양이다.

실목수들은 빨간색 코팅 장갑을 쓴다. 다루는 물건들이 그다지 거칠지 않아 이것이면 충분하다. 개인이 사는 건 아니고 일을 시키는 사람이나 원청회사에서 지급해 주는 게 원칙이다. 제품 수급은 목재소에 자재와 함께 주문해서 배달받기도 하고, 준비가 안 됐을 때는 근처 철물점이나 '슈퍼'에 가서 사 오기도 한다. 1봉지에 10개씩 들어 있고 도매상에서는 10봉지를 한 묶음으로 해서 판매하고 있다. 개당 가격은 200~300원 정도 한다.

후지지만 괜찮아

코팅 장갑을 끼고 일을 하다 보면 습진이 생기기도 한다. 땀이 차다 보니 물 많이 만지는 주부들처럼 습진이 생기는 것이다. 나도 목수 일을 시작하고서 10여 년쯤 되었을 때 습진이 생겼다. 손바닥에 작은 수포가 촘촘히 생기면서 가렵기도 했다. 수포가 사라지면 그 자리에 허연 껍질이 일어났다. 여름엔 심하다가 겨울이 되면 약해졌다.

습진의 원인이 코팅 장갑인 것 같아 장갑을 바꿔보았다. 2010년 전후로 해서 막 판매되기 시작한 라텍스 코팅 장갑으로 말이다. 공짜인 것을 내 돈을 주고 사려니 아깝긴 했지만 어쩔 수 없는 노릇이었다. 대신 증상은 완화되었다. 땀 배출이 잘 돼서 그런 것 같았다.

하지만 문제가 있었다. 쓰다 보면 다른 데는 멀쩡한데 꼭 오른손 검지 끝부분만 구멍이 나서 못 쓰게 되는 것이었다. 통기성은 좋은데 재질이 약한 게 흠이었다. 아니면 내 손이 너무 컸던지. 결국 1~2년쯤 쓰다가 다시 빨간색 코팅 장갑으로 바꾸게 되었다.

한번은 빨간색 코팅 장갑을 빨아서 써보았다. 새 장갑에는 우리가 모르는 어떤 물질이 있지 않나 싶어서 말이다. 나만의 착각일진 몰라도 좀 나은 듯했다.

그러고 보니 옛날 생각이 난다. 20대 초반에 구의동에 있던 국민트랜스라는 '이삿짐센타'로 알바 일을 하러 자주 다녔다. 일손이 달리면 거기서 부르기도 했고, 돈이 궁하면 내가 전화해 일을 나가기도 했다. 그곳의 사장님은 어찌나 알뜰한지 작업자들이 쓴 빨간색 코팅 장갑들을 모아다 세탁해서 다시 쓰곤 했다. 빨간색 코팅 장갑이 일회용이긴 해도 한 번 쓰고 버리기엔 좀 아깝긴 하다. 그렇다고 빨아 쓰는 사람을 보기는 처음이었다. 빨랫줄에 쭈르르 걸려 있던 장갑들의 모습이 떠오른다.

다른 나라 사람들은 어떤지 모르지만 우리나라 사람 중에는 힘을 좀 쓸라치면 손바닥에 침부터 뱉는 습관이 있다. 코팅 장갑을 끼었어도 마찬가지다. 이것은 아마도 코팅 장갑이 없던 시절에 들였던 습관인 것 같다. 물건을 들거나 잡을 때 손이 미끄러지지 말라고 침을 뱉던 행동이 버릇이 된 것이리라. 나도 어려서 낫질을 하다가 미끄러지면 침을 뱉곤 했었으니까 말이다.

요즘이야 보기 힘들지만 옛날에는 그런 사람들이 간혹 있었다. 특히 기억나는 사람은 국민트랜스 소장님이다. 몸은 가냘팠지만 둘이서 피아노를 들 정도로 강단이 있는 분이었다. 피아노를 들 때면 손에 침을 '퉤퉤' 뱉곤 했다. 또 한 사람은 목공 반장이다. 그분은 특이하게 비질을 하려면 그런 행동을 보였다. 힘쓰는 일도 아닌 청소를 하는데 침을 뱉는 모습이 인상적이어서 기억에 남아 있다. 손에 침을 뱉는 버릇은 꼭 마찰력을 증가시키기 위함이 아니라 일을 시작하기 위해 마음을 다잡는 행위일 것이다. 코팅 장갑이 없던 시절의 버릇이 각오를 다지는 행위로 변한 것이리라.

빨간색 코팅 장갑이 후진 건 분명한 사실이다. 볼품도 없는 데다 습진까지 유발하니까 말이다. 그래도 목수 일에는 이만한 장갑이 없는 것 같아서 앞으로도 계속 애용할 참이다.

모삽

삽을 실은 풍경

모래를 다루는 물건이다. 흙삽과 비교된다. 흙삽은 단단한 땅을 파는 것이라 날이 휘지 않게 살짝 둥글면서 뾰족하지만 모삽은 부슬부슬한 모래를 퍼 담는 것이라 날이 좀 넓적하면서 평평하다. 흙삽은 농사짓는 데 많이 쓰이고 모삽은 집 짓는 데 주로 사용된다.

그러고 보니 어릴 적 동네 아저씨들이 자전거에 흙삽을 싣고 다니던 모습이 생각난다. 우리 동네 앞으로는 저어 멀리까지 논들이 질펀하게 펼쳐져 있었다. 벼가 자라기 시작하면 동네 아저씨들은 매일같이 논을 돌봐야 했다. 논물은 적당한지, 무너진 논두렁은 없는지, 쓸데없는 잡초는 자라지 않는지 수시로 나가 살피는 것이었다. 이런 일에는 흙삽이 반드시 필요했고, 게다가 논이라도 멀라치면 자전거도 타야 했다. 그러자면 자전거에 흙삽을 실어야 했는데 그것엔 크게 두 가지 방법이 있었다. 하나는 자전거 핸들에 흙삽 손잡이를 끼워 앞바퀴 사이에 엇비슷하게 거는 것이었고, 다른 하나는 삼각형으로 된 차축 사이에 손잡이 부분을 넣고 뒷좌석 지지대 사이에 날을 끼우는 것이었다. 앞의 방법은 자전거 운전하기가 불편하다. 그래도 무던한 아저씨들은 그렇게 하기도 했지만 대부분은 뒤의 방법을 따라 하는 게 보통이었다. 그럼 거칠 것 없이 씽씽 달릴 수가 있었기 때문이다. 어쩜 그렇게 자전거에 맞춤한 것처럼 흙삽이 딱 맞던지 신기해하며 한참을 바라보던 기억이 떠오른다.

다 커서는 서울에 살기 시작했는데 이번엔 덤프트럭 꽁무니에 모삽이 실려 있는 걸 보게 되었다. 덤프트럭 뒤편에는 흙막이판이 있는데 거기엔 사다리용으로 쓰이는 ㄷ자형 쇠막대가 2개 부착되어 있다. 그 사이에 모삽이 끼워져 있었던 것이다. 흙이나 모래를 싣고 다니다 보면 조금씩 들러붙기도 할 테니 청소를 위해 그렇게 보관을 하는 것이겠지만 무슨 장식품처럼 보이는 면도 있어서 볼수록 재미있다.

건축의 근간 흙과 모래

흙과 모래는 건축의 근간이 되는 중요한 재료이다. 신영훈 선생님은《한국의 살림집》[29]에서 건축에 쓰이는 자재로서의 흙의 종류를 멍개, 모래, 진흙, 잔흙으로 나누고 있다. 멍개는 물에 가라앉은 앙금이고, 진흙은 황

29 신영훈,《한국의 살림집》, 열화당, 1983.

토로 불리는 차진 흙이고, 잔흙은 찰흙과 더불어 기와나 벽돌을 만드는 갈색의 흙이라고 한다. 이 중에서 가장 많이 사용된 것은 진흙이다. 진흙은 토담 치는 데, 초벽하는 데, 기와를 이거나 맞담 쌓는 데, 구들을 놓거나 부뚜막을 거는 데에 쓰였다고 한다. 우리 조상들은 진흙으로 집을 짓고 살았던 셈이다.

모래에 대해서는 다음과 같이 설명하고 있다. "오랜 세월 동안 잘게 부서진 돌부스러기인데, 그것이 있는 위치에 따라 모래흙·물모래로 나눈다. 모래흙은 80% 이상의 모래를 포함한 흙을 말하고, 물모래는 개울이나 바닷가에서 채취한 모래를 말한다. 이 가운데에는 새박모래·세모래라고 부르는 세사細沙와 굵직굵직한 왕모래라 부르는 추사麤砂가 있다.

모래흙은 부서진 돌의 종류에 따라 백토나 석비레라 부른다. 백토는 화강암이 풍화된 모래가 섞인 흙으로 추사라 부르는 것이며, 석비레는 푸석돌이 섞인 흙으로 편마암이 풍화된 것이다. 이 흙은 이겨서 사용하면 굳은 다음 돌처럼 단단하게 되어 입사기초立砂基礎나 흙담 또는 삼화토를 만드는 데 많이 쓰인다."

신 선생님의 또 다른 책《수원의 華城》에는 삼화토에 대한 얘기가 나온다.

포루 내부를 구경하고 문으로 나서다 보면 문짝 좌우로 전돌로 벽을 쌓아 엄호하게 하였다. 상당히 치밀한 생각이 작용한 것이다.

『그런데 왜 지붕 용마루를 백시멘트로 하얗게 싸 발랐대요?』

느닷없는 질문이 나왔다. 포루 내부를 보고 다시 나왔을 때 포루의 목조지붕을 보면서 던진 질문이다. 그는 자기가 현대건축에 종사하고 있다고 하였다.

목조건물은 홑처마이고 지붕은 우진각이며 용마루를 하얗게 싸 발라 양성하였다. 그 싸 바른 부분을 두고 하는 지적이다.

『옛날에 무슨 백시멘트가 있었겠습니까.』

『혹시 수리하면서 현대인들이 백시멘트로 바른 것은 아닌가요?』

『그렇게 하얗게 만들어 바르는 흙을 삼화토라 부른답니다. 「석비레 1 : 진흙 1 : 생석회 1」의 비율로 섞어 잘 이겨서 만든 흙을 삼화토三和土라고 하지요. 삼화토는 한 번 굳으면 곡괭이로도 잘 쪼개지지 않을 정도로 질기고 강하답니다.』[30]

삼화토가 단단한 이유는 석회를 섞었기 때문이다. 석회가 경화재인 셈이다. 석회는 시멘트의 원료이기도 한데 신 선생님은 5~6세기 이전부터 사용되던 것으로 추정하고 있다. 고구려 고분벽화에 두껍게 회를 바르고 그린 벽화가 남아 있기 때문이란다.

모래를 시멘트와 섞은 것을 사모래라 하고 여기에 물을 부어 반죽한 것을 '몰탈'이라고 한다. 여기에 다시 자갈과 '강도를 높이기 위한 혼화재'를 섞으면 콘크리트가 된다. 몰탈은 미장을 하거나 벽돌을 쌓는 데 쓰이고 콘크리트는 철근과 함께 구조체를 형성하는 데 사용된다.

30 신영훈, 《수원의 華城》, 조선일보사, 1998.

사모래

1990년대 초반만 해도 건축 현장 앞에서는 모래 치는 광경을 흔히 볼 수 있었다. 그것은 사모래를 만들기 위한 기초 작업이었다. 이 일은 주로 아줌마들이 했는데 방법은 이랬다. 우선 미니 덤프트럭에서 부려놓은 모래무지 앞에 철망을 씌운 나무틀을 각목으로 받쳐 비스듬히 세워둔다. 이때 철망 뒤편이 흙바닥이라면 합판이나 철판을 깔아준다. 그래야 흙과 섞이지 않고 사모래 버무리기에도 좋기 때문이다. 준비 작업이 끝나면 모삽을 들고 모래를 적당히 퍼 담아 철망 아래서 위쪽으로 흩뿌린다. 그러면 철망 눈 사이로 세사는 빠져나가고 자갈과 왕모래들만 떼구루루 굴러떨어져 분리가 된다. 한참 동안 삽질을 하면 모래가 산봉우리처럼 수북이 쌓이는데 그러면 거기에 시멘트를 붓고 모삽으로 섞는 배합 작업을 시작한다. 모삽으로 세사와 시멘트를 섞어가며 여러 차례 뒤집다 보면 모래가 누런빛에서 차차 회흑색으로 변하는데 그러면 사모래가 만들어진 것이다.

사모래는 쓰임에 따라 시멘트 섞는 비율이 다르다. 초짜 목수 시절에 일이 없어 막일을 잠깐 한 적도 있었는데 그때 어떤 일꾼에게 들은 바에 의하면 '벽돌을 쌓을 때는 시멘트 한 포와 모래를 섞어서 시멘트 담는 푸대로 5개 반이 나올 정도로 하고, 미장은 4포 반, 타일은 8포가 나오도록(?)' 하면 된단다. 타일은 잘 기억나지 않았던지 물음표를 쳐두었다. 당시 일기장에 나오는 내용이다.

사모래는 시멘트 포대에 담아 나르게 된다. 시멘트 포대는 종이로 되어 있는데 입구는 실로 봉합되어 있고 실 끝을 잡아당기면 주르륵 풀리게 되어 있다. 보통은 모삽으로 찍거나 커터칼로 잘라서 쓰지만 사모래 운반용

모래와 시멘트가 쌓인 공사 현상의 모십

으로 쓰려면 저런 식으로 풀게 된다. 시멘트 포대 윗부분을 몇 번 접어 주둥이가 벌어지게 해서 바닥에 놓고 모삽으로 사모래를 퍼 담아 등에 지고 나르는 식이다.

한번은 석촌호수 근처로 일을 간 적이 있었다. 빌라를 짓는 현장이었는데 외벽에 치장용 적벽돌을 쌓고 있었다. 내 임무는 사모래를 만들어 조적공들에게 배분해주는 것이었다. 조적공은 여럿인데 혼자서 사모래 일을 해야 해서 무척 바빴던 걸로 기억된다. 첫날엔 일이 느리다고 성질을 부리는 조적공도 있었다. 이튿날에는 "오늘은 요령을 익히고 일머리를 알게 돼서 수월했다"고 일기장에 적혀 있다. 또 "요령이 있다고 해도 힘든 일이다. 이렇게 하루 종일 일해서 버는 돈은 칠만 원이고 그중 일비 10%를 떼고 나면 육만 삼천 원을 버는 셈이다"라고 쓴 대목도 보인다.

이젠 사모래 개는 일도 드물어졌다. 공장에서 제조된 '레미탈'이라 불리는 사모래 제품이 팔리고 있기 때문이다. 한일시멘트에서 인천공장 준공으로 국내 최초 드라이 몰탈 '한일 레미탈'을 출시한 게 1991년이라고 한다. 레미탈이 그렇게 일찍 출시되었을 줄은 몰랐다. 내가 본 건 2000년대 중반쯤이니까 말이다. 그렇다면 시장에 안착하기까지 최소 10년 이상 걸린 셈이다. 그 이유는 아마도 경제성 때문일 것이다.

《건축 시공 이야기 VI》에 보면 그런 이야기가 나온다.

미장은 모래와 시멘트를 사용하지 않고 레미탈을 사용하기로 하였다. 레미탈은 시멘트와 모래가 건비빔되어 한 포 단위로 포장되어 있어서 물만 있으면 손쉽게 사용할 수 있고, 자재의 손실도 적으며 현장을 깨끗하게 관리할 수 있고 필요할 때마다 구매하기가 손쉬운 장점이 있다. 모래와 시멘트를 따로 구입하여 사용하면 비용은 조금 저렴할지 몰라도 좁은 현장에서는 모래를 쌓아둘 곳도 없고, 모래를 조금씩 소매점에서 구입하면 25,000/㎥으로 싼 비용이 아니니다.

5층 온돌을 철거한 부분의 바닥 미장은 레미콘 공장에서 모르터를 구입하여 소형 펌프카로 타설하였다. 이때 앞에서 설명을 하였던 3군데 구조변경한 부분도 모두 같이 타설을 하였다. 총 30㎥를 신청하여 사용하여 바닥미장이 있는 부분은 모두 다 하루에 해결하였다.[31]

이 책은 2007년에 출판되어 2013년에 4쇄까지 찍었을 정도로 잘 팔린

건축서이다. 건축서들이 대개 학자들이 쓴 게 많아 나 같은 시공자들에겐 별 도움이 안 되는데 이 책의 저자 김광만·이인혁은 '건축시공기술사'라 현장에서 일어난 얘기를 하고 있어 아주 유익하다. 아무튼 미장을 하는 데는 레미탈이 낫고 바닥 칠 때처럼 물량이 많을 때는 사모래 또는 레미콘을 쓰는 게 더 경제적인 모양이다.

목수가 모삽을 챙기는 이유

모삽은 철거에도 사용된다. 철거는 부수는 일 못지않게 치우는 일도 큰 일거리다. 건물 내부를 철거하면 각종 시설물들은 무수한 조각들로 분해된다. 그러면 우선 큰 조각들은 손으로 날라 치우고 그런 다음 작은 조각들은 모삽으로 '마대자루'에 퍼 담아 치우게 된다. 수북이 쌓인 조각들은 모삽으로 밀어서 퍼 담고 나머지 바닥에 깔린 가루들은 빗자루로 모삽에 쓸어 담아 치우는 식이다. 모삽은 삽날이 평평해 쓰레받기로 쓰기에도 안성맞춤이기 때문이다.

모삽과 비슷한 것으로 '넉가래'란 게 있다. 넉가래는 삽날의 면적이 모삽의 2배쯤 되고 플라스틱으로 되어 있다. 많이 담을 수 있게 크게 만든 것이다. 다만 플라스틱이라 약해서 무거운 것 담기는 무리다. 석고보드 가루나 톱밥처럼 부피에 비해 가벼운 것들 치우는 데 주로 사용된다.

나도 모삽을 하나 가지고 있다. 역시나 철거를 위해 구입한 것이다.

---

31 김광만·이인혁, 《튼튼하고 아름다운 건축 시공 이야기 VI》, 바로건설기술, 2007.

다용도로 쓰이는 다양한 삽들

2004년 8월 성수동에 작업실을 처음 마련했을 때인데 전에 무슨 무당집으로 쓰이던 곳인지 방과 함께 제단이 꾸며져 있어서 철거를 해야 했기 때문이다. 그 후론 철거용보다는 작업실 청소용으로 더 많이 쓰이게 되었다. 쓰레받기 대용으로 말이다. 다소 무겁긴 해도 자루가 길어서 허리를 조금만 굽혀도 되고 비질할 때는 지팡이 구실도 겸해주어 무척 편리하다. 그래서 공사하러 갈 때도 챙겨가곤 한다.

쓰레받기는 실내건축 현장의 필수품이다. 물론 현장엔 그 대용으로 쓸 만한 물건들이 많아서 없다고 해도 크게 불편하진 않다. 하지만 준공 청소처럼 깨끗이 하려면 먼지까지 쓸어 담을 수 있는 쓰레받기는 꼭 필요한 법이다. 그래서 감독 일을 하는 실건축기사들도 현장에 갈 때 꼭 챙기는 것 중에 하나가 쓰레빋기이다. 현장을 깨끗이 관리하는 것도 중요한 일과이기 때문이다. 이들은 주로 '부삽'이란 걸 쓴다. 부삽은 모삽처럼 생겼는데 재질이 양철이면서 훨씬 작다.

실건축기사 일도 이리저리 돌아다니는 직업이라 자가용으로 움직이는 게 보통이다. 또 각종 연장들도 챙겨 다녀야 해서 그런 것이다. 거의 일꾼들 수준이다. 청소용 도구도 가지고 다니게 되는데 매번 사서 쓸 수만은 없으니까 말이다. 그래서 부피가 작은 부삽을 선호한다. 문제는 약한 게 흠이라 좀 무리해서 쓰다 보면 망가지기 십상이다. 오래 쓸 물건은 아닌 것이다. 실건축기사야 잠깐 쓰고 말 거니까 부삽이 낫겠지만 나 같은 목수에겐 오래 쓰면서도 다용도인 모삽이 제격이다.

집진기

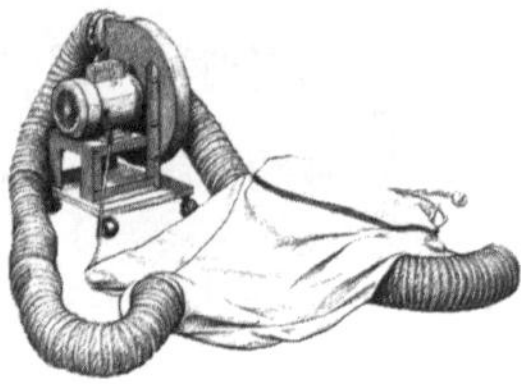

필수 연장이 되길 바라

필수 연장은 아니지만 그렇게 되었으면 하는 바람으로 넣어봤다. 실내건축 현장은 온갖 먼지들이 발생하는 곳이다. 공사를 개시하는 철거공사부터 시작해서 목공사, 금속공사, 타일공사 등을 비롯해 마무리 공정에 해당되는 도장공사를 할 때까지 먼지는 끊임없이 생성된다. 물론 환기 시설 같은 건 거의 없다. 그저 창문이나 열어두는 정도가 고작이다. 창문으로 나간 먼지는 대체 어디로 갈 것인지 걱정되기도 한다. 매일같이 쓸고 닦아도 뒤돌아서면 먼지가 쌓여 있던 것은 다 그럴 만한 이유가 있었던 것이다.

다른 공정들이야 제쳐두고 목공사만 보더라도 먼지가 정말 많이 나온다. 그 먼지의 대부분은 마루톱에서 나온다. 실목수들은 마루톱으로 목자재를 켜는데 그것을 작동시키면 굉음을 내며 톱날이 고속으로 회전하면시 바람을 일으킨다. 여기에 대고 목재를 켜면 톱밥이 쏟아져 나온다. 그 중에 무거운 것들은 바닥에 떨어지고 가벼운 것들은 마루톱이 일으키는 바람에 날려 현장을 떠다니는 먼지가 된다. 이 먼지를 톱밥과 구분하기 위해 톱먼지라 부르기로 하자.

일반인들은 톱밥의 양이 얼마나 될까 싶겠지만 상상외로 많이 나온다. 가령, 톱날 두께를 3mm로 보고 두께 9mm, 길이 2400mm의 목재를 켠다고 했을 때 1회 재단으로 생기는 톱밥의 부피는 0.3×0.9×240=64.8ml(64.8cc)가 된다. 이걸 이해하기 쉽게 10회 재단한다고 하면 톱밥의 양은 648cc가 된다. 이는 생맥주 500cc 한 잔이 넘는 분량이다. 재단 좀 했다 싶으면 마루톱 밑에 톱밥이 수북이 쌓이게 되는 이유이다. 하지만 여기서 마루톱의 회전풍으로 날아가는 톱먼지는 담을 수가 없으므로 그 양이 얼마나 될지는 아무도 모른다. 다만 창가에 수북이 쌓인 먼지 속에서 허옇게 변한 동료의 콧구멍 속에서 그 정도를 짐작할 따름이다.

우린 죽어도 썩지 않아

목공사에 사용되는 목재는 MDF나 합판이 주종을 이룬다. MDF는 목분을 접착제와 혼합해 압축성형한 것이고 합판은 나무를 얇게 벗겨 결이 엇갈리도록 해서 역시나 접착제로 붙여 만든 것이다. 나는 이런 걸 인조목이라 부르고 있다. 인조목은 역한 냄새를 풍기는 게 보통이다. 재단을 하면 냄새는 더욱 심해지는데 이맛살이 저절로 찌푸려질 지경이다. 그중에 압권인 것은 코아 합판이다. 코아 합판 중에 하급의 것은 재단을 하려면 각

보수 공사 중인 실내에 먼지를 막기 위해 가구와 기기들이 비닐로 덮여 있다

오를 단단히 해야 한다. 얼마나 매운지 기침이 나는 건 기본이고 눈물에 콧물까지 줄줄 흐를 지경이다. 거의 울면서 재단을 하는 꼴이다. 군대에서 받던 화생방 훈련이 딱 그 짝이다. 이는 인조목 속에 여러 가지 화학물질이 섞여 있기 때문인데 말하자면 화학물질을 들이마시는 셈인 것이다. 그래서 실목수들끼리는 이런 농담을 주고받기도 한다.

"우린 죽어도 썩지도 않을 거야."

"그래 맞아, 저절로 방부처리가 돼 있으니까."

이렇듯 실목수들은 방부제(?)를 몸에 쌓아가며 일을 하지만 개선하려는 기미는 보이지 않는다. 기껏 한다는 방책이 마루톱에 비닐을 두르는 게 고작이다. 그것도 있으면 하고 없으면 마는 식이다. 심지어 일하는 현장이 좁아 길가에 나와 재단을 하면서도 버젓이 비닐도 치지 않은 채 일을 하는 염치없는 사람들마저 있을 정도이다. 먼지 좀 없으면 일할 맛 나겠다는 소리를 하면 "그건 니가 예민해서 그런 거"라는 속 터지는 소리나 하고 앉았으니 말해 무엇 하겠는가.

톱먼지를 잡으려면 집진기가 필요하다. 나는 목수로 20여 년을 살았지만 지금까지 집진기를 사용하는 목수는 한 명도 본 적이 없다. 두어 번 회사에서 공급해주는 집진기를 본 적은 있지만 말이다. 2019년 4월 코엑스 전시장으로 일을 하러 갔었다. 야간 공사였다. 전시장 일은 개막 전까지 한정된 기간 안에 공사를 마무리해야 하므로 밤에 일하는 경우도 부지기수다. 전시장과 바로 연결되는 주차장에 들어서면 전시 조형물을 실은 화물차들과 일꾼들이 몰고 온 차들로 북새통을 이룬다. 사람도 많고 장비도 많고 경적 소리 고함 소리 망치 소리 기계 소리 들로 해서 현장은 그야말로 도떼기시장 같은 분위기다. 그곳에 가면 세상에 목수들이 이렇게 많았나 싶을 만큼 처음 보는 목수들이 태반이다.

그건 그렇고, 일할 곳에 자리를 잡고 주위를 둘러보니 공사들을 하느라 여념이 없었다. 한 곳에 집진기가 있는 게 눈에 띄었다. 다른 곳에는 집진기가 없었기 때문에 더욱 도드라져 보이는 것이었다. 하지만 웬일인지 목수들은 거들떠보지도 않았다. 그야말로 전시물이었던 셈이다. 무신경한 다른 업체들에 비하면 그거라도 챙겨온 성의가 가상하긴 했다.

집진기가 무용지물이 된 이유는 공장에서 쓰는 기계톱용이라 마루톱과는 호환이 되지 않기 때문이다. 기계톱에는 집진기 호스를 연결하는 배출구가 있지만 마루톱에는 그런 것이 없다. 마루톱의 동력원은 손으로 잡고 쓰는 원형톱인데 이것의 배출구는 아주 작아서 집진기 호스를 끼울 수가 없다. 억지로 하자면 배출구 근처에 두고 쓸 수는 있겠지만 집진 효과가 거의 없어 하나 마나이다.

이런 문제점을 파악한 국내의 한 톱다이 제조사에서는 현장용 기계톱에 설치 가능한 집진기를 개발해서 판매하고 있다. 하지만 아직까지 현장에서 한 번도 보지 못했으니 수요가 많지는 않은 모양이다. 톱먼지 때문에 고생을 하면서도 실목수가 집진기를 외면하는 이유는 두 가지로 생각해 볼 수 있다. 첫째는 톱먼지에 대한 문제의식이 없다는 점이다. 이 점은 톱먼지에 대한 규제가 없는 것을 보면 금방 알 수 있다. 정부마저 톱먼지에 대한 문제의식이 없는데 하물며 일꾼들에게 있을 리 만무하다. 둘째는 짐이 된다는 점이다. 누차 하는 얘기지만 실목수에겐 짐이 정말 많다. 그런데다 하루짜리 일들도 많은 편이라 짐을 옮기고 싣는 것은 큰 일거리다. 그러니 짐을 하나라도 줄여야 되는 판국인데 집진기라니 말도 안 된다고 손사래를 칠 것이다. 사정이 이러하니 혹시 톱먼지에 대한 규제라도 생기면 모를까 자발적으로 집진기를 마련할 실목수는 거의 없을 것이다.

남들이야 어떻든 간에 나는 2009년부터 집진기를 사용하고 있다. 작업실에 있는 기계톱에 물리려고 장만했던 것이다. 사실 실목수에게 작업실 같은 건 필요가 없다. 여기저기 현장을 돌아다니며 일을 하기 때문이다. 연장들 보관할 창고 정도면 충분하다. 그런데도 작업실을 갖게 된 이유가 재미있다. 자식도 없는 사람이 아기 침대를 만들려고 마련한 것이기 때문이다. 2003년쯤에 곧 아기 아빠 될 지인이 아기 침대를 만들려

목재 가공 과정에서 발생하는 톱밥을 흡입하는 집진기

한다는 얘기를 들은 적이 있었다. 그러자 느닷없이 '그럼 나도 한번 만들어볼까' 하는 생각이 드는 것이었다. 그 생각이 작업실을 마련하고 목공기계를 사들이는 지경에 이를 줄이야 그땐 정말 몰랐다. 하지만 만들 줄만 알았지 파는 데는 재주가 없는 게 문제였다. 궁리 끝에 옥션에 중고 물품으로 임대하면 되겠다 싶어 '3개월에 3만 원' 받는 식으로 임대 사업을 했었더랬다. 돈도 안 되는 그 사업을 무려 4년이나 지속한 나는 참 대책 없는 사람이었다.

아기 침대가 탄생(?)한 곳은 월 20만 원 하는 성수동 상가건물 지하였다. 영동대교 가기 전 고가 근처에 있었는데 가끔 그 앞을 지날 때면 저절로 고개가 돌아가게 되는 추억의 장소이다. 성수동 작업실은 아기 침대만 만들고는 거의 쓰지 않았다. 돈 버느라 현장 일을 바쁘게 한 것도 있었지만 워낙 좁았기 때문이다. 계약서에는 10평으로 기재돼 있었지만 한 6평쯤 되는 것 같았고, 게다가 한쪽엔 계단실이 있었고 중앙엔 기둥까지 있어서 소목 일이나 하지 실목수 일에는 별 쓸모가 없었다. 합판 한 장 마음대로 켤 수가 없었으니까 말이다. 그래서 결국 5년간 애꿎은 월세만 내다가 다른 곳으로 옮길 수밖에 없었다. 그래서 두 번째로 간 곳이 장안동이었다. 장평초등학교 바로 앞 상가건물 1층이 그곳인데 주변에 다른 상가들도 있고 뒤편이 주택가라 먼지를 피웠다간 쫓겨날 판국이었다. 그래서 작업실이 정리된 이듬해에는 집진기를 구입하게 되었다. 집진기를 구입한 곳은 황학동에 있던 '태광목공기계'라는 중고 기계 전문점이었다. 이 가게는 목공기계들을 처음 구입했던 곳이기도 한데 2022년까지 영업하다 지금(2023)은 없어졌다. 가게 건물이 재개발되면서 사라져버렸다. 그나마 서울 시내에 남아 있던 거의 마지막 중고 기계 전문점이었는데 안타까운 일이다.

이 집진기는 상표도 없고 만듦새도 투박하다. 대신 부피가 작은 게 특징이다. 집진장치와 톱밥 모으는 장치가 별도이기 때문이다. 집진부는 ㄱ자 철재로 짜인 네모난 받침대 위에 1마력짜리 모타가 설치되어 있고 거기에 프로펠러가 장착돼 있는데 정면에 120mm쯤 되는 흡입구와 상단에 70mm가량 되는 배출구가 있는 철판으로 된 덮개가 프로펠러를 감싸고 있는 구조이다. 마치 다리 짧은 선풍기 같은 꼴이다. 부피는 작아도 꽤 무겁다. 모터가 그만큼 무겁기 때문이다. 톱밥은 광목으로 된 포대에 모이게 되는데 입구는 주먹 하나 들어갈 정도이고 그 언저리에 끈이 있어 집진 호스를 묶게 되어 있고 밑쪽엔 지퍼가 달려 있다. 지퍼를 열면 한 뼘쯤 남긴 채 툭 터지게 되는데 톱밥을 퍼낼 때 사용된다. 집진기가 작동되면 포대는 풍선처럼 부풀어 올라 톱밥만 남기고 바람은 빠져나가는 식이다.

집진 주머니

이 집진기를 선택한 이유는 현장에서도 쓰기 위함이었다. 그러기 위해선 약간의 궁리가 필요했다. 그다지 어려운 일은 아니었다. 톱밥이 나오는 곳인 원형톱을 감싸주면서 과열되지 않게 모터 부분만 노출되도록 하면 되었기 때문이다. 그래서 만들고 보니 밑받침이 네모난 반원형 주머니 모양이 되었고 난 이것에 '집진 주머니'란 이름을 붙여주었다. 집진 주머니는 광목으로 되어 있고 반원부 둘레에 지퍼가 달려 있고 한편엔 모터를 넣는 구멍이 뚫려 있는 꼴이다. 지퍼를 열어 원형톱 모터를 구멍에 끼워 넣고 지퍼를 닫아 집진 호스를 물리는 식이다.

집진 주머니는 내가 그린 1 : 1 도안을 가지고 동묘 근처에 있는 '가방이야기'라는 봉제 공장에 의뢰해 제작했다. 총 10장을 제작했는데 몇 개는 팔기도 하고 또 몇 개는 주변 목수들에게 공짜로 주기도 했다. 상품성이 있을까 싶어 단골로 삼고 있는 공구 가게에 판매를 의탁해 보기도 했는데 별 반응은 없었다. 써보면 참 좋은 데 사람들이 몰라주는 것 같아 아쉬웠다. 하기야 누구는 공짜로 줘도 안 쓰던데 말해 무엇 하겠는가.

집진 주머니를 개발하고 기쁜 나머지 자랑삼아 블로그에 올린 적도 있었는데 그걸 본 어떤 회사에서는 하나를 사 가기도 했다. 그 이유가 목공사로 인해 주변이 톱먼지로 오염되는 바람에 곤욕을 치른 적이 있었다는 것이다. 이처럼 먼지 문제로 큰코다치고 나서야 집진기의 필요성을 느끼지 대개는 비닐을 이용하는 게 보통이다. 사무 집기에 비닐을 덮고 공사를 하는 식으로 말이다. 집진기를 쓰려면 회사든 목수든 그만큼 피곤할 테니 쉬운 편을 택하는 것이리라. 그건 나도 마찬가지지만 그래도 되도록이면 현장에 집진기를 가져가려고 애를 쓰는 편이다. 우선 톱먼지로부터 해방될 수 있어 나부터도 좋고 일하러 온 사람들도 좋아들 하기 때문이다. 나중에 준공 청소 하기 쉬워지는 점은 덤이다.

에어건

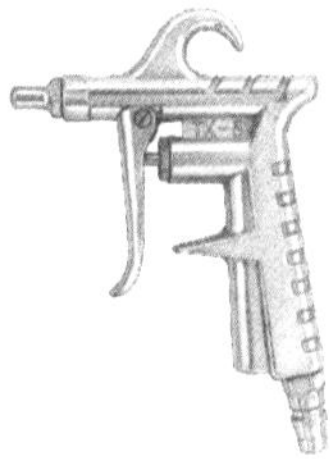

워메 징헌거

바람을 쏘는 총이다. 작업용은 아니고 청소용 물건이다. 실목수는 점심때 식당에 가기 전과 퇴근 전에는 꼭 하는 일이 있다. 먼지 털기다. 자주 하는 말이지만 실내건축 현장은 먼지가 정말 많다. 그런데 사실을 고백하자면 그 먼지의 대부분은 실목수가 만든 것이다. 실목수는 기계톱이란 것으로 재단을 하는데 이때 톱밥이 배출되면서 먼지가 만들어진다. 재단 분량에 따라 먼지양도 그만큼 증가하면서 현장은 그야말로 먼지구름에 휩싸이곤 한다. 며칠만 지나도 창틀에 먼지가 수북하다. 그런 환경에서 일을 하니 옷에 얼마나 많은 먼지가 묻겠는가. 그러니 먼지를 털지 않고서는 남들 보기 창피하기도 하고 남에게 묻힐까 봐 미안스럽기도 해서 그냥 나갈 수가 없는 것이다.

공사 현장 작업대에 놓인 에어건

먼지가 어디 옷에만 묻겠는가? 연장에도 쌓이긴 마찬가지다. 그러니 공사를 마치면 연장에 묻은 먼지도 꼼꼼히 털어주지 않으면 안 된다. 특히나 기계톱의 동력원인 원형톱에는 먼지가 두껍게 쌓여 있어 잘 털지 않으면 고장의 원인이 될 수도 있고, 차에 싣기 위해서라도 깨끗해야 하기 때문이다. 아무리 잘 턴다고 해도 숨은 먼지까지는 어쩔 수가 없어 나중에 보면 차 안에도 먼지가 수북하기 일쑤이다. 그래서 또 날을 잡아 차 속 먼지도 에어건으로 불어내곤 한다. 하지만 차창을 열고 다니다 보면 숨은 먼지가 빠져나와 어느새 또 먼지가 쌓여 있다. 어쩌다 일반인의 차를 동승해서 보면 먼지 없는 게 이상해 보일 지경이다. 실목수와 먼지는 떨어질 수 없는 숙명인가 보다.

에어건은 실목수에게는 필수적이지만 개인이 챙겨가지고 다니는 경우는 드물고 반장 것을 쓰는 게 보통이다. 물론 다른 연장과 마찬가지로 자기 게 있기는 하지만 남의 일을 할 때는 그것도 짐이라고 집에 두고 다니는 것이다. 그런데 짐도 안 되면서 에어건으로 쓸 수 있는 게 있다. 타카줄 연결구 꼭지가 그것이다. 콤프에 꽂는 연결구에서 너트를 풀어내면 꼭지만 남는데 이것을 이용하는 것이다. 이 꼭지는 손가락 한 마디 정도밖에 안 되는 크기라 못주머니에 담아 두고 쓰기에 그만이다. 내가 생각해낸 방법이 아니라 아는 목수가 쓰는 걸 보고서 배우게 된 것이다. 그 후로 나도 하나 장만해서 연장 가방에 넣어두었다. 바람이 에어건만큼 세진 않지만 그런대로 쓸 만하다.

에어건은 끌구멍을 청소하거나 루타로 파낸 홈을 청소하는 데도 사용된다. 끌질을 하다 보면 구멍이 깊어져 나무 부스러기를 꺼내기가 어려운데 에어건으로 불어내면 쉽게 빼낼 수가 있고, 루타로 홈을 파면 목분이 수북이 생기는데 그걸 없애기에도 그만인 것이다.